U0274312

全国高职高专教育建筑工程技术专业新理念教材

建筑构造

（第二版）

主编 孙玉红　　副主编 王丽红　　主审 赵 研

同济大学出版社
TONGJI UNIVERSITY PRESS

内 容 提 要

本书从高等职业教育的特点和培养高技能人才的实际出发，以民用建筑构造为主，重点突出，并注重实用性。本书由理论知识扎实、实践能力强的双师型教师编写，内容体现了新标准、新工艺及新材料在工程中的应用，所用资料力求新颖、正确且具有代表性，并结合高职学生特点增加了图、表的比例。

本书具有编写精炼、深入浅出、适应面广的特点，包括民用建筑构造绪论、地基与基础、墙体、楼板和地面、屋顶、楼梯与电梯、门窗、变形缝、工业建筑概述、单层工业厂房的构造、轻型钢结构厂房构造11个单元的内容。推荐学时数为60～70学时，各院校可根据实际情况决定内容的取舍。

本书为高职高专建筑工程技术专业教材，也可供土建类其他专业选择使用，同时可作为成人教育、相关职业岗位培训教材以及有关的工程技术人员的参考或自学用书。

图书在版编目（CIP）数据

建筑构造/孙玉红主编. —2版. —上海:同济大学出版社，
2014.3（2021.1 重印）
ISBN 978 - 7 - 5608 - 5427 - 4

Ⅰ．①建… Ⅱ．①孙… Ⅲ．①建筑构造—高等职业教育—
教材 Ⅳ．①TU22

中国版本图书馆CIP数据核字（2014）第028659号

全国高职高专教育建筑工程技术专业新理念教材

建筑构造（第二版）

孙玉红 主编 王丽红 副主编 赵 研 主审
责任编辑 高晓辉 责任校对 徐春莲 封面设计 陈益平

出版发行	同济大学出版社	
	（www.tongjipress.com.cn 地址:上海四平路1239号 邮编:200092 电话:021-65985622）	
经 销	全国各地新华书店	
印 刷	江苏句容排印厂	
开 本	787mm×1092mm 1/16	
印 张	14.5	
字 数	361 000	
版 次	2014 年 3 月第 2 版 2021 年 1 月第 4 次印刷	
书 号	ISBN 978 - 7 - 5608 - 5427 - 4	

定 价 32.00元

编委会

"十一五"期间，中央财政投入100亿元专项资金支持职业技术教育发展，其中包括建设100所示范性高职学院计划，各省市也纷纷实施省级示范性高职院校建设计划，极大地改善了办学条件，有力地促进了高等职业教育由规模扩张向内涵提升的转变。

但是，我国高等职业教育的办学水平和教学质量尚待迅速提高。课程、教材、师资等"软件"建设明显滞后于校园、设备、场地等"硬件"建设。课程建设与教学改革是提高教学质量的核心，也是专业建设的重点和难点。在我国现有办学条件下，教材是保证教学质量的重要环节。用什么样的教材来配合学校的专业建设、来引导教师的教学行为，是当前大多数院校翘首以盼需要解决的课题。

同济大学出版社依托同济大学在土木建筑学科教学、科研的雄厚实力，借助同济大学在职业教育领域研究的领先优势，组织了强有力的编辑服务团队，着力打造高品质的土建类高等职业教育教材。他们按照教育部教高［2006］16号文件精神，在全国高职高专土建施工类专业教学指导分委员会的指导下，组织全国土建专业特色鲜明的高职院校的专业带头人和骨干教师，分别于2008年7月和10月召开了"高职高专土建类专业新理念教材"研讨会，在广泛交流和充分讨论的基础上，确立了教材编写的指导思想。具体主要体现在以下四个方面：

一、体系上顺应基于工作过程系统的课程改革方向

我国高等职业教育课程改革正处于由传统的学科型课程体系向工作过程系统化课程体系转变的过程中，为了既顺应这一改革发展方向又便于各个学校选用，这套教材又分为两个系列，分别称之为"传统教材"和"新体系教材"。"传统教材"系列的书名与传统培养方案中的课程设置一致，教材内容的选定完全符合传统培养方案的课程要求，仅在内容先后顺序的编排上会按照教学方法改革的要求有所调整。"新体系教材"则基于建设类高职教育三阶段培养模式的特点，对第一阶段的教学内容进行了梳理和整合，形成了《建筑构造与识图》、《建筑结构与力学》等新的课程名称，或在原有的课程名称下对课程内容进行了调整。针对第二阶段提高学生综合职业能力的教学要求，编写了系列综合实训教材。

二、内容上对应行业标准和职业岗位的能力要求

建筑工程技术专业所对应的职业岗位主要有施工员、造价员、质量员、安全员、资料员等，课程大纲制定的依据是职业岗位对知识和技能的要求,即相关职业资格标准。教材内容组织注重体现建筑施工领域的新技术、新工艺、新材料、新设备。表达方式上紧密结合现行规范、规程等行业标准,忠实于规范、规程的条文内容,但避免对条文进行简单罗列。另外在每章的开始,列出本章所涉及的关键词的中、英文对照,以方便学生对专业英语的了解和学习。

三、结构上适应以职业行动为导向的教学法实施

职业教育的目的不是向学生灌输知识,而是培养学生的职业能力,这就要求教师以职业行动为导向开展教学活动。本套教材在结构安排上努力考虑到教学双方对教材的这一要求,采用了项目、单元、任务的层次结构。以实际工程作为理论知识的载体,按施工过程排序教学内容,用项目案例作为教学素材,根据劳动分工或工作阶段划分学习单元,通过完成任务实现教学目标。目的是让学生得到涉及整个施工过程的、与施工技术直接相关的、与施工操作步骤和技术管理规章一致的、体现团队工作精神的一体化教育,也便于教师运用行动导向教学法,融"教、学、做"为一体的方法开展教学活动。

四、形式上呼应高职学生学习心理诉求,接应现代教育媒体技术

针对高职学生的心智特点,本套教材在表现形式上作了较大的调整。大幅增加图说的成分,充分体现图说的优势;版式编排形式新颖;装帧精美、大方、实用。以提高学生的学习兴趣,改善教学效果。同时,利用现代教育媒体技术的表现手法,开发了与教材配套的教学课件可供下载。利用视频动画解释理论原理,展现实际工程中的施工过程,克服了传统纸质教材的不足。

在同济大学出版社同仁和全体作者的共同努力下,"高职高专土建施工类专业新理念教材"正在努力实践着上述理念。我们有理由相信该套教材的出版和使用将有益于高职学生良好学习习惯的形成,有助于教师先进教学方法的实施,有利于学校课程改革和专业建设的推进,并最终有效地促进学生职业能力和综合素质的提高。我们也深信,随着在教学实践过程中不断改进和完善,这套教材会成为我国高职土建施工类专业的精品教材,成为我国高等职业教育内涵建设的样板教材,为我国土建施工类专业人才的培养作出贡献。

高职高专教育土建类专业教学指导委员会

土建施工类专业指导分委员会

2009年7月

前　言

本教材自出版以来，经有关院校教学使用，反响较好。根据使用者的建议，以及近年来教学改革的动态和科学技术的发展及相关规范图集的更新，我们对本教材进行了修订。

建筑构造是建筑类专业的核心课程之一，是专门研究建筑物各组成部分以及各部分之间的构造方法和组合原理的学科，它阐述了建筑构造的基本理论和应用等问题。通过本课程的学习，学生能够理解建筑构造设计在整个建筑设计过程中的地位和作用，掌握建筑构造的基本原理和一般构造方法，能够通过构造技术手段，提供合理的构造方案和措施，初步具备建筑构造设计的能力。建筑构造是建筑设计的一个组成部分，是建筑平、立、剖面设计的继续和深入，它在专业课程学习中起着承前启后的重要作用。

本书包括民用建筑和工业建筑构造两个部分的内容，并以民用建筑构造为主、单层工业厂房构造为辅，考虑到目前钢结构应用比较广泛，增加了钢结构部分内容，为了方便学生学习，每个单元前都精心设计了单元概述、学习目标、学习重点、教学建议、复习思考题和思考与实践，单元后提供了思考题、练习题及实训案例。

本书由辽宁建筑职业学院孙玉红主编、辽宁建筑职业学院王丽红任副主编，湖北城市建设职业技术学院杨劲珍、新疆建设职业技术学院张巨虹、广东建设职业技术学院张江萍、辽宁建筑职业学院韩古月参加了本书的编写工作，具体分工如下：单元1，2，9，10由孙玉红编写；单元3，4由王丽红编写；单元5由杨劲珍编写；单元6由张巨虹编写；单元7，8由张江萍编写；单元11由韩古月编写。

黑龙江建筑职业技术学院赵研教授对本书进行了全面仔细的审阅，并提出了宝贵意见和建议，在此表示衷心的感谢。

由于编写水平有限，加之时间仓促，书中定有许多不足之处，恳请广大读者提出宝贵意见，以便进一步修改和提高。

本书电子课件下载网址http://pan.baidu.com/，登录名：building_structure@126.com，密码：jzjg123，请需要的读者至该网址下载。读者也可以将本书的意见和建议发送至183637703@qq.com，我们将及时给予回复。

编　者
2014年1月

第一版 前言

本书根据全国高职高专教育土建类专业指导委员会编制的《建筑工程技术专业教育标准和培养方案及主干课程教学大纲》的要求，结合社会对高等职业技术人才的需求而编写。

为使本书具有较强的通用性、实用性和适时性，在编写前广泛听取了高职高专教学一线老师和学生的意见，力求内容精练、叙述清楚、深入浅出、通俗易懂，并突出了新材料、新技术及新工艺的应用。书中所用资料力求新颖、正确且具有代表性。

建筑构造是建筑类专业的核心课程之一，是专门研究建筑物各组成部分以及各部分之间的构造方法和组合原理的学科，它阐述了建筑构造的基本理论和应用等问题。通过本课程的学习，学生能够理解建筑构造设计在整个建筑设计过程中的地位和作用，掌握建筑构造的基本原理和一般构造方法，能够通过构造技术手段，提供合理的构造方案和措施，初步具备建筑构造设计的能力。建筑构造是建筑设计的一个组成部分，是建筑平、立、剖面设计的继续和深入，它在专业课程学习中起着承前启后的重要作用。

本书包括民用建筑构造和工业建筑构造两个部分的内容，并以民用建筑构造为主、单层工业厂房构造为辅，考虑到目前钢结构应用比较广泛，增加了钢结构部分内容，为了方便学生学习，每个单元前都精心设计了单元概述、学习目标、学习重点、教学建议、复习思考题和思考与实践，单元后提供了思考题、练习题及实训案例。

本书由辽宁建筑职业技术学院孙玉红主编、辽宁建筑职业技术学院王丽红任副主编，湖北城市建设职业技术学院杨劲珍、新疆建设职业技术学院张巨虹、广东建设职业技术学院张江萍、辽宁建筑职业技术学院韩古月参加了本书的编写工作，具体分工如下：单元1，2，9，10由孙玉红编写；单元3，4由王丽红编写；单元5由杨劲珍编写；单元6由张巨虹编写；单元7，8由张江萍编写；单元11由韩古月编写。

黑龙江建筑职业技术学院赵研教授对本书进行了全面仔细的审阅，并提出了宝贵意见和建议，在此表示衷心的感谢。

由于编写水平有限，加之时间仓促，书中定有许多不足之处，恳请广大读者提出宝贵意见，以便进一步修改和提高。

编　者

2009年3月

序
前言
第一版前言

单元1 绪论 ——————————————————— **1**
1.1 建筑的构成要素和我国的建筑方针 ——————— 2
1.1.1 建筑的基本构成要素 ————————— 2
1.1.2 我国的建筑方针 ——————————— 3
1.2 建筑的分类及等级 ————————————— 3
1.2.1 建筑的分类 ———————————— 3
1.2.2 建筑的等级 ———————————— 5
1.3 建筑标准化和模数协调统一标准 ——————— 6
1.3.1 建筑标准化 ———————————— 6
1.3.2 统一模数协调 ——————————— 6
1.3.3 几种尺寸 ————————————— 8
1.3.4 定位线 —————————————— 8
1.4 民用建筑的构造组成 ———————————— 10
1.4.1 民用建筑的组成 ——————————— 10
1.4.2 常用专业名词 ——————————— 11
1.4.3 影响建筑构造的因素 ————————— 11
1.5 建筑中常见的结构体系 ——————————— 13
1.5.1 混合结构体系 ——————————— 13
1.5.2 剪力墙结构体系 ——————————— 13
1.5.3 框架结构体系 ——————————— 13
1.5.4 框剪、框筒等体系 —————————— 14
1.5.5 排架结构体系 ——————————— 14
1.5.6 空间结构体系 ——————————— 15
思考题 ——————————————————— 16
练习题 ——————————————————— 16

单元2 地基与基础 ————————————— **17**
2.1 概 述 ————————————————— 18
2.1.1 有关概念 ————————————— 18
2.1.2 地基的分类 ———————————— 18
2.1.3 对地基的要求 ——————————— 18
2.1.4 对基础的要求 ——————————— 19
2.2 基础的埋置深度及影响因素 ————————— 19

2.2.1 基础埋置深度 ————————————— 19

2.2.2 影响基础埋深的因素 ————————— 19

2.3 基础的分类和构造 ————————— 21

2.3.1 基础的类型 ————————————— 21

2.3.2 基础的构造 ————————————— 24

2.4 地下室的构造 ——————————— 25

2.4.1 地下室的分类 ———————————— 25

2.4.2 地下室的构造 ———————————— 26

2.4.3 地下室的防潮与防水 ——————— 27

思考题 —————————————————— 31

练习题 —————————————————— 31

单元3 墙体 —————————————— **32**

3.1 墙体的类型和设计要求 ————— 33

3.1.1 墙体的类型 ————————————— 33

3.1.2 墙体的设计要求 ——————————— 35

3.2 砌体墙的基本构造 ——————— 36

3.2.1 常用砌筑材料 ———————————— 36

3.2.2 墙体的砌筑方式 ——————————— 37

3.2.3 砌体墙的洞口处理 —————————— 40

3.2.4 墙脚的构造 ————————————— 43

3.2.5 增加墙体整体性和强度的构造措施 —— 46

3.2.6 防火墙 ——————————————— 49

3.3 隔墙与幕墙 ——————————— 49

3.3.1 隔墙 ———————————————— 49

3.3.2 幕墙 ———————————————— 53

3.4 墙面装修 ———————————— 58

3.4.1 墙面装修的作用及分类 ——————— 58

3.4.2 墙面装修 —————————————— 58

3.5 建筑节能与墙体保温、隔热 ——— 62

3.5.1 建筑节能 —————————————— 62

3.5.2 墙体的保温 ————————————— 63

3.5.2 墙体的隔热 ————————————— 64

3.5.3 墙体的保温构造 ——————————— 64

思考题 —————————————————— 66

练习题 —————————————————— 66

单元4　楼板和地面 ▬▬▬▬▬ **67**

4.1　楼板的组成及分类 ▬▬▬▬▬ 68
4.1.1　对楼板的要求 ▬▬▬▬▬ 68
4.1.2　楼板的组成 ▬▬▬▬▬ 69
4.1.3　楼板的分类 ▬▬▬▬▬ 69

4.2　钢筋混凝土楼板 ▬▬▬▬▬ 69
4.2.1　现浇整体式钢筋混凝土楼板 ▬▬▬▬▬ 69
4.2.2　预制装配式钢筋混凝土楼板 ▬▬▬▬▬ 72
4.2.3　装配整体式钢筋混凝土楼板 ▬▬▬▬▬ 73

4.3　地坪层构造 ▬▬▬▬▬ 74

4.4　楼地层的防潮、防水、保温与隔声构造 ▬▬▬▬▬ 74
4.4.1　楼地层防潮、防水 ▬▬▬▬▬ 74
4.4.2　楼地层的保温 ▬▬▬▬▬ 76
4.4.3　楼板的隔声 ▬▬▬▬▬ 77

4.5　楼地面装修 ▬▬▬▬▬ 77
4.5.1　楼地面装修的分类 ▬▬▬▬▬ 78
4.5.2　楼地面的构造 ▬▬▬▬▬ 78
4.5.3　踢脚线构造 ▬▬▬▬▬ 82

4.6　阳台和雨篷 ▬▬▬▬▬ 82
4.6.1　阳台 ▬▬▬▬▬ 82
4.6.2　雨篷 ▬▬▬▬▬ 85

思考题 ▬▬▬▬▬ 87
练习题 ▬▬▬▬▬ 87
实训案例题 ▬▬▬▬▬ 87

单元5　屋顶 ▬▬▬▬▬ **88**

5.1　屋顶的类型和设计要求 ▬▬▬▬▬ 89
5.1.1　屋顶的功能和设计要求 ▬▬▬▬▬ 89
5.1.2　屋顶的坡度和类型 ▬▬▬▬▬ 90

5.2　屋顶排水与防水 ▬▬▬▬▬ 92
5.2.1　屋顶的排水设计 ▬▬▬▬▬ 92
5.2.2　屋面的防水 ▬▬▬▬▬ 93

5.3　平屋顶的构造 ▬▬▬▬▬ 94
5.3.1　平屋顶的组成 ▬▬▬▬▬ 94
5.3.2　卷材、涂膜防水屋面 ▬▬▬▬▬ 94
5.3.3　倒置式屋面构造 ▬▬▬▬▬ 103
5.3.4　架空屋面构造 ▬▬▬▬▬ 104

5.3.5 蓄水屋面 106

5.3.6 种植屋面 107

5.4 坡屋顶的构造 108

5.4.1 坡屋顶的组成 108

5.4.2 坡屋顶的承重结构 109

5.4.3 坡屋顶的屋面做法 110

5.4.4 坡屋顶的保温与隔热 114

5.4.5 复合太阳能屋面板构造 115

5.5 顶棚构造 115

5.5.1 顶棚的作用 115

5.5.2 顶棚装修的分类 116

5.5.3 直接式顶棚的基本构造 116

5.5.4 悬吊式顶棚的基本构造 117

思考题 123

练习题 123

实训案例题 124

单元6 楼梯与电梯 **125**

6.1 楼梯的类型和设计要求 126

6.1.1 楼梯类型 126

6.1.2 楼梯的设计要求 130

6.2 楼梯的组成和尺度 130

6.2.1 楼梯的组成 130

6.2.2 楼梯的尺度 131

6.3 现浇钢筋混凝土楼梯 134

6.3.1 板式楼梯 135

6.3.2 梁式楼梯 136

6.4 楼梯的细部构造 137

6.4.1 踏步面层及防滑处理 137

6.4.2 栏杆、栏板和扶手构造 137

6.5 台阶与坡道 141

6.5.1 台阶 141

6.5.2 坡道 142

6.6 电梯与自动扶梯 143

6.6.1 电梯 143

6.6.2 自动扶梯 146

思考题 147

练习题 147

实训案例题 147

单元7　门窗 ————————————————— **152**

7.1　门窗的作用及分类 —————————	153
7.1.1　门的分类 ———————————————	153
7.1.2　窗的分类 ———————————————	154
7.2　门窗的构造 ———————————————	155
7.2.1　平开木门构造 ————————————	155
7.2.2　木窗构造 ———————————————	157
7.2.3　铝合金门的构造 ———————————	158
7.2.4　铝合金窗的构造 ———————————	158
7.2.5　塑钢门窗构造 ————————————	160
7.3　特殊要求的门窗 ————————————	160
7.4　遮阳设施 ————————————————	162
思考题 ———————————————————————	163
练习题 ———————————————————————	163

单元8　变形缝 ————————————————— **164**

8.1　变形缝的类型 ——————————————	165
8.2　变形缝的构造 ——————————————	168
8.2.1　墙体变形缝 ——————————————	168
8.2.2　楼地层变形缝 ————————————	169
8.2.3　屋面变形缝 ——————————————	169
8.2.4　基础变形缝 ——————————————	171
思考题 ———————————————————————	171
练习题 ———————————————————————	171

单元9　工业建筑概述 ——————————— **172**

9.1　工业建筑的特点与分类 ————————	173
9.1.1　工业建筑的特点 ———————————	173
9.1.2　工业建筑的分类 ———————————	174
9.2　单层工业厂房的结构组成和类型 ———	175
9.2.1　单层厂房结构组成 ——————————	175
9.2.2　单层厂房结构类型 ——————————	176
9.3　厂房内部的起重运输设备 ———————	176
9.4　单层厂房的定位轴线 ——————————	177
9.4.1　柱网尺寸 ———————————————	177
9.4.2　定位轴线的确定 ———————————	178
思考题 ———————————————————————	180
练习题 ———————————————————————	180

单元10　单层工业厂房的构造 ━━━━━━━━ **181**

10.1　单层工业厂房的主要结构构件 ━━━━━━ 182

10.1.1　基础与基础梁 ━━━━━━━━━━ 182

10.1.2　排架柱与抗风柱 ━━━━━━━━ 184

10.1.3　屋盖 ━━━━━━━━━━━━━━ 186

10.1.4　吊车梁、连系梁和圈梁 ━━━━━ 186

10.1.5　支撑系统 ━━━━━━━━━━━ 188

10.2　外墙、侧窗和大门 ━━━━━━━━━ 188

10.2.1　外墙 ━━━━━━━━━━━━━ 188

10.2.2　侧窗 ━━━━━━━━━━━━━ 191

10.2.3　大门 ━━━━━━━━━━━━━ 191

10.3　屋面和天窗 ━━━━━━━━━━━━ 194

10.3.1　屋面 ━━━━━━━━━━━━━ 194

10.3.2　天窗 ━━━━━━━━━━━━━ 198

10.4　地面及其他构造 ━━━━━━━━━━ 204

10.4.1　地面 ━━━━━━━━━━━━━ 204

10.4.2　其他构造 ━━━━━━━━━━━ 205

思考题 ━━━━━━━━━━━━━━━━━ 206

练习题 ━━━━━━━━━━━━━━━━━ 206

单元11　轻型钢结构厂房构造 ━━━━━━━━ **207**

11.1　轻型钢结构厂房的组成 ━━━━━━━ 208

11.2　门式刚架 ━━━━━━━━━━━━━ 209

11.2.1　门式刚架的形式和特点 ━━━━━ 209

11.2.2　门式刚架节点构造 ━━━━━━━ 209

11.3　檩条 ━━━━━━━━━━━━━━━ 210

11.3.1　檩条的形式 ━━━━━━━━━━ 210

11.3.2　檩条的连接构造 ━━━━━━━━ 211

11.4　压型钢板外墙及屋面 ━━━━━━━━ 211

11.4.1　压型钢板外墙（profiled steed sheeting）━ 211

11.4.2　压型钢板屋面 ━━━━━━━━━ 213

思考题 ━━━━━━━━━━━━━━━━━ 215

练习题 ━━━━━━━━━━━━━━━━━ 215

参考文献 ━━━━━━━━━━━━━━━ **216**

单元 **1**
绪论

1.1　建筑的构成要素和我国的建筑方针

1.2　建筑的分类及等级

1.3　建筑标准化和模数协调统一标准

1.4　民用建筑的构造组成

1.5　建筑中常见的结构体系

思考题

练习题

单元概述： 本单元首先介绍了建筑的构成要素和我国的建筑方针，然后分五个方面介绍了建筑的分类，简述了建筑物的耐久等级和耐火等级，对建筑标准化、模数协调统一标准及定位轴线做了较为系统和全面的介绍，最后介绍了民用建筑的构造组成和常用的专业名词。本单元的难点是定位轴线。

学习目标：

1. 了解建筑的构成要素。

2. 掌握我国的建筑方针。

3. 了解建筑物的分类原则，掌握建筑物的分类及等级。

4. 了解建筑标准化和统一模数协调。

5. 熟练掌握民用建筑的组成及各部分名称、影响建筑构造的因素。

6. 了解建筑中常见的结构体系。

学习重点：

1. 建筑物的分类及分级。

2. 统一模数协调和模数数列。

3. 民用建筑的构造组成。

教学建议： 建议采用体验式教学法，先由任课教师在校园及周围选择几幢有代表性的建筑物让学生参观，然后根据本单元所学的知识试着进行分类，最后针对学生上课的教学楼，从底层到顶层逐个部位让学生观察，指出各部分名称，并说出建筑物有哪些部分组成，属于哪种结构类型。教师最后点评、归纳、总结。

关键词： 建筑物（building）；构筑物（structure）；基本要素（basic elements）；建筑方针（construction policy）；耐久等级（durable grade）；耐火等级（refractory grade）；标准化（standardization）；定位轴线（position axis）

1.1 建筑的构成要素和我国的建筑方针

从广义上讲，建筑既是建筑工程的建造活动，又是建筑物（building）与构筑物（structure）的通称。建筑物是指供人们在其中生产、生活或其他活动的房屋或场所，如住宅、办公楼、厂房、教学楼等；构筑物是指人们不在其中生产、生活的建筑，如水池、烟囱、水塔等。

1.1.1 建筑的基本构成要素

构成建筑的基本要素（basic elements）包括建筑功能、建筑技术和建筑形象，通常被称为建筑的三要素。

建筑功能是建筑的物质和精神方面的具体使用要求，它体现着建筑物的目的性。例如，建造工厂是为了生产的需要，建造住宅是为了居住、生活和休息的需要，建造学校是为了学生学习的需要，建造影剧院是为了文化生活的需要等，因此，不同类型的建筑有不同的建筑功能。随着人类社会的发展、物质和文化水平的提高，人们对建筑功能的要求也将日益提高。

建筑技术包括建筑材料、结构与构造、设备、施工技术等有关方面的内容。建筑不可能脱离建筑技术而存在，结构和材料构成了建筑的骨架。设备是保证建筑达到某种要求的技术条件，施工是保证建筑实施的重要手段。建筑功能的实施离不开建筑技术的保证。随着社会生产和科学技术的不断发展，各种新材料、新结构、新设备不断出现，施工工艺不断更新。新的建筑形式也不断涌现。

建筑形象包括建筑内部空间组合、建筑外部体形、立面构图、细部处理、材料的色彩和质感及装饰处理等内容。建筑形象处理得当，能产生良好的艺术效果，给人以感染力和美的享受，如庄严雄伟、朴素大方、简洁明快、生动活泼等不同的感觉，这就是建筑艺术形象的魅力。另外，建筑形象还不可避免地要反映社会和时代的特点。不同时期、不同地域、不同民族的建筑具有不同的建筑形象，从而形成不同的建筑风格和特色。

建筑构成的三要素之间是辩证统一的关系，既相互依存，又有主次之分。第一是功能，是起主导作用的因素；第二是物质技术条件，是达到目的的手段，同时技术对功能具有约束和促进的作用；第三是建筑形象，是功能和技术在形式美方面的反映。在同样的功能和技术条件下，也可创造出不同的建筑形象。

1.1.2 我国的建筑方针

1986年建设部明确指出建筑业的主要任务是"全面贯彻适用、安全、经济、美观"的建筑方针(construction policy)。

"适用"是指恰当地确定建筑面积，合理的布局，必需的技术设备，良好的设施以及保温、隔声的环境。

"安全"是指结构的安全度，建筑物耐火等级及防火设计、建筑物的耐久年限等符合相关要求。

"经济"主要是指经济效益，包括节约建筑造价，降低能源消耗，缩短建设周期，降低运行、维修和管理费用等，既要注意建筑物本身的经济效益，又要注意建筑物的社会和环境的综合效益。

"美观"是在适用、安全、经济的前提下，把建筑美和环境美作为设计的重要内容，搞好室内外环境设计，为人们创造良好的工作和生活条件。政策中还提出对待不同建筑物、不同环境，要有不同的美观要求。

1.2 建筑的分类及等级

1.2.1 建筑的分类

1. 按建筑物的使用功能分

1）民用建筑

（1）居住建筑：供人们居住和进行公共活动的建筑的总称，如宿舍、住宅、公寓等，见图1-1(a)。

（2）公共建筑：指供人们进行各种社会活动的建筑物，如办公楼、医院、图书馆、商店、影剧院等，见图1-1(b)。

2）工业建筑

指各类生产用房和为生产服务的附属用房，如钢铁、机械、化工、纺织、食品等工业企业中的生产车间及发电站、锅炉房等，见图1-1(c)。

3）农业建筑

指用于农业、牧业生产和加工用的建筑，如粮库、畜禽饲养场、温室、农机修理站等，见图1-1(d)。

4）园林建筑

指建造在园林内供游憩用的建筑物，如亭、台、楼、阁等，见图1-1(e)。

(b) 公共建筑　　　　　　　　　　　　(c) 工业建筑

(a) 居住建筑　　　　　(d) 农业建筑　　　　　(e) 园林建筑

图1-1　建筑按使用功能分类

2. 按主要承重结构所用的材料分

（1）砖木结构。建筑物的主要承重构件用砖和木材，其中墙、柱用砖砌，楼板、屋架用木材。这种结构常见于古建筑结构。

（2）混合结构。建筑物的竖向承重构件和所有墙体均用烧结普通砖或混凝土砌块等，水平承重构件为钢筋混凝土梁、楼板及屋面板。这种结构一般用于多层建筑。

（3）钢筋混凝土结构。建筑物的主要承重构件如梁、柱、板及楼梯等用钢筋混凝土，而非承重墙用空心砖或其他轻质砌块。这种结构一般用于多层或高层建筑中。

（4）钢结构。建筑物的主要承重构件用钢材做成，而围护外墙和分隔内墙用轻质块材、板材等。这种结构多用于高层建筑和大跨度的公共建筑。

（5）其他建筑。如充气建筑、塑料建筑等。

3. 按建筑物的层数或总高度分

（1）住宅建筑。1～3层为低层，4～6层为多层，7～9层为中高层，≥10层为高层。

（2）公共建筑。总高度超过24m为高层（不包括高度超过24m的单层主体建筑）。

（3）建筑物总高度超过100m时，不论其是住宅还是公共建筑，均为超高层。

4. 按施工方法分

（1）全装配式。指主要构件如墙板、楼板、屋面板、楼梯等都在加工厂或现场预制，然后在施工现场进行装配。

（2）全现浇式。指主要承重构件都在施工现场浇筑，如钢筋混凝土梁、板、柱、楼梯构件。

（3）部分现浇，部分装配。指一部分构件如楼板、楼梯、屋面板等在加工厂预制，另一部分构件如柱、梁为现场浇筑。

5. 按建筑物的规模和数量分

（1）大量性建筑。单体建筑规模不大，但兴建数量多、分布面广的建筑，如住宅、学校、办公楼、商店等。

（2）大型性建筑。建筑规模大、数量少，但单栋建筑体量大的公共建筑，如大型体育馆、航空港、大会堂等。

1.2.2 建筑的等级

1. 耐久等级

建筑物耐久等级（durable grade）的指标是设计使用年限。在《民用建筑设计通则》（GB 50352—2005）中对建筑物的耐久年限（设计使用年限）做如下规定：

一类：设计使用年限为5年，适用于临时性建筑。

二类：设计使用年限为25年，适用于易于替换结构构件的建筑。

三类：设计使用年限为50年，适用于普通的建筑物。

四类：设计使用年限为100年，适用于纪念性建筑和特别重要的建筑。

建筑物的耐久等级是衡量建筑物耐久程度的标准。如住宅属于普通建筑，其设计使用年限为50年。

2. 耐火等级

我国《建筑设计防火规范》（GB 50016—2006）中规定，9层及以下的住宅建筑、建筑高度不超过24m的公共建筑、建筑高度超过24m的单层公共建筑、工业建筑等的耐火等级（refractory grade）分为四级。耐火等级标准是依据房屋主要构件的燃烧性能和耐火极限确定的。

燃烧性能指组成建筑物的主要构件在明火或高温作用下是否燃烧，以及燃烧的难易程度。建筑构件按燃烧性能分为不燃烧体、难燃烧体和燃烧体三类。

耐火极限指建筑构件从受到火的作用起，到失去支持能力和完整性被破坏或失去隔火作用为止的这段时间，用h表示。

不同耐火等级的建筑物所用构件的燃烧性能和耐火极限见表1-1。

表1-1　　　　　　　　　　建筑物构件的燃烧性能和耐火极限　　　　　　　　　　单位：h

构件名称		耐火等级			
		一级	二级	三级	四级
墙	防火墙	不燃烧体3.00	不燃烧体3.00	不燃烧体3.00	不燃烧体3.00
	承重墙	不燃烧体3.00	不燃烧体2.50	不燃烧体2.00	难燃烧体0.50
	非承重外墙	不燃烧体1.00	不燃烧体1.00	不燃烧体0.50	燃烧体
	楼梯间的墙、电梯井的墙、住宅单元之间的墙、住宅分户墙	不燃烧体2.00	不燃烧体2.00	不燃烧体1.50	难燃烧体0.50
	疏散走道两侧的隔墙	不燃烧体1.00	不燃烧体1.00	不燃烧体0.50	难燃烧体0.25
	房间隔墙	不燃烧体0.75	不燃烧体0.50	难燃烧体0.50	难燃烧体0.25
柱		不燃烧体3.00	不燃烧体2.50	不燃烧体2.00	难燃烧体0.50
梁		不燃烧体2.00	不燃烧体1.50	不燃烧体1.00	难燃烧体0.50
楼板		不燃烧体1.50	不燃烧体1.00	不燃烧体0.50	燃烧体
屋顶承重构件		不燃烧体1.50	不燃烧体1.00	燃烧体	燃烧体
疏散楼梯		不燃烧体1.50	不燃烧体1.00	不燃烧体0.50	燃烧体
吊顶（包括吊顶格栅）		不燃烧体0.25	难燃烧体0.25	难燃烧体0.15	燃烧体

注：①除本规范另有规定者外，以木柱承重且以不燃烧材料作为墙体的建筑物，其耐火等级应按四级确定；
②二级耐火等级建筑的吊顶采用不燃烧体时，其耐火极限不限；
③在二级耐火等级的建筑中，面积不超过100m²的房间隔墙，如执行本表的规定确有困难时，可采用耐火极限不低于0.3h的不燃烧体；
④一、二级耐火等级建筑疏散走道两侧的隔墙，按本表规定执行确有困难时，可采用0.75h不燃烧体。

　　高层民用建筑的耐火等级，主要依据建筑高度、建筑层数、建筑面积和建筑物的重要程度来划分，《高层民用建筑设计防火规范》（GB 50045—1995）中将高层民用建筑分为两类，见表1-2。其中，一类高层民用建筑的耐火等级为一级，二类高层民用建筑的耐火等级应不低于二级，裙房（指与高层建筑相连，高度不超过24m的建筑）应不低于二级，地下室应为一级。

表1-2　　　　　　　　　　　　　　　　　　　高层民用建筑的分类

名称	一类	二类
居住建筑	高级住宅 19层及19层以上的普通住宅	10~18层的普通住宅
公共建筑	1. 医院； 2. 高级旅馆； 3. 建筑高度超过50m或每层建筑面积超过1 000m²的商业楼、展览楼、综合楼、电信楼、财贸金融楼； 4. 建筑高度超过50m或每层建筑面积超过1 500m²的商住楼； 5. 中央级和省级广播电视楼； 6. 网局级和省级电力调度楼； 7. 省级邮政楼、防灾指挥调度楼； 8. 藏书超过100万册的图书馆、书库； 9. 重要的办公楼、科研楼、档案楼； 10. 建筑高度超过50m的教学楼和普通的旅馆、办公楼、科研楼、档案楼等	1. 除一类建筑以外的商业楼、展览楼、综合楼、电信楼、财贸金融楼、商住楼、图书馆、书库； 2. 省级以下的邮政楼、防灾指挥调度楼、广播电视楼、电力调度楼； 3. 建筑高度不超过50m的教学楼和普通的旅馆、办公楼、科研楼、档案楼等

1.3　建筑标准化和模数协调统一标准

1.3.1　建筑标准化

　　建筑标准化（standardization）包括两个方面：一方面是建筑设计的标准问题，包括由国家颁发的建筑法规、建筑设计规范、建筑制图标准、建筑统一模数协调与经济指标，如《建筑抗震设计规范》（GB 50011—2010）等；另一方面是建筑标准设计问题，即根据统一的标准所编制的标准构件与标准配件图集、整个房屋的标准设计图等。

　　标准构件与标准配件的图集一般由国家或地方设计部门进行编制，供设计人员选用，同时也为加工生产单位提供依据。如国家编制的《地下建筑防水构造》（96SJ301），《钢梯》（96J435），《平天窗》（96SJ811）；地方设计部门为本地区编制的标准图集，如辽宁地区编制的《屋面构造》（辽92J201）等。

　　标准设计包括整个房屋的设计和单元的设计两部分。标准设计一般由地方设计院进行编制，供建设单位选择使用。整个房屋的标准设计一般只进行地上部分，地下部分的基础与地下室，由设计单位根据当地地质勘探资料，另行出图。单元设计一般指平面图的一个组成部分，应用时一般进行拼接，形成一个完整的建筑组合体。标准设计在大量性建造的房屋中应用比较普遍，如住宅。

1.3.2　统一模数协调

　　为实现建筑标准化，使建筑制品、建筑构配件实现工业化大规模生产，必须制定建筑构件和配件的标准化规格系列，使建筑设计各部分尺寸、建筑构配件、建筑制品的尺寸统一协调，并使之具有通用性和互换性，加快设计速度，提高施工质量效率，降低造价，为此，国家颁布了《建筑模数协调统一标准》（GBJ 2—86）。

1. 模数

建筑模数是以选定的尺寸单位，作为建筑空间、构配件以及有关设备尺度中的增值单位。

（1）基本模数。是模数协调中选用的基本尺寸单位，其数值规定为100mm，即1M=100mm。

（2）导出模数。分为扩大模数和分模数，扩大模数是基本模数的整数倍，如3M（300mm），6M（600mm），12M（1 200mm），15M（1 500mm），30M（3 000mm），60M（6 000mm）；分模数是基本模数的分倍数，如M/2（50mm），M/5（20mm），M/10（10mm）。

2. 模数数列

它是由基本模数、扩大模数和分模数为基础扩展成的一系列尺寸（表1-3）。

表1-3　　　　　　　　　　　　　　　　模数数列　　　　　　　　　　　　　单位：mm

基本模数	扩 大 模 数						分 模 数		
1M	3M	6M	12M	15M	30M	60M	M/10	M/5	M/2
100	300	600	1 200	1 500	3 000	6 000	10	20	50
100	300	600	1 200	1 500	3 000	6 000	10	20	50
200	600	1 200	2 400	3 000	6 000	12 000	20	40	100
300	900	1 800	3 600	4 500	9 000	18 000	30	60	150
400	1 200	2 400	4 800	6 000	12 000	24 000	40	80	200
500	1 500	3 000	6 000	7 500	15 000	30 000	50	100	250
600	1 800	3 600	7 200	9 000	18 000	36 000	60	120	300
700	2 100	4 200	8 400	10 500	21 000		70	140	350
800	2 400	4 800	9 600	12 000	24 000		80	160	400
900	2 700	5 400	10 800		27 000		90	180	450
1 000	3 000	6 000	12 000		30 000		100	200	500
1 100	3 600	7 200			33 000		110	220	550
1 200	3 900	7 800			36 000		120	240	600
1 300	4 200	8 400					130	260	650
1 400	4 500	9 000					140	280	700
1 500	4 800	9 600					150	300	750
1 600	5 100						160	320	800
1 700	5 400						170	340	850
1 800	5 700						180	360	900
1 900	6 000						190	380	950
2 000	6 300						200	400	1 000
2 100	6 600								
2 200	6 900								
2 300	7 200								
2 400	7 500								
2 500									
2 600									
2 700									
2 800									
2 900									
3 000									
3 100									
3 200									
3 300									
3 400									
3 500									
3 600									

（1）水平基本模数1M（100mm）至20M（2000mm），主要用于门窗洞口和构配件截面尺寸。

（2）竖向基本模数1M（100mm）至36M（3600mm），主要用于建筑物的层高、门窗洞口和构配件截面尺寸。

（3）水平扩大模数基数为3M，6M，12M，15M，30M，60M，其相应尺寸分别为300mm，600mm，1200mm，1500mm，3000mm，6000mm，主要用于建筑物的开间、柱距、进深、跨度、构配件尺寸和门窗洞口等处。

（4）竖向扩大模数基数为3M和6M，其相应的尺寸为300mm，600mm，主要用于建筑物的高度、层高和门窗洞口等处。

（5）分模数基数为M/10，M/5，M/2，其相应的尺寸为10mm，20mm，50mm，主要用于缝隙、构造节点、构配件截面尺寸。

模数数列是以选定的模数基数为基础而展开的数值系统，它可以确保不同类型的建筑物及其各组成部分间尺寸的统一与协调，减少尺寸的范围以及使尺寸的叠加和分割有较大的灵活性。

1.3.3 几种尺寸

为了保证建筑制品、构配件等有关尺寸间的统一与协调，特规定了标志尺寸、构造尺寸、实际尺寸及其相互间的关系（图1-2）。

（1）标志尺寸：用以标准建筑物定位轴线之间的距离以及建筑制品、建筑构配件、有关设备位置界限之间的尺寸。标志尺寸应符合模数数列的规定。

（2）构造尺寸：建筑制品、建筑构配件等的设计尺寸。一般情况下，构造尺寸加上缝隙尺寸等于标志尺寸。缝隙尺寸应符合模数数列的规定。

（3）实际尺寸：建筑制品、建筑构配件等生产制作后的实际尺寸。实际尺寸与构造尺寸之间的差数应为允许的建筑公差数值。

1.3.4 定位线

定位线是用来确定建筑物主要结构构件位置及其标志尺寸的基准线，同时也是施工放线的依据。用于平面时称平面定位线，即定位轴线（position axis）；用于竖向时称竖向定位线。

1. 平面定位轴线

建筑物在平面中对结构构件（墙、柱）的定位，用平面定位轴线标注。

1）平面定位轴线及编号

平面定位轴线应设横向定位轴线和纵向定位轴线。横向定位轴线的编号用阿拉伯数字从左至右顺序编写；纵向定位轴线的编号用大写的拉丁字母从下至上顺序编写，其中O，I，Z不得用于轴线编号，以免与数字0，1，2混淆，如图1-3所示。附加轴线的编号用分数表示，分母表示前一

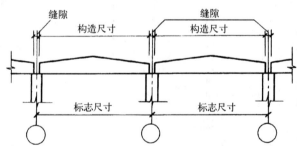

图1-2 几种尺寸间的关系

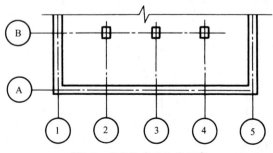

图1-3 定位轴线的编号顺序

轴线的编号，分子表示附加轴线的编号，附加轴线的编号用阿拉伯数字顺序编写。

2）平面定位轴线的标定

（1）混合结构建筑。承重外墙顶层墙身内缘与定位轴线的距离应为120mm（图1-4(a)）；承重内墙顶层墙身中心线应与定位轴线相重合（图1-4(b)）。楼梯间墙的定位轴线与楼梯的梯段净宽、平台净宽有关，可有三种标定方法：①楼梯间墙内缘与定位轴线的距离为120mm（图1-4(c)）；②楼梯间墙外缘与定位轴线的距离为120mm；③楼梯间墙的中心线与定位轴线相重合。

（2）框架结构建筑。中柱定位轴线一般与顶层柱截面中心线相重合（图1-5(a)），边柱定位轴线一般与顶层柱截面中心线相重合或距柱外缘250mm处（图1-5(b)）。

2．标高及构件的竖向定位

1）标高

建筑物在竖向对结构构件（楼板、梁等）的定位，用标高标注。标高按不同的方法分为绝对标高与相对标高、建筑标高与结构标高。

（1）绝对标高。绝对标高又称绝对高程或海拔高度，我国的绝对标高是以青岛港验潮站历年记录的黄海平均海水面为基准，并在青岛市内一个山洞里建立了水准原点，其绝对标高为72.260m，全国各地的绝对标高都以它为基准测算。

（2）相对标高。相对标高是根据工程需要而自行选定的基准面，即为相对标高或假定标高。一般将建筑物底层地面定为相对标高零点，用±0.000表示。

（3）建筑标高。楼地层装修面层的标高一般称为建筑标高（在建筑施工图中标注）。

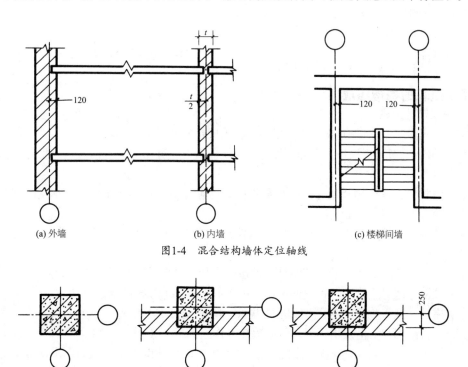

(a) 外墙　　　　(b) 内墙　　　　(c) 楼梯间墙

图1-4　混合结构墙体定位轴线

(a) 中柱　　　　(b) 边柱

图1-5　框架结构柱定位轴线

（4）结构标高。楼地层结构表面的标高一般称为结构标高（在结构图施工中标注）。建筑标高减去楼地面面层厚度即为结构标高。

2）建筑构件的竖向定位

建筑构件的竖向定位包括室内地坪、楼地面、屋面及门窗洞口的定位（图1-6）。

（1）楼地面的竖向定位。楼地面的竖向定位应与楼地面的上表面重合，即用建筑标高标注。

（2）屋面的竖向定位。屋面的竖向定位应为屋面结构层的上表面与距墙内缘120mm处或与墙内缘重合处的外墙定位轴线的相交处，即用结构标高标注。

（3）门窗洞口的竖向定位。门窗洞口的竖向定位与洞口结构层表面重合，为结构标高。

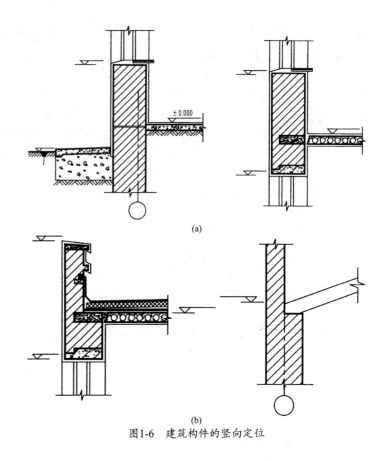

图1-6 建筑构件的竖向定位

1.4 民用建筑的构造组成

1.4.1 民用建筑的组成

图1-7为民用房屋的构造组成图，房屋的主要组成部分如图中所示。

（1）基础：建筑物埋在自然地面以下的部分，承受建筑物的全部荷载，并把这些荷载传给地基。

（2）墙和柱：建筑物竖直方向的承重构件，墙也起围护和分隔作用。它承受屋顶和楼层传来的荷载，并将这些荷载传给基础。

（3）楼板层：建筑物水平方向的承重构件，它将楼层上的荷载传给墙或柱，同时还对墙体起着水平支撑作用。

（4）地面：室内地坪，承受着家具、设备、人和本身自重，并通过垫层传到基层。

（5）楼梯：楼房建筑的垂直交通设施，供人们平时上下和紧急疏散时使用。

（6）屋顶：建筑物顶部的围护和承重构件，除承受自重、积雪、风力荷载并传给墙体外，还具有防雨、雪侵袭，防止太阳辐射，保温隔热等作用。

（7）门窗：门主要用作内外交通联系及分隔房间，有时也兼作通风的作用；侧窗主要是采光、通风。

除上述组成部分外，还有一些附属部分，如阳台、雨篷、台阶、散水等。

1.4.2 常用专业名词

为了方便今后学习，必须了解下列有关专业名词。

横向：建筑物的宽度方向。

纵向：建筑物的长度方向。

横向轴线：平行建筑物宽度方向设置的轴线。

纵向轴线：平行建筑物长度方向设置的轴线。

开间：两条横向定位轴线之间的距离。

进深：两条纵向定位轴线之间的距离。

层高：建筑物各层之间以楼地面面层(完成面)计算的垂直距离，屋顶层由该层楼面面层(完成面)至平屋面的结构面层或至坡顶的结构面层与外墙外皮延长线的交点计算的垂直距离。

建筑总高度：室外地坪至檐口顶部的总高度。平屋

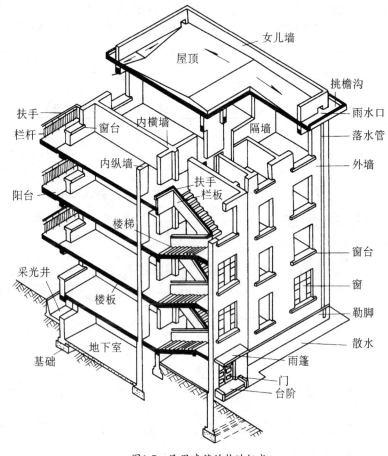

图1-7 民用建筑的构造组成

顶应按建筑物室外地面至其屋面面层或女儿墙顶点的高度计算，坡屋顶应按建筑物室外地面至屋檐和屋脊的平均高度计算。

建筑面积：建筑物外墙勒脚以上各层结构外围水平投影面积的总和。它包括使用面积、辅助面积和结构面积三部分。

结构面积：建筑物各层平面布置中的墙体、柱子、垃圾道、通风道等所占的净面积总和。

辅助面积：建筑物各层平面布置中为辅助生产或生活服务所占的净面积总和，如走廊、门厅、过厅、楼梯、坡道、电梯、自动扶梯等所占的净面积。

使用面积：建筑物各层平面布置中可直接为生产或生活使用的净面积总和。

1.4.3 影响建筑构造的因素

1. 外界环境的影响

1）外界作用力的影响

外力包括人、家具和设备的重量，结构自重，风力，地震力以及雪重等，这些通称为荷载。地震烈度是指地震在地面造成的实际破坏程度，影响烈度的因素有震级、距震源的远近、地面状况和地层构造等。一次地震只有一个震级，而在不同的地方会表现出不同的强度，也就是破坏程

度。在烈度6度以下地区，地震对建筑物的损坏影响较小；9度以上地区，由于地震过于强烈，从经济因素及耗用材料考虑，除特殊情况外，一般应尽可能避免在这些地区建设。建筑抗震设防的重点是对7度、8度、9度地震烈度的地区。

震级与烈度之间的对应关系见表1-4，不同烈度的破坏程度见表1-5。

表1-4 震级与烈度的对应关系

震级	1～2	3	4	5	6	7	8	8以上
震中烈度	1～2	3	4～5	6～7	7～8	9～10	11	12

表1-5 不同烈度的破坏程度

地震烈度	地面及建筑物受破坏的程度
1～2度	人们一般感觉不到，只有地震仪才能记录到
3度	室内少数人能感觉到轻微的振动
4～5度	人们有不同程度的感觉，室内物件有些摆动和有尘土掉落现象
6度	较老的建筑物多数要被损坏，个别建筑有倒塌的可能；有时在潮湿松散的地面上，有细小裂缝出现，少数山区发生土石散落
7度	家具倾覆破坏，水池中产生波浪，对坚固的住宅建筑有轻微的损坏，如墙上产生轻微的裂缝、抹灰层大片脱落、瓦从屋顶掉下等；工厂的烟囱上部倒下；严重破坏陈旧的建筑物和简易建筑物，有时有喷砂冒水现象
8度	树杆摇动很大，甚至折断；大部分建筑遭到破坏；坚固的建筑物墙上产生很大裂缝而遭到严重的破坏；工厂的烟囱和水塔倒塌
9度	一般建筑物倒塌或部分倒塌；坚固的建筑物受到严重破坏，其中大多数变得不能用，地面出现裂缝，山体有滑坡现象
10度	建筑物严重破坏；地面裂缝很多，湖泊水库有大浪出现；部分铁轨弯曲变形
11～12度	建筑物普遍倒塌，地面变形严重，造成巨大的自然灾害

2）地理气候条件的影响

建筑所处地域的地理气候条件，如日照、温度、湿度、风、降雨降雪量、冰冻、地下水等对建筑构造影响很大。对于这些影响，在构造上必须考虑相应措施，如防水防潮、保温隔热、通风防尘、防温度变形、排水组织等。表1-6为我国的建筑热工分区及其建筑设计要求。

表1-6 建筑热工分区及设计要求

分区名称	严寒地区	寒冷地区	夏热冬冷地区	夏热冬暖地区	温和地区
设计要求	必须充分满足冬季保温要求，一般可不考虑夏季防热	应满足冬季保温要求，部分地区兼顾夏季防热	必须满足夏季防热要求，适当兼顾冬季保温	必须充分满足夏季防热要求，一般不考虑冬季保温	部分地区应注意冬季保温，一般可不考虑夏季防热

3）人为因素的影响

人为因素如火灾、机械振动、噪声等的影响，在建筑构造上需采取防火、防振和隔声等相应措施。

2. 建筑技术条件的影响

建筑技术条件指建筑材料技术、结构技术和施工技术等。随着这些技术的不断发展和变化，建筑构造技术也在改变着。建筑构造做法不能脱离一定的建筑技术条件。根据地区的不同和差别，应注意在采用先进技术的同时采取适宜的建筑技术。

3. 建筑标准的影响

建筑标准所包含的内容较多，与建筑构造关系密切的主要有建筑的造价标准、建筑装修标准和建筑设备标准。标准高的建筑，其装修质量好，设备齐全且档次高，自然建筑的造价也较高；反之，则较低。

1.5 建筑中常见的结构体系

1.5.1 混合结构体系

混合结构体系建筑的楼板材料多为钢筋混凝土，其墙体是以砖、石、砌块等块材由砂浆粘结叠砌而成的砌体。

混合结构砌体墙抗压的性能好而抗拉、抗剪的性能差，因此不适宜用在高层建筑中，在7度及7度以上的抗震设防地区，一般不超过7层，图1-8为某混合结构多层住宅平面图。

1.5.2 剪力墙结构体系

剪力墙结构体系是利用建筑物的墙体（内墙、外墙）做成剪力墙来抵抗水平力。剪力墙一般为钢筋混凝土墙，其抗弯、抗剪的性能都优于砌体结构，因此可以用在高层建筑中。

现浇的钢筋混凝土剪力墙体系墙与楼板整体现浇，结构刚度好，抗水平荷载的能力强。剪力墙结构的侧向刚度大，水平荷载作用下侧移小，但墙体间距小，结构建筑平面布置不灵活，结构自重也较大。图1-9为钢筋混凝土剪力墙结构的高层住宅平面图。

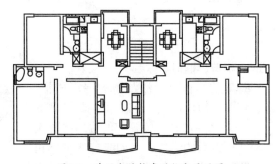

图1-8 某混合结构多层住宅平面图

1.5.3 框架结构体系

框架结构是利用梁、柱组成的纵、横两个方向的框架形成的结构体系。它同时承受水平荷载和竖向荷载。其围护和分隔墙体均不承重，施工顺序为先框架（包括楼梯和必要的剪力墙等），后填充非承重的墙体。其主要优点是建筑平面布置灵活，使相邻的两部分空间得以连通且能自由分隔，这就是框架承重体系不同于墙承重体系的最大特点。框架结构体系适

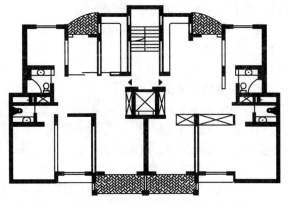

图1-9 钢筋混凝土剪力墙结构高层住宅平面图

用于需要较大跨度和大空间的建筑类型，例如商场、大型办公楼、车站、图书馆、影剧院等公共建筑和多层工业厂房。

1. 板、梁、柱体系

板、梁、柱体系是最常见的框架结构形式。梁与柱组成框架，楼板搁置在其上。其中梁的布置也可以分为横向承重、纵向承重以及纵横向混合承重等几种形式，而且还可以再按照主、次梁来划分成不同的传力层次，见图1-10。

2. 板、柱体系

板、柱体系又称为无梁楼盖，其板的荷载直接传递给柱，板、柱之间多用柱帽承托，见图1-11。这种结构形式适用于楼面为均布荷载，且荷载值在经济范围内的建筑，如某些商场、轻型厂房、库房等。

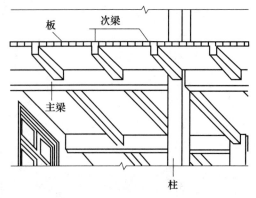

图1-10 板、梁、柱体系

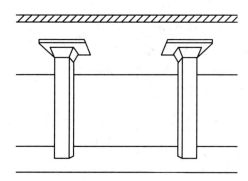

图1-11 板、柱体系

1.5.4 框剪、框筒等体系

框架结构也可以添加剪力墙形成框-剪、框-筒等体系，两者应用于高层建筑中。框剪体系的建筑物，剪力墙的布置除满足结构方面的需要外，如能与建筑空间的布置相协调，更能发挥框架原有的灵活性，图1-12为框架剪力墙结构的高层宾馆平面图。框筒等体系的建筑物，筒体在垂直方向的适当变形，可以造成丰富的建筑体型。

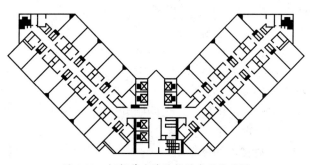

图1-12 框架剪力墙结构的宾馆平面图

1.5.5 排架结构体系

排架结构体系常用于高大空旷的单层建筑物，如工业厂房、飞机库和影剧院的观众厅等，其柱顶设置大型屋架或桁架，再覆以装配式的屋面板。根据建筑物的需要，有的排架建筑的屋顶上还要设置大型的天窗，有的则需要沿纵向设置吊车梁，以安装行车来吊装重型器材、设备或生产的产品，见图1-13。

排架体系的外围护结构一般贴在柱的外皮。砌体的外围护墙体由柱的外侧安装地梁来支承其重量，预制的外墙板可以直接用连接件安装在排架柱上或连系梁上。

14

1.5.6 空间结构体系

空间结构经设计组织成空间传力的系统，使其构件材料的力学性能够得到充分的发挥，做到用料省、结构自重小而覆盖面积大，并最大限度地发挥结构系统的整体效能。空间结构系统常用在需要大面积覆盖的建筑物的屋盖部分，例如航空港、体育场馆、展览馆、大型仓库等，也可以做成球形或其他的屋面形式，对建筑空间进行整体覆盖。

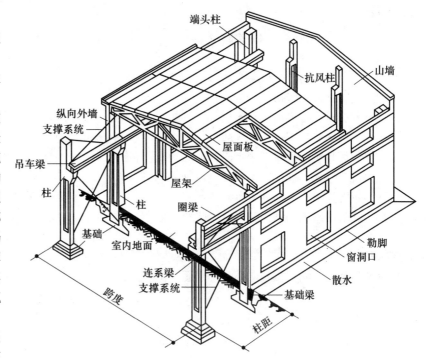

图1-13 采用排架结构的单层工业厂房

常用空间结构体系按结构类型可分为钢筋混凝土的薄壳、钢结构的网架和悬索，以及膜结构等。空间结构的常见类型如图1-14所示。

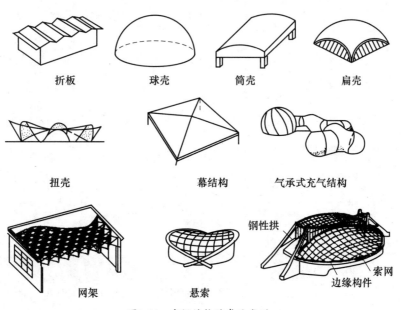

图1-14 空间结构的常见类型

15

思考题

1. 什么是建筑物、构筑物？
2. 建筑的三要素是什么？
3. 建筑物如何进行分类？
4. 建筑标准化包括什么含义？
5. 什么是基本模数？导出模数有哪些？
6. 怎样区分标志尺寸、构造尺寸、实际尺寸，它们的关系如何？
7. 民用建筑由哪些部分组成？常用的专业名词有哪些？
8. 混合结构、框架结构平面定位轴线如何定位？
9. 影响建筑构造的因素有哪些？
10. 建筑中常见的结构类型有哪些？

练习题

试着给你所在的住宅楼或办公楼平面定位。

单元 2
地基与基础

2.1 概述

2.2 基础的埋置深度及影响因素

2.3 基础的分类和构造

2.4 地下室的构造

思考题

练习题

单元概述：本单元首先介绍了地基与基础的概念、分类和要求，然后介绍了基础的埋置深度及影响因素，由于基础具有隐蔽性，所以基础的分类和构造尤为重要。本单元的难点是地下室的构造、防水和防潮，为了使学生学习方便，配备了大量的构造图。

学习目标：

1. 了解地基的分类、要求。
2. 掌握基础埋置深度的概念及影响因素。
3. 掌握基础的分类，常用基础的构造。
4. 了解地下室的分类、组成及防潮防水构造等。

学习重点：

1. 地基的分类、要求。
2. 影响基础埋深的因素。
3. 基础的分类和常用基础的构造。
4. 地下室的分类和组成。

教学建议：建议采用参观实践及项目教学法相结合，任课教师选择一个正在施工的基础作为实物进行现场教学，让学生根据实物，掌握基础的组成部分，各组成部分的名称及材料。对现场看不到的基础类型，建议教师借助多媒体课件采用项目教学。本单元学习结束后，建议教师用一套真实的基础施工图为学生讲解，锻炼学生识读施工图的能力。

关键词：基础（foundation）；地基（ground）；基础埋深（depth of foundation）；基础分类（classification of foundation）；构造（construction）；地下室（basement）

2.1 概　述

2.1.1 有关概念

　　基础(foundation)：建筑物埋在地面以下的承重构件。它承受上部建筑物传递下来的全部荷载，并将这些荷载连同自重传给下面的土层。是建筑物的重要组成部分。

　　地基(ground)：基础下面承受其传来全部荷载的土层。地基承受建筑物荷载而产生的应力和应变是随着土层深度的增加而减小，在达到一定的深度以后就可以忽略不计。

2.1.2 地基的分类

　　地基分为天然地基和人工地基两大类。

　　天然地基是指具有足够承载能力的天然土层，不需经人工改良或加固可以直接在上面建造房屋的地基。如岩石、碎石土、砂土和黏性土等，一般均可作为天然地基。

　　人工地基是指天然土层的承载力不能满足荷载要求，即不能在这样的土层上直接建造基础，必须对这种土层进行人工加固以提高它的承载力，进行人工加固的地基叫做人工地基。人工加固地基通常采用压实法、换土法、打桩法以及化学加固法等。

2.1.3 对地基的要求

　　（1）强度要求。地基的承载力应足以承受基础传来的压力。地基承受荷载的能力称为地基承载力，即单位面积所承受荷载的大小，单位为kPa。

　　（2）变形要求。地基的沉降量应保证在允许的沉降范围内，且沉降差也应保证在允许的范围内，建筑物的总荷载通过基础传给地基，地基因此产生应变，出现沉降。若沉降量过大，会造

18

成整个建筑物下沉过多，影响建筑物的正常使用；若沉降不均匀，沉降差过大，会引起墙身开裂、倾斜甚至破坏。

（3）稳定性要求。要求地基有抵抗产生滑坡、倾斜方面的能力。必要时应加设挡土墙，以防止滑坡变形的出现。

2.1.4 对基础的要求

（1）强度要求。基础应具有足够的强度，才能稳定地把荷载传给地基，如果基础在承受荷载后受到破坏，整个建筑物的安全就无法保证。

（2）耐久性要求。基础是埋在地下的隐蔽工程，由于它在土中，环境复杂，而且建成后检查、维修、加固很困难，所以在选择基础材料和构造形式时应与上部建筑物的使用年限相适应。

（3）经济方面的要求。基础工程的造价占建筑物总造价的10%~40%，基础方案的确定，要在坚固耐久、技术合理的前提下，尽量就地取材，减少运输，以降低整个工程的造价。

2.2 基础的埋置深度及影响因素

2.2.1 基础埋置深度

基础埋深(depth of foundation)是由室外设计地面到基础底面的距离。室外地坪分自然地坪和设计地坪，自然地坪是指施工地段的现存地坪，而设计地坪是指按设计要求工程竣工后室外场地经垫起或开挖后的地坪，如图2-1所示。

根据基础埋置深度的不同，基础分为浅基础和深基础。一般情况下，基础埋置深度不超过5m的叫浅基础；超过5m的叫深基础。在确定基础的埋深时，应优先选用浅基础，它具有构造简单、施工方便、造价低的特点。只有在表层土质极弱或总荷载较大或其他特殊情况下，才选用深基础。但基础的埋置深度也不能过小，至少不能小于500mm，因为地基受到建筑荷载作用后可能将四周土挤走，使基础失稳，或地坪受到雨水冲刷、机械破坏而导致基础暴露。

2.2.2 影响基础埋深的因素

1. 地基土层构造

基础应建造在坚实的土层上。如果地基土层为均匀好土，则应尽量浅埋。如果地基土层不均匀，既有好土，又有软土，若坚实土层离地面近，土方开挖量不大，

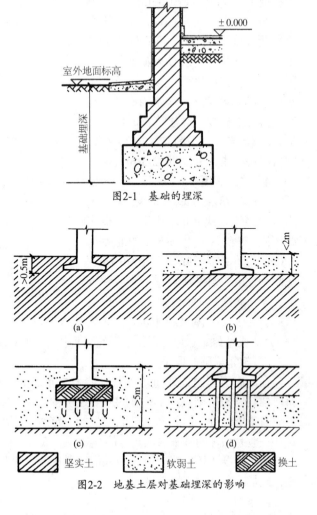

图2-1 基础的埋深

图2-2 地基土层对基础埋深的影响

可挖去软土,将基础埋在好土层上;若坚实土层很深,可做地基加固处理,或将基础埋在好土上,或采用桩基础,具体方案应在作技术经济比较后确定（图2-2）。

2. 建筑物自身构造

建筑物很高,自重也很大,基础则应深埋;带有地下室、地下设备层时,基础必须深埋。

3. 地下水位

地基土含量的大小对承载力影响很大,且含有侵蚀性物质的地下水对基础还产生腐蚀,所以基础应尽量埋置在地下水位以上（图2-3(a)）。

当地下水位比较高时,基础不得不埋置在地下水中,应将基础底面置于最低地下水位之下,使基础底面常年置于地下水之中,也就是防止置于地下水位升降幅度之内。这是为了减少和避免地下水的浮力对建筑物的影响。另外,基础若处在干湿交替的环境下,则抗腐蚀的能力更差（图2-3(b)）。

4. 冻结深度

土的冻结深度即冰冻线,主要是由当地的气候决定的。由于各地区气温不同,冻结深度也不同,如北京为0.85m、哈尔滨为1.9m、上海为0.1m、沈阳为1.2m;如果基础置于冰冻线以上,当土壤冻结时,冻胀力可将房屋拱起,融化后房屋又将下沉。日久天

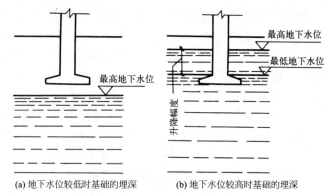

(a) 地下水位较低时基础的埋深　　(b) 地下水位较高时基础的埋深

图2-3　地下水位对基础埋深的影响

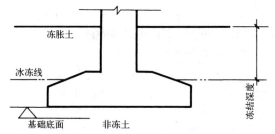

图2-4　冻结深度对基础埋深的影响

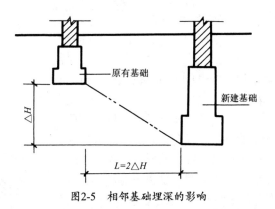

图2-5　相邻基础埋深的影响

长,会造成基础的破坏。因此,在冻胀土中埋置基础必须将基础底面置于冰冻线以下（图2-4）。

5. 相邻基础的埋深

在原有房屋附近建造房屋时,要考虑新建房屋荷载对原有房屋基础的影响。一般情况下,新建建筑物的基础应浅于相邻的原有建筑物基础,以避免扰动原有建筑物的地基土壤。当埋深大于原有基础的埋深时,两基础间应保持一定水平距离,其数值应根据荷载的大小和性质等情况而定。一般为相邻两基础底面高差的2倍（图2-5）。

当上述要求不能满足时,应采取分段施工,设临时加固支撑、打板桩、地下连续墙等施工措施,或加固原有建筑物基础。

2.3　基础的分类和构造

2.3.1　基础的类型

基础的类型(classification of foundation)很多，划分方法也不尽相同。

1. 按材料受力特点分类

1）无筋扩展基础

无筋扩展基础又叫刚性基础，是指由砖、毛石、混凝土或毛石混凝土、灰土和三合土等刚性材料形成的基础。从受力和传力的角度考虑，建筑上部结构是通过基础将其荷载传给地基的，由于土壤单位面积的承载能力有限，当建筑物荷载增大时，只有将基础底面积不断扩大，才能适应地基承载力的要求。

根据试验得知，上部结构（墙或柱）在基础中传递压力是沿一定角度分布的，即基础放宽的引线与墙体垂直线之间的夹角，将这个传力角度称压力分布角，或称刚性角，以α表示。刚性角通常用基础放宽的级宽与级高的比值来表示，如图2-6 (a) 所示。

由于刚性材料抗压能力强，抗拉、抗剪能力差，因此，刚性角只能在材料的抗压范围内控制。如果基础底面宽度超过控制范围，即由图中的B_1增大到B，致使刚性角扩大。这时，基础会因受拉而破坏，如图2-6(b) 所示。若要保证基础不被拉力或冲切破坏，基础就必须在加大宽度的同时，增加基础高度，使得B_2/H_0在允许宽高比范围内，如图2-6(c) 所示。所以，无筋扩展基础底面宽度的增大要受到刚性角的限制。

不同材料基础的刚性角是不同的，通常砖砌基础的刚性角控制在26°～33°之间较好。为了设计和施工方便将刚性角换算成α的正切值b/h，即宽高比。表2-1是各种材料基础的宽高比容许值。

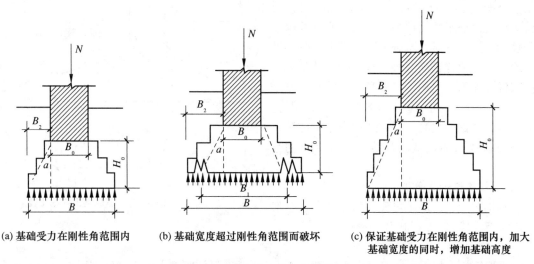

(a) 基础受力在刚性角范围内　　(b) 基础宽度超过刚性角范围而破坏　　(c) 保证基础受力在刚性角范围内，加大基础宽度的同时，增加基础高度

图2-6　刚性基础的受力和传力特点

2）扩展基础

无筋扩展基础因受刚性角的限制，当建筑物荷载较大，或地基承载能力较差时，如按刚性角逐步放宽，则需要很大的埋置深度，这在土方工程量及材料使用上都很不经济。在这种情况下，

表2-1　　　　　　　　　　　　无筋扩展基础台阶宽高比的允许值

基础材料	质量要求	台阶宽高比的允许值		
		$p_k \leq 100$	$100 < p_k \leq 200$	$200 < p_k \leq 300$
毛石混凝土基础	C15混凝土	1:1.00	1:1.00	1:1.25
砖基础	砖不低于MU10、砂浆不低于M5	1:1.00	1:1.25	1:1.50
毛石基础	砂浆不低于M5	1:1.25	1:1.50	1:1.50
灰土基础	体积比为3:7或2:8的灰土，其最小干密度： 粉土1550kg/m³ 粉质黏土1500kg/m³ 黏土1450kg/m³	1:1.25	1:1.50	—
三合土基础	体积比1:2:4~1:3:6(石灰：砂：骨料），每层约虚铺220mm，夯至150mm	1:1.50	1:2.00	—

注：① p_k为荷载效应标准组合基础底面处的平均压力值(kPa)；

　　② 阶梯形毛石基础的每阶伸出宽度，不宜大于200mm；

　　③ 当基础由不同材料叠合组成时，应对接触部分作抗压验算；

　　④ 基础底面处的平均压力值超过300kPa的混凝土基础，尚应进行抗剪验算。

基础宜采用钢筋混凝土材料，这种材料不仅抗压而且具有抗弯抗剪性能，是基础的最优材料。利用钢筋来承受拉力，使基础底部能够承受较大弯矩。这时，基础宽度的加大不受刚性角的限制。故称钢筋混凝土基础为柔性基础。在同样条件下，采用钢筋混凝土与混凝土基础比较，见图2-7，可节省大量的混凝土材料和挖土工作量。钢筋混凝土基础适用于高层建筑、重型设备或软弱地基以及地下水位以下的基础。

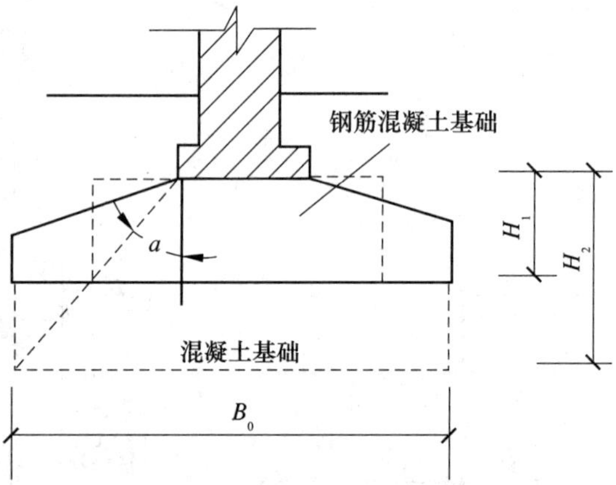

图2-7　混凝土与钢筋混凝土基础比较

　　2．按构造形式分类

按构造形式，基础可分为独立基础、条形基础、筏式基础、桩基础和箱形基础等。

　　1）独立基础

当建筑物上部采用框架结构或单层排架结构承重，且柱距较大时，基础常采用方形或矩形的单独基础，这种基础称独立基础。独立基础是柱下基础的基本形式，常用的断面形式有阶梯形、锥形和杯形等（图2-8）。

　　2）条形基础

基础为连续的长条形状时称为条形基础。条形基础一般用于墙下，也可用于柱下。当建筑物

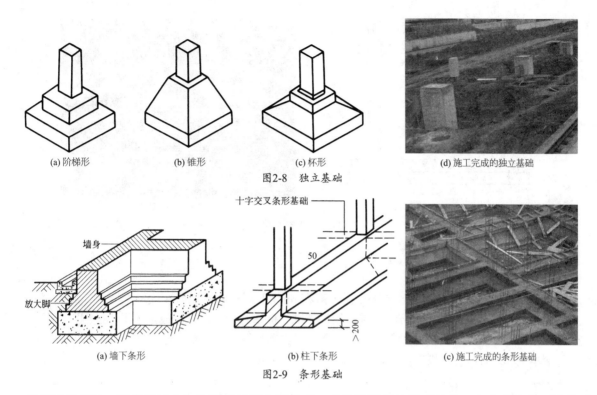

(a) 阶梯形　　　(b) 锥形　　　(c) 杯形　　　(d) 施工完成的独立基础

图2-8　独立基础

(a) 墙下条形　　　(b) 柱下条形　　　(c) 施工完成的条形基础

图2-9　条形基础

采用墙承重时，通常将墙底加宽形成墙下条形基础；当建筑采用柱承重结构，在荷载较大且地基较软弱时，为了提高建筑物的整体性，防止出现不均匀沉降，可在柱下基础沿一个方向连续设置成条形基础（图2-9）。

3）筏式基础

当上部荷载较大，地基承载力较低，条形基础的底面积占建筑物平面面积较大比例时，可考虑选用整片的筏板承受建筑物的荷载，并传给地基，这种基础形似筏子，称筏式基础。

筏式基础按结构形式可分为板式结构与梁板式结构两类，前者板的厚度较大，构造简单；后者板的厚度较小，但增加了双向梁，构造较复杂（图2-10）。

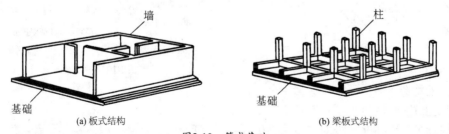

(a) 板式结构　　　(b) 梁板式结构

图2-10　筏式基础

4）箱形基础

当建筑物很大，或浅层地质情况较差，基础需埋深时，为增加建筑物的整体刚度，不致因地基的局部变形影响上部结构时，常采用钢筋混凝土将基础四周的墙、顶板、底板整浇成刚度很大的盒状基

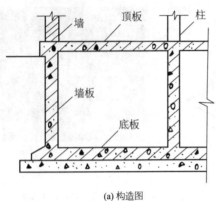

(a) 构造图

(b) 正在施工的箱形基础

图2-11　箱形基础

础，叫箱形基础（图2-11）。

5）桩基础

当建筑物荷载较大，地基的软弱土层厚度在5m以上，基础不能埋在软弱土层内，或对软弱土层进行人工处理困难和不经济时，常采用桩基础。桩基的种类很多，最常采用的是钢筋混凝土桩，其根据施工方法不同可分为打入桩、压入桩、振入桩及灌入桩等；根据受力性能不同，可以分为端承桩和摩擦桩等（图2-12），桩基础如图2-13所示。

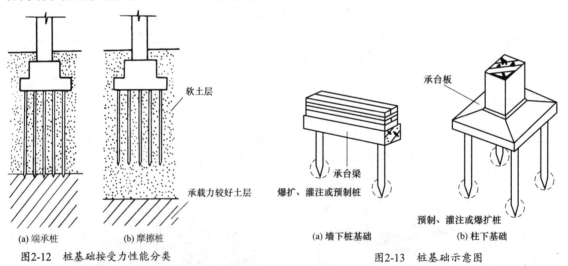

(a) 端承桩　　(b) 摩擦桩

图2-12　桩基础按受力性能分类

(a) 墙下桩基础　　(b) 柱下基础

图2-13　桩基础示意图

2.3.2　基础的构造

1. 混凝土基础

这种基础多采用强度等级为C7.5或C10混凝土浇筑而成。基础一般有梯形和台阶形两种形式（图2-14）。

混凝土刚性角为45°，即$b/h \leqslant 1$，但是在施工中不宜出现锐角，以防混凝土振捣不密实，减少了基础底面的有效面积。因此，基础断面应保证两侧有高度不小于200mm的垂直面，然后按刚性角容许值倾斜，这种形式的基础叫梯形基础。

台阶形混凝土基础底面应设置垫层，垫层的作用是找平坑槽，保护钢筋。常用材料C7.5，C10的混凝土，厚度80~100mm，每侧加宽度80~100mm。

2. 钢筋混凝土基础

基础底板下均匀浇筑一层素混凝土，作为垫层，目的是保证基础钢筋和地基之间有足够的距离，以免钢筋锈蚀，垫层一般采用C10素混凝土，厚度为100mm，垫层每边应伸出底板各100mm。钢筋混凝土基础由底板及基础墙（柱）组成。现浇底板是基础的主要受力结构，其厚度和配筋均由计算确定，受力筋直径不得小于8mm，间距不大于200mm。混凝土的强度等级不宜低于C20，基础底板的外形一般有锥形和阶梯形两种。

钢筋混凝土锥形基础宜采用一阶或两阶形式，底板边缘的厚度一般不小于200mm，也不宜大于500mm（图2-15）。

阶梯形基础每阶高度一般为300~500mm。当基础高度在500~900mm时采用两阶，超过900mm时用三阶（图2-16）。

2.4　地下室的构造

建筑物底层地面以下的房间叫地下室（basement）。

2.4.1　地下室的分类

1. **按使用性质分**

（1）普通地下室：普通的地下空间。一般按地下楼层进行设计，可满足多种建筑功能的要求。

（2）人防地下室：有人民防空要求的地下空间。人防地下室应妥善解决紧急状态下的人员隐蔽与疏散，应有保证人身安全的技术措施。

2. **按埋入地下深度分**

（1）全地下室：房间地坪面低于室外地坪面的高度超过该房间净高的1/2者为全地下室，或称为地下室。由于防空地下室有防止地面水平冲击波破坏的要求，故多采用这种类型。

（2）半地下室：房间地坪面低于室外地坪高度超过该房间净高的1/3，且不超过1/2的称为半地下室。这种地下室一部分在地面以上，易于解决采光、通风等问题，普通地下室多采用这种类型，见图2-17。

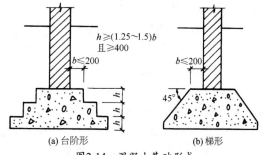

图2-14　混凝土基础形式
(a) 台阶形　(b) 梯形

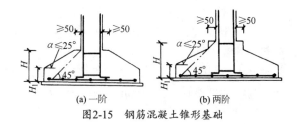

图2-15　钢筋混凝土锥形基础
(a) 一阶　(b) 两阶

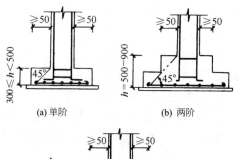

(a) 单阶　(b) 两阶

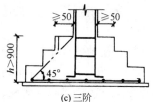

(c) 三阶

图2-16　钢筋混凝土阶梯形基础

3. 按结构材料分

（1）砖墙结构地下室。用于上部荷载不大及地下水位较低的情况。

（2）钢筋混凝土结构地下室。当地下水位较高及上部荷载很大时，常采用钢筋混凝土墙结构的地下室。

2.4.2 地下室的构造

地下室一般由墙体、顶板、底板、门和窗、采光井和楼梯等部分组成。

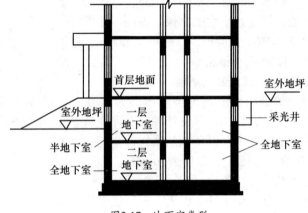

图2-17　地下室类型

1. 墙体

地下室的墙体不仅承受上部的垂直荷载，外墙还要承受土、地下水及土壤冻胀时产生的侧压力。所以地下室外墙的厚度，应经计算确定。采用最多为混凝土或钢筋混凝土外墙，其厚度一般不小于300mm。

2. 顶板

地下室的顶板采用现浇或预制钢筋混凝土板。防空地下室的顶板，一般应为现浇板。当采用预制板时，往往在板上浇筑一层钢筋混凝土整体层，以保证有足够的整体性。

3. 底板

地下室的底板不仅承受作用于它上面的垂直荷载，当地下水位高于地下室底板时，还必须承受底板下水的浮力。所以要求底板应具有足够的强度、刚度和抗渗能力，否则易出现渗漏现象。

4. 门和窗

地下室的门窗与地上部分相同。防空地下室的门，应符合相应等级的防护要求，一般采用钢门或钢筋混凝土门。防空地下室一般不允许设窗。

5. 采光井

当地下室的窗在地面以下时，为达到采光和通风的目的，应设置采光井，一般每个窗设一个，当窗的距离很近时，也可将采光井连在一起。

采光井由侧墙、底板、遮雨设施或铁箅子组成，侧墙一般为砖墙，井底板则由混凝土浇灌而成。

采光井的深度，视地下室窗台的高度而定，一般采光井底板顶面应较窗台低250～300mm。采光井在进深方向（宽）为1 000mm左右，在开间方向（长）的窗宽1000mm左右。

采光井侧墙顶面应比室外地面标高250～300mm，以防止地面水流入（图2-18）。

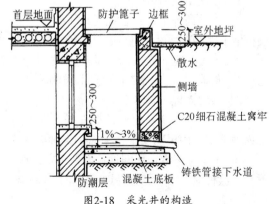

图2-18　采光井的构造

6. 楼梯

可与地面部分的楼梯结合设置。由于地下室的层高较小，故多设单跑楼梯。一般地下室至少应有两部楼梯通向地面。防空地下室也应至少有两个出口通向地面，其中一个必须是独立的安全出口，且安全出口与地面以上建筑物应有一定距离，一般不得小于地面建筑物高度的一半，以防止地面建筑物破坏坍落后将出口堵塞。

2.4.3 地下室的防潮与防水

由于地下室的墙身、底板不仅受地下水、上层滞水、毛细管水等作用，也受地表水的作用，如地下室防水性能不好，轻则引起室内墙面灰皮脱落，墙面上生霉，影响人体健康；重则进水，使地下室不能使用或影响建筑物的耐久性。因此，如何保证地下室在使用时不渗漏，是地下室构造设计的主要任务。《地下工程防水技术规范》（GB 50108—2008）把地下工程防水分为四级，见表2-2。各地下工程的防水等级，应根据工程的重要性和使用中对防水的要求按表2-3选定。

表2-2　　　　　　　　　　　　　地下工程防水等级标准

防水等级	标　准
一级	不允许渗水，结构表面无湿渍
二级	不允许漏水，结构表面有少量湿渍。 工业与民用建筑：总湿渍面积不应大于总防水面积（包括顶板、墙面、地面的1/1 000）；任意100m²防水面积上的湿渍不超过2处，单个湿渍的最大面积不大于0.1m²。 其他地下工程：总湿渍面积不应大于总防水面积的2/1000；任意100m²防水面积上的湿渍不超过3处，单个湿渍的最大面积不大于0.2m²
三级	有少量漏水点，不得有线流和漏泥砂。 任意防水面积上的漏水点数不超过7处，单个漏水点的最大漏水量不大于2.5L/d，单个湿渍的最大面积不大于0.3m²
四级	有漏水点，不得有线流和漏泥砂。 整个工程平均漏水量不大于2L/ (m²·d)；任意100m²防水面积的平均漏水量不大于4L/ (m²·d)

表2-3　　　　　　　　　　　　　不同防水等级的适用范围

防水等级	适用范围
一级	人员长期停留的场所；因有少量湿渍会使物品变质、失效的贮物场所及严惩影响设备正常运转和危及工程安全运营的部位；极重要的战备工程、地铁、车站
二级	人员经常活动的场所；在有少量湿渍的情况下不会使物品变质、失效的贮物场所及基本不影响设备正常运转和工程安全运营的部位；重要的战备工程
三级	人员临时活动的场所；一般战备工程
四级	对渗漏水无严格要求的工程

我国地下工程混凝土结构主体防水的常用做法有防水混凝土、水泥砂浆防水层、卷材防水、涂料防水层、塑料防水板防水层、金属防水层等。选用何种防水方法，应根据使用功能、结构形式、环境条件等因素合理确定，一般处于侵蚀介质中的工程，应采用耐侵蚀的防水混凝土、防水砂浆、卷材或涂料；结构刚度较差或受振动作用的工程，应采用卷材、涂料等柔性防水材料。

1. 地下室的防潮

当地下水的常年水位和最高水位都在地下室地面标高以下时，仅受到土层中潮气的影响，这时只需做防潮处理。对于砖墙，其构造要求是：墙体必须采用水泥砂浆砌筑，灰缝要饱满，在墙面外侧设垂直防潮层。做法是在墙体外表面先抹一层20mm厚的水泥砂浆找平层，再涂一道冷底子油和两道热沥青，然后在防潮层外侧回填低渗透土壤，如黏土、灰土等，并逐层夯实。土层宽0.5m左右，以防地面雨水或其他地表水的影响（图2-19）。

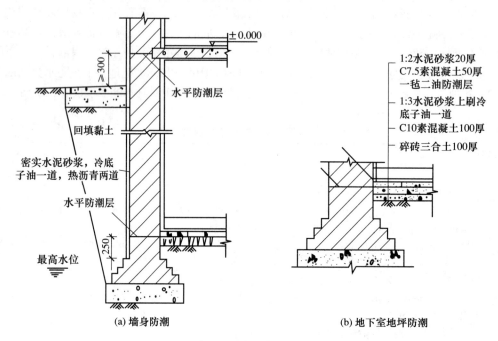

（a）墙身防潮   （b）地下室地坪防潮

图2-19　地下室的防潮

　　另外，地下室的所有墙体都必须设两道水平防潮层：一道设在地下室地坪附近；另一道设置在室外地面散水以上150～200mm的位置，以防地下潮气沿地下墙身或勒角处侵入室内。凡在外墙穿管、接缝等处，均应嵌入油膏防潮。

　　对于地下室地面，一般主要借助混凝土材料的憎水性来防潮，但当地下室的防潮要求较高时，其地层也应做防潮处理。一般设在垫层与地面面层之间，且与墙身水平防潮层在同一水平面上。

　　当地下室使用要求较高时，可在围护结构内侧加涂防潮涂料。

　　2．地下室的防水

　　当设计最高地下水位高于地下室地面时，地下室的底板和部分外墙将浸在水中，地下室的外墙受到地下水的侧压力，底板则受到浮力。此时，地下室应做防水处理。地下室的外墙应做垂直防水处理，底板应做水平防水处理。

　　目前，常采用的防水方案有材料防水和自防水两类。

　　1）材料防水

　　材料防水是在外墙和底板表面敷设防水材料，借材料的高效防水特性阻止水的渗入，常用卷材、涂料和防水水泥砂浆等。

　　卷材防水能适应结构的微量变形和抵抗地下水的一般化学侵蚀，比较可靠，是一种传统的防水做法。防水卷材一般用沥青卷材（石油沥青卷材、焦油沥青卷材）和高分子卷材（如三元乙丙–丁基橡胶水卷材、氯化聚乙烯–橡胶共防水卷材等），各自采用与卷材相适应的胶结材料胶合而成的防水层。高分子卷材具有重量轻、使用范围广、抗拉强度大、延伸率大，对基层伸缩或开裂的适用性强等特点，而且是冷作业，施工操作方便，不污染环境。

沥青卷材是一种传统的防水材料，有一定的抗拉强度和延伸性，价格较低，但属热作业，操作不便，并污染环境，易老化。一般为多层做法，卷材的层数根据水压，即地下水的最大计算水头大小而定。最大计算水头是指设计最高地下水位高于地下室底板下边的高度。按防水材料的铺贴位置不同，分外包防水和内包防水两类。外包防水是将防水材料贴在迎水面，即外墙的外侧和底板的下面，防水效果好，采用较多，但维护困难，缺陷处难于查找。内包防水是将防水材料贴于背水一面，其优点是施工简便、便于维修，但防水效果较差，多用于修缮工程（图2-20）。

沥青油毡外防水构造：先在混凝土垫层上将油毡铺满整个地下室，在其上浇筑细石混凝土或水泥砂浆保护层以便浇筑钢筋混凝土底板。地坪防水油毡须留出足够的长度以便与墙面垂直防水油毡搭接。墙体的防水处理是先在外墙外面抹20mm厚的1∶2.5水泥砂浆找平层，涂刷冷底子油一道，再按一层油毡一层沥青胶顺序粘贴好防水层。油毡须从底板上包上来，沿墙身由而上连续密封粘贴，然后，在防水层外侧砌厚为120mm的保护墙以保护防水层均匀受压，在保护墙与防水层之间缝隙中灌以水泥砂浆。

涂料防水指在施工现场以刷涂、刮涂、滚涂等方法将无定型液态冷涂料在常温下涂敷于地下室结构表面的一种防水做法。

水泥砂浆防水是采用合格材料，通过严格多层次交替操作形成的多防线整体防水层或掺入适量的防水剂以提高砂浆的密实性。

2）混凝土防水

当地下室的墙采用混凝土或钢筋混凝土结构时，可连同底板采用防水混凝土，使承重、围

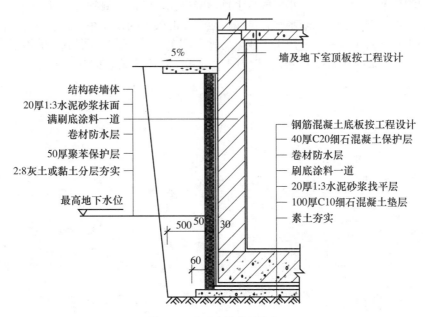

图2-20　地下室的卷材防水

护、防水功能三者合一。防水混凝土墙和底板不能过薄，一般外墙厚为200mm以上，底板厚应在150mm以上，否则会影响抗渗效果。为防止地下水对混凝土的侵蚀，在墙外侧应抹水泥砂浆，然后刷沥青（图2-21）。

3）涂料防水

涂料防水是指在施工现场以刷涂、滚涂等方法将无定型液态冷涂料在常温下涂敷于地下室结构表面的一种防水做法。目前，地下防水工程应用的防水涂料包括有机防水涂料和无机防水涂料。有机防水涂料主要包括合成橡胶类、合成树脂类和橡胶沥青类。有机防水涂料固化成膜后最终形成柔性防水层，适宜做在结构主体的迎水面，并应在防水层外侧做刚性保护层；无机防水涂料主要包括聚合物

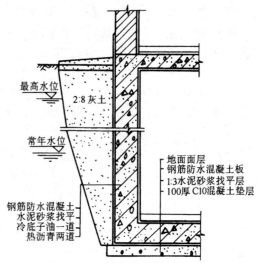

图 2-21　防水混凝土的防水做法

改性水泥基防水涂料和水泥基渗透结晶型防水涂料，即在水泥中掺入一定的聚合物，能够不同程度地改变水泥固化后的物理力学性能，这类防水涂料被认为是刚性防水材料，所以不适用于变形较大或受振动部位，适宜做在结构主体的背水面。涂料的防水质量、耐老化性能均较油毡防水层好，故目前在地下室防水工程中应用广泛。

4）金属板防水

金属板防水适用于抗渗性能要求较高的地下室。金属板包括钢板、铜板、铝板、合金钢板等。金属板防水有内防水和外防水之分。当金属防水层为内防水时，防水层是预先设置的，防水层应与结构内的钢筋焊牢，并在防水层底板上预留浇捣孔，以保证混凝土浇筑密实，待底板混凝土浇筑完后再补焊密实；当为外防水时，金属板应焊在混凝土的预埋件上。金属防水板之间的接缝为焊缝，焊缝必须密实。一般适用于工业厂房地下烟道、热风道等高温高热的地下防水工程以及振动较大、防水要求严格的地下防水工程中。金属板防水构造见图2-22。

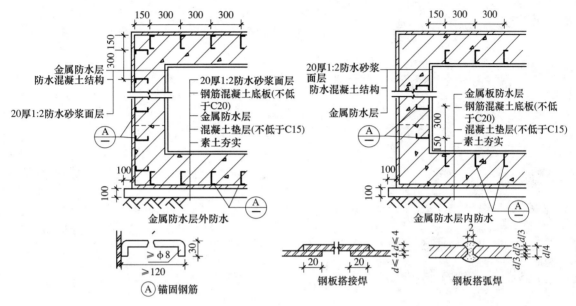

图 2-22 金属板防水

思考题

1. 基础和地基各指什么？
2. 什么是基础的埋深？影响基础埋深的因素有哪些？
3. 基础是如何分类的？
4. 地下室是如何分类的？地下室是由哪些部分组成的？各部分的构造如何？
5. 绘图表示地下室常见的防潮做法及防水做法。

练习题

参观一幢带有地下室的建筑，确定其类型和各部分构造。

单元 3
墙体

3.1 墙体的类型和设计要求
3.2 砌体墙的基本构造
3.3 隔墙与幕墙
3.4 墙面装修
3.5 建筑节能与墙体保温、隔热
思考题
练习题

单元概述：墙体是建筑的主要围护构件和结构构件。本单元内容主要包括：墙体的作用、类型及其设计要求；砌体墙的墙体材料、砌筑方式及墙体的细部构造；隔墙的种类及构造。对幕墙的基本构造、墙面装修及墙体保温隔热等知识也作了适当的介绍。

学习目标：

1. 掌握墙体的类型，了解墙体的设计要求。
2. 了解砌体墙的墙体材料，熟练掌握砌体墙的砌筑方式及墙体的细部构造。
3. 掌握隔墙的类型及常见做法。
4. 了解幕墙的基本构造。
4. 掌握常见的墙面装修做法。
5. 掌握墙体保温隔热措施及基本构造。

学习重点：

1. 砌体墙的细部构造。
2. 常用的墙面装修做法。
3. 墙体的保温隔热构造。

教学建议：可先参观校园内已建或在建工程中的墙体部分，增加对墙体材料、墙体砌筑、墙脚、窗洞口、墙身加固、墙面装修等部分感性认识。对于未能通过参观获得感性认识的内容可组织学生观看视频、图片或模型。在教学过程中可采用专业模拟教学法、案例教学法等方法。由于我国地域广阔，气候条件差异大，学习过程中应考虑不同详图的适应性并结合本地区的特点进行学习。为进一步增强学生的识读和绘制工程图的能力，可选取有代表性的墙体构造详图进行绘制。

关键词：砌体墙（brick wall）；隔墙（separation wall）；幕墙（curtain wall）；墙面装修（wall surface decoration）；保温（heat preservation）；隔热（heat insulation）

3.1　墙体的类型和设计要求

3.1.1　墙体的类型

墙体是建筑的主要围护构件和结构构件。在墙体承重的结构中，墙体承担其顶部的楼板或屋顶传递的荷载、水平风荷载、地震荷载以及墙体的自重等并将它们传给墙下的基础。墙体可以抵御自然界的风、雨、雪的侵袭，防止太阳辐射、噪声干扰，以及室内热量的散失，起保温、隔热、隔声、防水等作用；同时墙体还将建筑物室内空间与室外空间分隔开来，并将建筑物内部划分为若干个房间和各个使用空间。因此，墙体的作用可以概括为承重、围护和分隔。

建筑物的墙体按其在房屋中所处位置不同有外墙、内墙之分。位于建筑物四周的墙称为外墙，主要起围护作用；位于建筑物内部的墙称为内墙，主要起分隔作用。

按建筑物的墙体在房屋中所处方向不同有横墙和纵墙之分（图3-1）。沿建筑

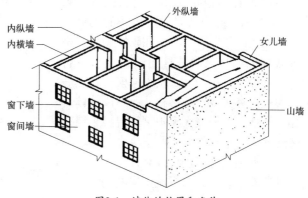

图3-1　墙体的位置和名称

33

物横向布置的墙称为横墙，外横墙称为山墙。沿建筑物纵向布置的墙称为纵墙，外纵墙也称为檐墙。在一面墙上，窗与窗之间的墙称为窗间墙；窗洞下部的墙为窗下墙。

从结构受力情况来看，墙体可分为承重墙和非承重墙两种。直接承受上部屋顶、楼板传来的荷载的墙称为承重墙；不承受上部传来的荷载的墙称为非承重墙，非承重墙包括承自重墙、隔墙、填充墙和幕墙等。只承受自身重量的墙体称为承自重墙，分隔内部空间且其重量由楼板或梁承受的墙体称为隔墙，骨架结构中的填充在柱子间的墙称为框架填充墙，悬挂于骨架外部的轻质墙称为幕墙，具体见图3-2。

按墙体所用材料和制品不同有砖墙、石墙、砌块墙、混凝土墙、玻璃幕墙、复合板墙等。

墙体按构造方式不同有实体墙、空体墙、复合墙，如图3-3所示。实体墙是由普通黏土砖或其他砌块砌筑，或由混凝土等材料浇筑而成的实心墙体；空体墙是由普通黏土砖砌筑而成的空斗墙或由多孔砖砌筑或混凝土浇筑而成的具有空腔的墙体；复合墙是由两种或两种以上的材料组合而成的墙体。

按施工方法和构造方式不同分类，主要有叠砌式、板筑式和装配式三种，如图3-4所示。叠砌式是一种传统的砌墙方式，如实砌砖墙、空斗墙和砌块墙等；板筑式墙的墙体材料往往是散状或塑性材料，依靠事先在墙体部位设置模板，然后在模板内夯实或浇筑材料从而形成墙体，如夯土墙、滑模或大模板钢筋混凝土墙；装配式墙是在构件生产厂家事先制作墙体构件，在施工现场进行拼装，如大板墙、各种幕墙。装配式墙机械化程度高，施工速度快。

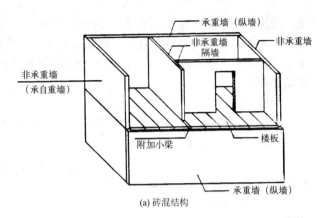

(a) 砖混结构

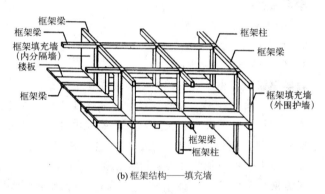

(b) 框架结构——填充墙

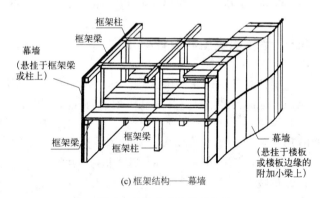

(c) 框架结构——幕墙

图3-2 墙体按受力情况分类

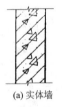

(a) 实体墙　　(b) 空体墙　　(c) 复合墙

图3-3 墙体构造形式

3.1.2 墙体的设计要求

（1）具有足够的强度和稳定性。墙体的强度与墙体所用材料、墙体的厚度及构造和施工方式有关。墙体的稳定性则与墙的长度、高度和厚度有关，一般应通过控制墙体的高厚比保证墙体的稳定性，同时可通过加设壁柱、圈梁、构造柱及拉结钢筋等措施增加其稳定性。

（2）满足热工方面的要求。外墙是建筑围护结构的主体，其热工

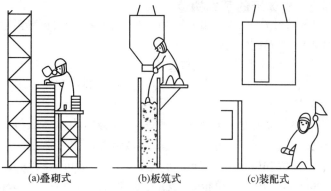

图3-4 墙体按施工方法分类

性能的好坏对建筑的使用环境及能耗有很大的影响。北方寒冷地区墙体应具有良好的保温性能，满足在采暖期减少室内热量散失，降低能耗，防止墙体表面和内部产生凝结水的要求。在南方炎热地区要求外墙具有良好的隔热能力，以阻隔太阳辐射热传入室内。

（3）满足防火要求。墙体的燃烧性能和耐火极限应符合防火规范的有关规定。在较大的建筑中，当建筑的单层建筑面积或长度达到一定指标（表3-1），应进行防火分区的划分，防止火灾蔓延。划分防火区域一般设置防火墙。

（4）满足隔声要求。声音的传播途径有两个：一是空气传声，即声响通过空气、透过墙体再传入人耳；二是固体传声，即直接撞击墙体，发出的声音传入人耳。对于墙体主要考虑空气传声。可采取增加墙体密实性及厚度、加强墙体的缝隙处理、采用有空气间层或多孔性材料的夹层墙等措施提高墙体的隔声能力。

（5）其他要求。墙体还应满足防水、防潮、建筑工业化、经济等方面要求。

表3-1　民用建筑的耐火等级、最多允许层数和防火分区最大允许建筑面积

耐火等级	最多允许层数	防火分区的最大允许建筑面积/m²	备注
一、二级	按《建筑设计防火规范》第1.0.2条规定	2500	（1）体育馆、剧院的观众厅，展览建筑的展厅，其防火分区最大允许建筑面积可适当放宽。 （2）托儿所、幼儿园的儿童用房和儿童游乐厅等儿童活动场所不应超过3层或设置在四层及四层以上楼层或地下、半地下建筑（室）内
三级	5层	1200	（1）托儿所、幼儿园的儿童用房和儿童游乐厅等儿童活动场所、老年人建筑和医院、疗养院的住院部分不应超过二层或设置在三层及三层以上楼层或地下、半地下建筑（室）内。 （2）商店、学校、电影院、剧院、礼堂、食堂、菜市场不应超过二层或设置在三层及三层以上楼层
四级	2层	600	学校、食堂、菜市场、托儿所、幼儿园、老年人建筑、医院等不应设置在二层

3.2 砌体墙的基本构造

砌体墙（brick wall）是由砖、砌块、石材和砂浆砌筑而成。

3.2.1 常用砌筑材料

1. 砖的类型、规格与尺寸

砖按照材料不同有黏土砖、页岩砖、粉煤灰砖、灰砂砖、炉渣砖等，按形状分有实心砖、多孔砖等。

烧结多孔砖是以黏土、页岩、煤矸石为主要原料经焙烧而成，孔洞率不小于15%，孔形为圆孔或非圆孔，孔的尺寸小而数量多，主要适用于承重部位的砖，简称多孔砖。多孔砖外形尺寸为240mm×115mm×90mm，190mm×190mm×90mm，190mm×140mm×90mm，190mm×90mm×90mm。多孔砖的强度等级分别为MU30，MU25，MU20，MU15，MU10，共5个级别。图3-5为常见烧结多孔砖尺寸规格。

蒸压灰砂砖是以石灰和砂为主要原料，经坯料制备、压制成型、蒸压养护而成的实心砖，简称灰砂砖。蒸压粉煤灰砖是以粉煤灰为主要原料，掺加适量石膏和集料，经过制备、压制成型、高压蒸汽养护而成的实心砖。各种砖的规格、用途见表3-2。

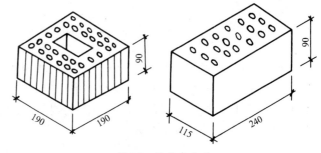

图3-5 烧结多孔砖

表3-2 常用砌墙砖规格及用途

类型	名称	主要规格/mm	主要用途
烧结砖	烧结多孔砖	M型：190×190×90 P型：240×115×90	用于砌筑6层以下的承重墙
	烧结空心砖和空心砌块	290×190×140，290×190×90，240×180×115，240×175×115	多用作非承重墙，如多层建筑内隔墙或框架结构的填充墙等
非烧结砖	蒸压灰砂砖（简称灰砂砖）	240×115×53(90，115，175)	不宜用于防潮层以下的基础及高温、有酸性侵蚀的砌体中
	蒸压粉煤灰砖	240×115×53	用于墙体和基础，不能用于长期受热（温度在200℃以上）、受急冷急热和有酸性介质侵蚀的建筑部位
	炉渣砖（又称煤渣砖）	240×115×53	用于内墙和非承重外墙，其他使用要点与灰砂砖、粉煤灰砖相似

2. 砌块的类型、规格与尺寸

砌块按材料分为普通混凝土砌块、轻骨料混凝土砌块、加气混凝土砌块以及利用各种工业废料制成的砌块（炉渣混凝土砌块、蒸养粉煤灰砌块等）；按规格大小分为小型砌块、中型砌块和大型砌块。重量在20kg以下，系列中主规格高度在115～380mm的称作小型砌块；重量在20～350kg，高度在380～980mm的称作中型砌块；重量大于350kg，高度大于980mm的称作大型砌块。由于小型砌块尺寸小，对人工砌筑较为有利，目前砌块建筑以小型砌块建筑为主。中型砌块和大型砌块在施工时要借助搬运和起吊设备，而我国大部分中小型企业仍采用手工砌筑，所以中型砌块和大型砌块较少采用。小型砌块的外形尺寸有390mm×190mm×190mm，290mm×190mm×190mm和190mm×190mm×90mm等。

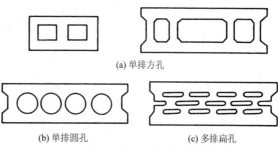

(a) 单排方孔

(b) 单排圆孔　　　　(c) 多排扁孔

图3-6　空心砌块的形式

砌块按其构造方式可分为实心砌块和空心砌块，空心砌块有单排方孔、单排圆孔和多排扁孔三种形式，多排扁孔砌块有利于保温，如图3-6所示，常见砌块的应用情况见表3-3。

表3-3　　　　　　　　　　　　　常见砌块的应用

品种	主要应用
加气混凝土砌块	主要用于非承重墙、填充墙或保温结构
泡沫混凝土砌块	非承重墙体、保温墙体
普通混凝土小型空心砌块	主要用于低层和多层建筑的内墙和承重外墙
轻骨料混凝土小型空心砌块	主要用于保温墙体、非承重墙体或承重保温墙体
蒸养粉煤灰砌块	适用于一般工业与民用建筑的墙体和基础，但不宜用于长期受高温（如炼钢车间）和经常受潮湿的承重墙，也不宜用于有酸性介质侵蚀的建筑部位

3. 砂浆

砂浆由胶凝材料（水泥、石灰、黏土）和填充材料（砂、石屑、矿渣、粉煤灰）用水搅拌而成。砌筑墙体的砂浆常用的有水泥砂浆、石灰砂浆和混合砂浆三种。石灰砂浆由石灰膏、砂加水拌和而成，属气硬性材料，强度不高，多用于砌筑次要的民用建筑中地面以上的砌体；水泥砂浆由水泥、砂加水拌和而成，属水硬性材料，强度高，较适合于砌筑潮湿环境下的砌体；混合砂浆系由水泥、石灰膏、砂加水拌和而成，这种砂浆强度较高，和易性、保水性较好，常用于砌筑地面以上的砌体。砌筑砂浆分为M15，M10，M7.5，M5，M2.5共5个等级。

3.2.2　墙体的砌筑方式

1. 砖墙的砌筑方式

砖墙的砌筑方式是指砖块在砌体中的排列方式，为了保证墙体的坚固，砖块的排列应遵循内外搭接、上下错缝的原则。错缝长度不应小于60mm，且应便于砌筑及少砍砖，否则会影响墙体的强度和稳定性。在砖墙组砌中，把砖的长方向垂直于墙面砌筑的砖叫丁砖，把砖的长方向平行于墙面砌筑的砖叫顺砖，每排列一层砖则谓一皮。上下皮砖之间的水平缝称为横缝，左右两砖之间的垂直缝称为竖缝，砖砌筑时切忌出现竖直通缝，否则会影响墙的强度和稳定性，如图3-7所示。

实心砖墙常见的砌筑方式有全顺式、每皮丁顺相间式、一顺一丁式和两平一侧式等，如图3-8

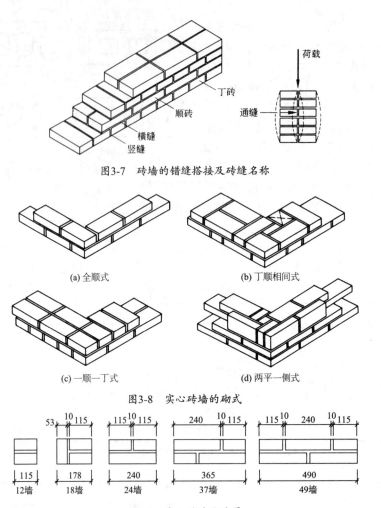

图3-7　砖墙的错缝搭接及砖缝名称

(a) 全顺式　　　　　　　(b) 丁顺相间式

(c) 一顺一丁式　　　　　　(d) 两平一侧式

图3-8　实心砖墙的砌式

图3-9　实心砖墙体墙厚

所示。空心砖墙的砌筑方式有全顺式、一顺一丁式和丁顺相间式等。

　　墙体的厚度一般用砖长来表示，如半砖墙、一砖墙、一砖半墙和两砖墙等，相应的构造尺寸为115mm，240mm，365mm，490mm等，习惯上以它们的标志尺寸来称呼，如12墙、24墙、37墙、49墙等，见图3-9。多孔砖墙体厚度还可以为190mm，140mm。

　　2. 砌块墙的砌筑方式

　　砌块墙体的构造和砖墙类似，应分皮错缝，砌块较大不易现砍，搭砌之前应需进行排列设计。砌块排列设计应满足以下要求：上下皮应错缝搭接，墙体交接处和转角处应使砌块彼此搭接，应优先采用大规格砌块并使主砌块的总数量在70%以上，为减少砌块规格，允许使用极少量的砖来镶砌填缝，采用混凝土空心砌块时，上下皮砌块应孔对孔、肋对肋以保证有足够的接触面。砌块的排列组合如图3-10所示。

　　砌块之间的接缝分为水平缝和垂直缝。水平缝有平缝和双槽缝，如图3-11(a)，(b)所示；垂直缝一般为平缝、单槽缝、高低缝、双槽缝等形式，如图3-11(c)—(f)所示。平缝制作简单，但砌筑时不

简称	190宽砌块型系列示例与代号	
4A 4B	190 190 190 390 K422A	190 190 190 390 K422B
3 3A	190 190 190 290 K322	190 190 190 290 K322A
2A 2B	190 190 190 K222A	190 190 190 K222B

(a) 190宽砌块主块型系列示例与代号

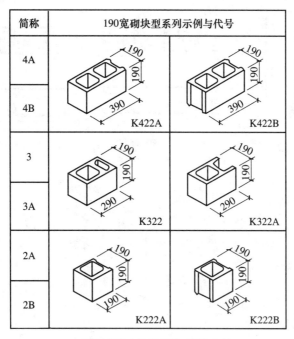

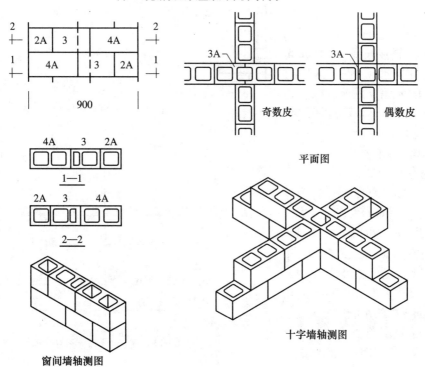

(b) 砌块排列示意

图3-10 砌块的排列组合

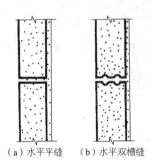

（a）水平平缝　　（b）水平双槽缝

（c）垂直平缝　　　　　　　　　（d）垂直高低缝

（e）垂直单槽缝　　　　　　　　（f）垂直双槽缝

图3-11　砌块的接缝

易填实，多用于小型砌块和加气混凝土砌块。高低缝制作也比较简单，砌筑后用细石混凝土将缝填实。槽口缝的形状有方槽和圆槽之分，砌筑时缝内用砂浆填实，采用这种缝型时，墙的整体性好。

砌筑砂浆的厚度为10～15mm，砂浆的强度等级一般不低于M5。

用砌块砌墙时，砌块之间要搭接，上下皮的垂直缝要错开，搭接的长度为砌块长度的1/4，高度的1/3～1/2，并且搭接长度小于150mm时，在灰缝中应设φ4钢筋网片拉结。砌块墙的转角、内外墙拼接处也应以钢筋网片拉结。砌块墙的组砌和拉结如图3-12所示。

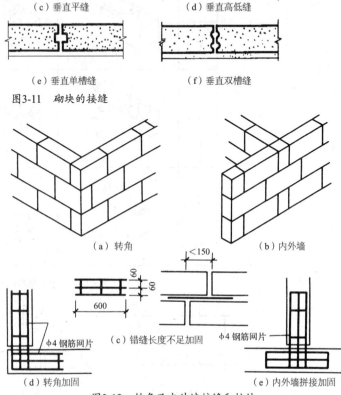

（a）转角　　　　　　　　　　（b）内外墙

（c）错缝长度不足加固

（d）转角加固　　　　　　　　（e）内外墙拼接加固

图3-12　转角及内外墙接缝和拉结

3.2.3　砌体墙的洞口处理

1. 砌体墙留洞口的限制

砌体墙上应按需要留出门窗洞口。门窗洞口尺寸应符合模数要求，尽量减少与此不符的门窗规格，以有利于工业化生产。国家及地区的通用标准图集是以扩大模数 3M 为倍数，故门窗洞口尺寸多为 300 mm 的倍数，1000 mm以内的小洞口可采用基本模数 100 mm 的倍数。图3-13为某建筑部分墙体上设置门窗洞口情况。

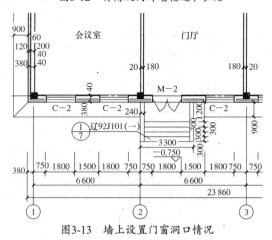

图3-13　墙上设置门窗洞口情况

对于某道承重墙来说，洞口的水平截面面积不应超过墙体水平截面面积的50%；同时，开洞后转角处的墙段和承重窗间墙的宽度符合建筑物所在地的相关抗震设计规范。具体尺寸见表3-4。

表3-4 房屋局部尺寸限值表 单位：m

部 位	6度	7度	8度	9度
承重窗间墙最小宽度	1.0	1.0	1.2	1.5
承重外墙尽端至门窗洞边的最小距离	1.0	1.0	1.2	1.5
非承重外墙尽端至门窗洞边的最小距离	1.0	1.0	1.0	1.0
内墙阳角至门窗洞边的最小距离	1.0	1.0	1.5	2.0
无锚固女儿墙（非出入口）的最大高度	0.5	0.5	0.5	0.0

注：①局部尺寸不足时，应采取局部加强措施弥补。
②出入口处的女儿墙应有锚固。

2. 洞口下部窗台

窗台构造做法分为外窗台和内窗台两个部分。外窗台应设置排水构造，应有不透水的面层，并向外形成不小于20%的坡度，以利于排水。外窗台有不悬挑窗台（图3-14(a)）和悬挑窗台（图3-14(b)）两种。外墙面材料为贴面砖时，可不设悬挑窗台。悬挑窗台常采用顶砌一皮砖出挑60mm或将一砖侧砌并出挑60mm，也可采用钢筋混凝土窗台。挑窗台底部边缘处抹灰时应做宽度和深度均不小于10mm的滴水线或滴水槽。

内窗台一般为水平放置，通常结合室内装修做成水泥砂浆抹灰、木板、贴面砖、预制水磨石板或预制钢筋混凝土窗台板形成内窗台，如图3-14所示。

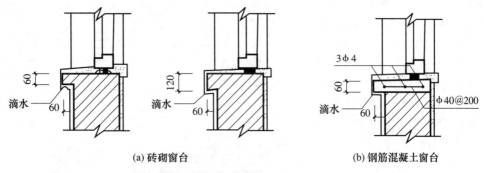

(a) 砖砌窗台　　　　　　　　　(b) 钢筋混凝土窗台

图3-14　窗台构造

3. 门窗洞口上过梁

过梁是门窗洞口上部承重构件，其作用是为了承担门窗洞口上部荷载，并将它传到两侧构件上。过梁的形式较多，常见的有砖拱过梁、钢筋砖过梁和钢筋混凝土过梁等，各种过梁外观见图3-15。

（1）砖拱过梁。采用砖侧砌而成，灰缝上宽下窄，最宽不得大于 20mm，最窄不得小于5mm。砖的行数为单，立砖居中，为拱心砖，砌筑时应将中心提高大约跨度的1/50，砖砌平拱过梁如图3-16所示。

（2）钢筋砖过梁。即在洞口顶部配置钢筋，其上用砖平砌，形成能承受弯矩的加筋砖砌

(a)钢筋混凝土过梁

(b)砖平拱过梁

(c)钢筋砖过梁

(d)砖拱过梁

(e)石拱过梁

(f)钢筋混凝土拱形过梁

图3-15　过梁的外观

体。砖强度等级不低于MU7.5，砂浆不低于M2.5，每120mm墙厚设1ϕ6钢筋，伸入墙内至少为240mm。过梁跨度不超过 2m，高度不应少于 5 皮砖，且不小于 1/4 洞口跨度（图3-17）。钢筋砖过梁的外观与外墙的砌筑形式相同，用于清水墙面效果统一，但施工麻烦。

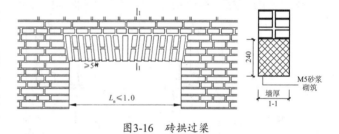

图3-16　砖拱过梁

（3）钢筋混凝土过梁。钢筋混凝土过梁一般不受跨度的限制。过梁的宽与墙体同厚，过梁高与所用砌块材料有一定的相关关系，否则影响整个墙面的继续砌筑。普通砖墙中过梁高应与砖的皮数相适应，如60mm，120mm，180mm，240mm等。过梁在洞口两侧伸

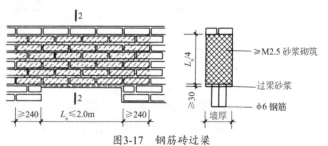

图3-17　钢筋砖过梁

入墙内的长度也应做同样考虑，如多层砖砌体房屋砖墙中过梁应不小于240mm。为了防止雨水沿门窗过梁向外墙内侧流淌，过梁底部的外侧抹灰要做滴水。

过梁的断面形式有矩形和L形，矩形多用于内墙和混水墙，L形多用于外墙和清水墙。在寒冷地区，为防止钢筋混凝土过梁产生热桥问题，常将外墙洞口的过梁断面做成L形。钢筋混凝土过

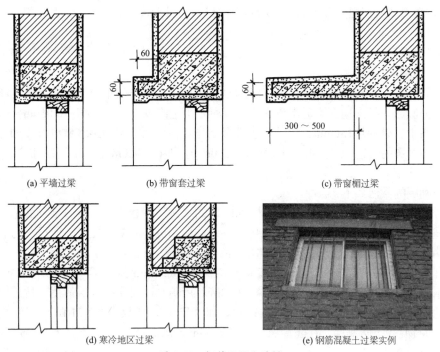

(a) 平墙过梁　　　　(b) 带窗套过梁　　　　　(c) 带窗楣过梁

(d) 寒冷地区过梁　　　　　(e) 钢筋混凝土过梁实例

图 3-18　钢筋混凝土过梁

梁形式如图3-18所示。

3.2.4　墙脚的构造

墙脚是指室内地面以下、基础以上的这段墙体，内外墙均有墙脚。由于砌体本身存在很多微孔以及墙脚所处的位置，常有地表水和土壤中的无压水渗入，致使墙身受潮，饰面脱落，影响室内环境。因此，必须做好内外墙的防潮，增强墙脚的坚固性和耐久性，排除房屋四周地面水。

1.　勒脚

勒脚是墙身接近室外地面的部分，高度一般为500～600mm，根据需要可与一层窗台同高。对勒脚处的外墙面应采用强度较高、防水性能好的材料进行保护。可采用如下做法：

（1）对一般建筑，可采用20mm厚1∶3水泥砂浆抹面、1∶2水泥白石子水刷石或斩假石抹面，如图3-19(a)所示。

（2）标准较高的建筑，可用天然石材或人工石材贴面，如花岗石、水磨石等，如图3-19(b)所示。

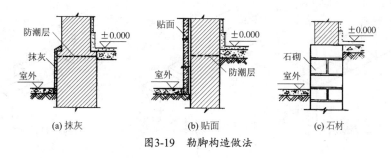

(a) 抹灰　　　　　(b) 贴面　　　　　(c) 石材

图 3-19　勒脚构造做法

（3）整个墙脚采用强度高、耐久性和防水性好的材料砌筑，如条石、混凝土等，如图3-19(c)所示。

2．墙身防潮层

1）水平防潮层

墙身防潮的做法是在内外墙脚铺设连续的水平防潮层，用来防止土壤中的无压水渗入墙体。水平防潮层一般应在室内地面不透水垫层（如混凝土）范围以内，通常在−0.060m标高处设置，而且至少要高于室外地坪150mm，以防雨水溅湿墙身。当地面垫层为透水材料时（如碎石、炉渣等），水平防潮层的位置应平齐或高于室内地面60mm，即在0.060m处。墙身防潮层位置如图3-20所示。

水平防潮层的做法如下：

（1）油毡防潮层。在防潮层部位先抹20mm厚的水泥砂浆找平层，然后干铺油毡一层或用沥青粘贴一毡二油。油毡防潮层具有一定的韧性、延伸性和良好的防潮性能，但日久易老化失效，同时由于油毡使墙体隔离，削弱了砖墙的整体性和抗震能力（图3-21(a)）。

（2）防水砂浆防潮层。在防潮层位置抹一层20mm或30mm厚1：2水泥砂浆掺5%的防水剂配制成的防水砂浆，也可以用防水砂浆砌筑4~6皮砖。用防水砂浆作防潮层适用于抗震地区、独立砖柱和振动较大的砖砌体中，但砂浆开裂或不饱满时影响防潮效果（图3-21(b)）。

（3）细石混凝土防潮层。在防潮层位置铺设60mm厚C20细石混凝土，内配3φ6或3φ8钢筋以抗裂。由于混凝土密实性好，有一定的防水性能，并与砌体结合紧密，故适用于整体刚度要求较高的建筑中（图3-21(c)）。

2）垂直防潮层

在有些情况下，建筑物室内地坪会出现高差或室内地坪低于室外地面的标高，这时要求按地

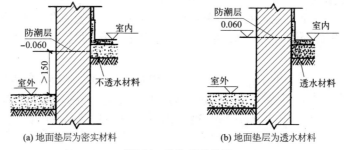

(a) 地面垫层为密实材料　　　　(b) 地面垫层为透水材料

图3-20　防潮层的位置

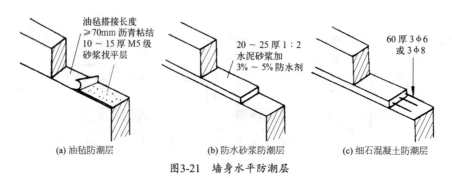

(a) 油毡防潮层　　　　(b) 防水砂浆防潮层　　　　(c) 细石混凝土防潮层

图3-21　墙身水平防潮层

坪高差的不同在墙身与之相适应的部位设两道水平防潮层，而且还应对有高差部分的垂直墙面采取垂直防潮措施（图3-22）。在需设垂直防潮层的墙面（靠回填土一侧）先用水泥砂浆抹面，刷上冷底子油一道，再刷热沥青两道；也可以采用掺有防水剂的砂浆抹面的作法。

3. 散水与明沟

为保护墙基不受雨水的侵蚀，常在外墙四周将地面做成向外倾斜的坡面，以便将屋面雨水排走，这一坡面称为散水。外墙四周也可做明沟将水有组织地导向集水井，然后流入排水系统。一般雨水较多地区多做明沟，干燥地区多做散水。

散水宽度一般为600～1 000mm，当屋面排水方式为自由落水时，散水应比屋面檐口宽200mm。散水一般是在素土夯实上铺三合土、灰土、混凝土等材料，也可用砖、石等材料铺砌而成。散水与外墙交接处应设沉降缝，沉降缝内应用有弹性的防水材料嵌缝，以防止外墙下沉时散水被拉裂。同时，散水整体面层纵向距离每隔6～12m做一道伸缩缝，缝内处理同勒脚与散水相交处的处理，季节性冰冻地区的散水，当土壤标准冻深大于600mm，且在冻深范围内为强冻胀土或冻胀土时，应在垫层下设防冻胀层。防冻胀层应选用中、粗砂或混合砂石、炉渣石灰土等非冻胀材料。散水构造见图3-23。散水适用于降雨量较小的北方地区，对降雨量较大的南方地区则采用明沟。

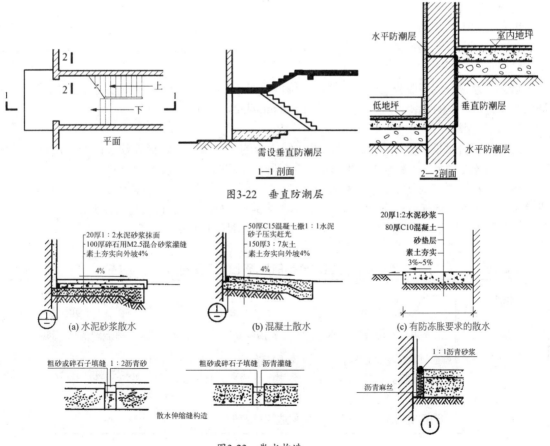

图3-22　垂直防潮层

图3-23　散水构造

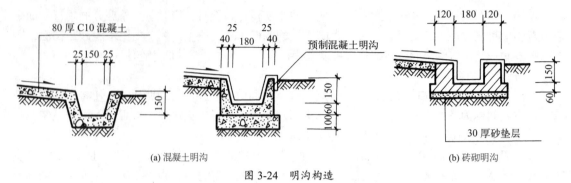

图 3-24 明沟构造

明沟一般用混凝土浇筑而成，或用砖砌、石砌。沟底应做纵坡，坡度为0.5%～1%，坡向集水井。明沟中心应正对屋檐滴水位置，外墙与明沟之间须做散水（图3-24）。

3.2.5 增加墙体整体性和强度的构造措施

对于多层砌体结构的墙体，由于可能承受上部集中荷载、开洞以及其他因素，会造成墙体的强度及稳定性有所降低，因此要考虑对墙身采取加固措施。加固时，可采用壁柱、门垛、构造柱、圈梁等做法。

1. 增设壁柱和门垛

壁柱是墙中柱状的突出部分，通常直通到顶，以承受上部梁及屋架的荷载，并增加墙身强度及稳定性，壁柱突出墙面的尺寸一般为120mm×370mm，240mm×370mm，240mm×490mm等（图3-25）。

墙体上开设门洞一般应设门垛，特别在墙体端部开启与之垂直的门洞时必须设置门垛，以保证墙身稳定和门框的安装。门垛长度一般为 120 mm 或 240 mm。

2. 设置圈梁

圈梁是沿外墙四周及部分内墙设置的连续闭合的梁。圈梁可以提高建筑的空间刚度、整体性，增强墙体的稳定性，减少由于地基不均匀沉降而引起的墙身开裂。

圈梁通常设置在基础墙、楼板和檐口标高处，尽量与楼板结构连成整体。圈梁的具体数量应满足《建筑抗震设计规范》的相关规定，具体见表3-5。当屋面板、楼板与门窗洞口间距较小，而且抗震设防等级较低时，也可设在门窗洞口上部，兼起过梁作用。

表3-5   多层砌体房屋现浇钢筋混凝土圈梁设置

墙类	烈度		
	6度，7度	8度	9度
外墙和内纵墙	屋盖处及每层楼盖处	屋盖处及每层楼盖处	屋盖处及每层楼盖处
内横墙	屋盖处及每层楼盖处；屋盖处间距不应大于4.5m；楼盖处间距不应大于7.2m；构造柱对应部位	屋盖处及每层楼盖处；各层所有横墙，且间距不应大于4.5m；构造柱对应部位	屋盖处及每层楼盖处；各层所有横墙

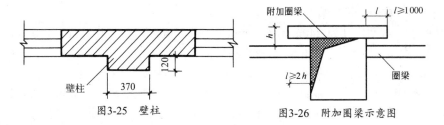

| 图3-25 壁柱 | 图3-26 附加圈梁示意图 |

圈梁被门窗洞口截断时，应在洞口的上方或下方设置附加圈梁。附加圈梁与圈梁的搭接长度不应小于二者垂直净距的2倍，且不应小于1m（图3-26）。

圈梁有钢筋砖圈梁和钢筋混凝土圈梁两种，多采用钢筋混凝土圈梁，见图3-27。钢筋混凝土圈梁宽度一般与墙同厚，当墙厚大于240mm时，圈梁的宽度可以比墙体厚度小，但不应小于2/3墙厚。严寒、寒冷地区圈梁宽度不应贯通整个墙厚，并应局部做保温处理。圈梁高度一般不小于120mm，常见的为180mm，240mm。多层砌块房屋钢筋混凝土圈梁的配筋情况见表3-6。

多层小砌块房屋的现浇钢筋混凝土圈梁的设置按多层砌体房屋现浇钢筋混凝土圈梁的要求设置，圈梁宽度不应小于190mm，配筋不少于4φ12，箍筋间距不应大于200mm。

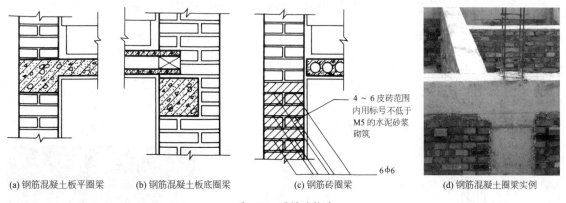

| (a) 钢筋混凝土板平圈梁 | (b) 钢筋混凝土板底圈梁 | (c) 钢筋砖圈梁 | (d) 钢筋混凝土圈梁实例 |

图3-27 圈梁的构造

表3-6 圈梁配筋

配筋	烈度		
	6度，7度	8度	9度
最小纵筋	4φ10	4φ12	4φ14
箍筋最大间距/mm	250	200	150

3. 设置构造柱

在多层砌体结构房屋规定部位，按构造配筋并按先砌墙后浇筑混凝土柱的施工顺序制成的混凝土柱，通常称为钢筋混凝土构造柱，简称构造柱。

在抗震设防地区，设置钢筋混凝土构造柱是多层砌体建筑重要的抗震措施，因为钢筋混凝土构造柱与圈梁形成了具有较大刚度的空间骨架，从而增强了建筑物的整体刚度，提高了墙体抗变形能力。

多层砌体房屋构造柱设置情况见表3-7。

构造柱的最小截面尺寸为 240mm×180mm（墙厚190mm时，为180mm×190mm）；竖向钢筋多用4φ12，箍筋间距不大于250mm，在离圈梁上下不小于1/6层高或500mm范围内，箍筋需加密至间距100mm。随建筑抗震设防烈度和层数的增加，建筑四角的构造柱可适当加大截面和钢筋等级。构造柱的施工方式是先砌墙成马牙状，后浇混凝土，并沿墙每隔 500 mm 设置2φ6 拉结钢筋，伸入墙体不小于 1 m，构造柱做法如图 3-28 所示。构造柱可不单独设置基础，但应深入室外地面以下 500mm，或锚入浅于 500mm 的基础圈梁内。

表3-7 多层砌体房屋构造柱设置要求

层数				设置部位	
6度	7度	8度	9度		
四、五	三、四	二、三		楼、电梯间四角，楼梯斜梯段上下端对应的墙体处；	隔12m或单元横墙与外纵墙交接处；楼梯间对应的另一侧内横墙与外纵墙交接处
六	五	四	二	外墙四角和对应转角；	隔开间横墙（轴线）与外墙交接处；山墙与内纵墙交接处
七	≥六	≥五	≥三	错层部位横墙与外纵墙交接处；大房间内外墙交接处；较大洞口两侧	内墙(轴线)与外墙交接处；内墙的局部较小墙垛处；内纵墙与横墙（轴线）交接处

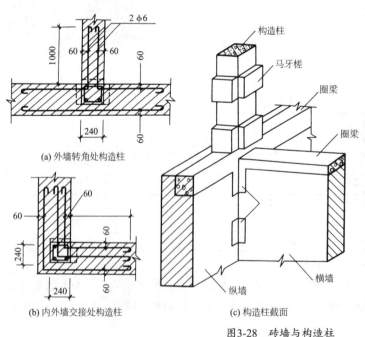

(a) 外墙转角处构造柱

(b) 内外墙交接处构造柱

(c) 构造柱截面

(d) 某砖砌体建筑构造柱实例

图3-28 砖墙与构造柱

4. 空心砌块墙的芯柱

对于混凝土小型空心砌块房屋芯柱，一般设置在外墙四角（填实3个孔）、楼电梯间四角、大房间内外墙交接处以及横墙与外纵墙交接处等。小型砌块芯柱截面不宜小于120mm×120mm；芯柱混凝土强度等级不应低于Cb20；芯柱的竖向插筋应贯通墙身且与圈梁连接；插筋不应小于1ϕ12，6度、7度时超过5层，8度时超过4层和9度时，插筋不应小于1ϕ14。芯柱应伸入室外地面下500mm或与埋深小于500mm的基础圈梁相连。为提高墙体抗震受剪承载力而设置的芯柱，宜在墙体内均匀布置，最大净距不宜大于2.0m。多层小砌块房屋墙体交接处或芯柱与墙体连接处应设置拉结钢筋网片，网片可采用直径4mm的钢筋点焊而成，沿墙高间距不大于600mm，并应沿墙体水平通长设置。6度、7度时底部1/3楼层，8度时底部1/2楼层，9度时全部楼层，上述拉结钢筋网片沿墙高间距不大于400mm。图3-29是砌块墙设芯柱的示意图。

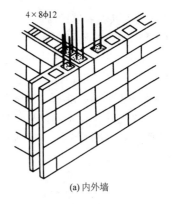

(a) 内外墙

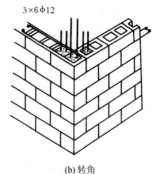

(b) 转角

图3-29　砌块墙的芯柱

3.2.6　防火墙

防火墙是在建筑物平面中划分防火分区的墙体，具有在火灾时截断火源、隔阻火势蔓延的作用。

防火墙应直接设置在建筑物的基础或钢筋混凝土框架、梁等承重结构上，轻质防火墙体可不受此限。防火墙应高出不燃烧体屋面0.4m以上、燃烧体或难燃烧体屋面0.5m以上（图3-30）。其他情况时，防火墙可不高出屋面，但应砌至屋面结构层的底面。

当建筑物的外墙为难燃烧体时，防火墙应凸出墙的外表面0.4m以上，且在防火墙两侧的外墙应为宽度不小于2.0m的不燃烧体，其耐火极限不应低于该外墙的耐火极限。当建筑物的外墙为不燃烧体时，防火墙可不凸出墙的

图3-30　防火墙构造

外表面。紧靠防火墙两侧的门、窗洞口之间最近边缘的水平距离不应小于2.0m；但装有固定窗扇或火灾时可自动关闭的乙级防火窗时，该距离可不限。

建筑物内的防火墙不宜设置在转角处；如设置在转角附近，内转角两侧墙上的门、窗洞口之间最近边缘的水平距离不应小于4.0m。

防火墙上不应开设门窗洞口，当必须开设时，应设置固定的或火灾时能自动关闭的甲级防火门窗。

3.3　隔墙与幕墙

3.3.1　隔墙

隔墙（separation wall）是建筑中不承受任何外来荷载只起分隔室内空间作用的墙体。隔墙构

造设计应满足以下要求：

（1）重量轻，有利于减轻楼板的荷载。

（2）厚度薄，增加建筑的有效空间。

（3）有一定的隔声能力，避免各房间干扰。

（4）便于拆装，能随着使用要求的改变而变化。

（5）按使用部位不同，有不同的要求，如防潮、防水、防火等。

常用隔墙有块材隔墙、骨架隔墙和板材隔墙三类。

1. 块材隔墙

块材隔墙是指用普通砖、空心砖及各种轻质砌块砌筑的隔墙。常用的有普通砖隔墙和砌块隔墙两种。

1）半砖隔墙

这种隔墙是用普通砖顺砌而成的，在构造上应保证其稳定性。隔墙与承重墙用不少于2φ6的钢筋拉结，钢筋伸入隔墙长度为1m；当墙高大于3m、长度大于5.1m时，应每隔8～10皮砖砌入一根φ6的钢筋；隔墙上部与楼板相接处，用立砖斜砌，使墙和楼板挤紧（图3-31）。隔墙上有门时，要用预埋铁件或用带有木楔的混凝土预制块将砖墙与门框拉接牢固。半砖隔墙坚固耐久，有一定的隔声能力，但自重大，施工速度慢。

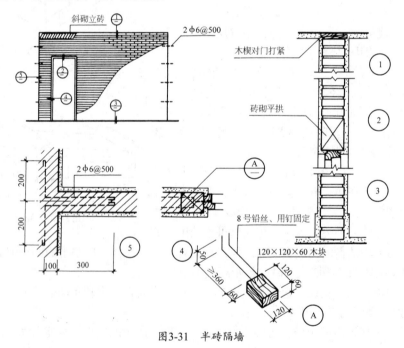

图3-31　半砖隔墙

2）砌块隔墙

采用各种空心砌块、加气混凝土块、粉煤灰硅酸盐块等砌筑的隔墙，大都具有重量轻、孔隙率大、保温隔热性能好、节省黏土等优点，但其吸水性强，一般应先在隔墙下部实砌3皮实心砖（图3-32）。砌块墙体厚度较薄，也需保证砌块隔墙的稳定性，其构造同半砖隔墙。

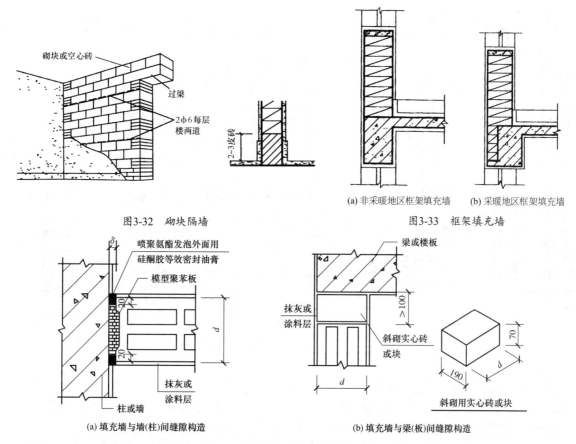

图3-32 砌块隔墙

(a) 非采暖地区框架填充墙 (b) 采暖地区框架填充墙

图3-33 框架填充墙

(a) 填充墙与墙(柱)间缝隙构造

(b) 填充墙与梁(板)间缝隙构造

图3-34 填充墙与其他构件间缝隙处理

3）框架填充墙

框架填充墙属于非承重墙，其自重由框架梁、柱承担。墙体材料一般多用轻质砌块、空心砖等材料砌筑。

框架柱上面每500mm高左右就会留出拉结钢筋以便在砌筑填充墙时将拉结钢筋砌入墙体的水平灰缝内。拉结筋不少于2ϕ6，伸入墙内距离一级、二级框架沿全长设置；三级、四级框架不小于1/5墙长，并不小于700mm。非采暖地区和采暖地区框架填充墙如图3-33所示。填充墙与其他构件间缝隙处理见图3-34。

2. 轻骨架隔墙

轻骨架隔墙是以木材、钢材或铝合金等构成骨架，把面层粘贴、涂抹、镶嵌、钉在骨架上形成的隔墙。

1）骨架

最常用的骨架为轻钢骨架。轻钢骨架是由各种形式的薄型钢加工制成的，也称轻钢龙骨，它具有强度高、刚度大、重量轻、整体性好、易于加工和大批量生产以及防火、防潮性能好等优点，因此被广泛应用。轻钢骨架是由上槛、下槛、墙筋、横撑或斜撑组成。骨架的安装过程是先用射钉或螺栓将上、下槛固定在楼板上，然后安装轻钢龙骨（图3-35）。

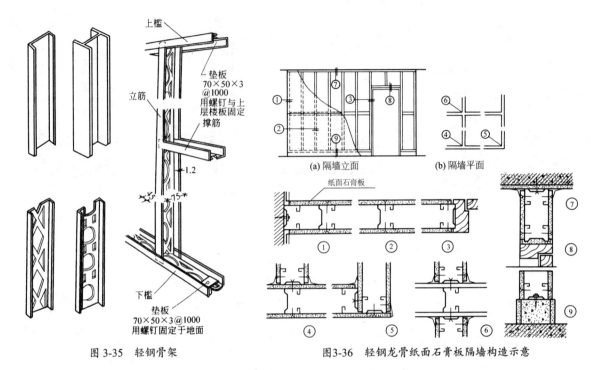

图 3-35　轻钢骨架　　　　　　　图 3-36　轻钢龙骨纸面石膏板隔墙构造示意

2）面层

隔墙的饰面层有抹灰面层和人造板面层，抹灰面层一般采用木骨架，如传统的板条抹灰隔墙；人造板面层则是在木骨架或轻钢骨架上铺钉各种人造板材，如装饰吸声板、钙塑板以及各种胶合板、纤维板等。隔墙的名称就是依据不同的面层材料而确定的。

人造板材面板可用镀锌螺丝或金属夹子固定在骨架上，为提高隔墙的隔声能力，可在面板间填岩棉等轻质有弹性的材料。胶合板、硬质纤维板等以木材为原料的板材多用于木骨架，石膏板多用于轻钢骨架，如图3-36所示。

3. 条板隔墙

条板隔墙是采用工厂生产的制品板材，用黏结材料拼合固定形成的隔墙。板材隔墙单板相当于房间净高，面积较大，不依赖于骨架直接装配而成；它具有自重轻、安装方便、施工速度快、工业化程度高等特点。常见的条板有加气混凝土条板、石膏条板、碳化石灰板、泰柏板及各种复合板等。条板的厚度大多为60~100mm，宽度为600~1 200mm。为便于安装，条板长度略小于房间净高。安装时，板下留20~30mm缝隙，用小木楔顶紧，板下缝隙用细石混凝土堵严。条板安装完毕后，用胶泥刮平板缝后即可做饰面。图3-37为碳化石灰条板隔墙。

水泥钢丝网夹芯板复合墙板（又称为泰柏板，PG板）是以50mm厚的阻燃型聚苯乙烯泡

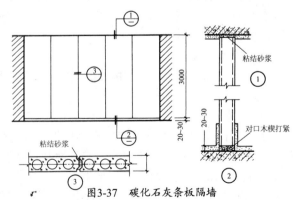

图 3-37　碳化石灰条板隔墙

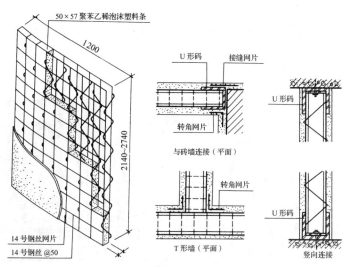

图3-38　水泥钢丝网夹芯复合墙板

沫塑料整板为芯材，两侧钢丝网间距70mm，钢丝网格间距50mm，每个网格焊一根腹丝，腹丝倾角45°，两侧喷抹30mm厚水泥砂浆或小豆石混凝土，总厚度为110mm，如图3-38所示。

　　水泥钢丝网夹芯板复合墙板安装时，先放线，然后在楼面和顶板处设置锚筋或固定U形码，将复合墙板与之可靠连接，并用锚筋及钢筋网加强复合墙板与周围墙体、梁、柱的连接。这种复合墙板具有耐火性、防水性、隔声性能好的优点，且安装、拆卸方便。但该复合墙板在高温下会散发有毒气体，因此不宜在建筑的疏散通道两侧使用。

3.3.2　幕墙

　　幕墙（curtain wall）通常指悬挂在建筑物结构表面的非承重墙。幕墙按所用材料可分为玻璃幕墙、铝板幕墙、钢板幕墙、混凝土幕墙、塑料板幕墙和石材幕墙等。

1. 玻璃幕墙

　　玻璃幕墙主要是应用玻璃饰面材料覆盖建筑物的表面。玻璃幕墙的自重及受到的风荷载通过连接件传到建筑物的结构上。玻璃幕墙自重轻、用材单一、更换性强、效果独特，但考虑到能源损耗、光污染等问题，不能滥用。

　　玻璃幕墙所用材料基本上有幕墙玻璃、骨架材料和填缝材料三种。幕墙玻璃主要有热反射玻璃（镜面玻璃）、吸热玻璃（染色玻璃）、双层中空玻璃及夹层玻璃、夹丝玻璃和钢化玻璃等。玻璃幕墙的骨架主要由构成骨架的各种型材以及连接与固定用的各种连接件、紧固件组成。填缝材料一般是由填充材料、密封材料与防水材料组成。

　　1）有骨架玻璃幕墙

　　（1）外露骨架玻璃幕墙。外露骨架幕墙的玻璃板镶嵌在铝框内，成为四边有铝框的幕墙构件。幕墙构件镶嵌在横框及立柱上，形成框、立柱均外露，铝框分格明显。横梁和立柱本身兼龙骨及固定玻璃的双重作用。横梁上有固定玻璃的凹槽，不用其他配件。其节点构造如图3-39所示。

　　（2）隐蔽骨架玻璃幕墙。隐蔽骨架玻璃幕墙是指玻璃用结构胶直接粘固在骨架上，外面不露骨架的幕墙。其玻璃安装简单，幕墙的外观简洁大方，其节点构造如图3-40所示。

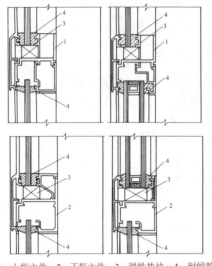

1—上框主件；2—下框主件；3—弹性垫块；4—耐候胶

(a) 梁节点构造

(b) 外露骨架玻璃幕墙外观

图3-39　外露骨架玻璃幕墙梁节点构造

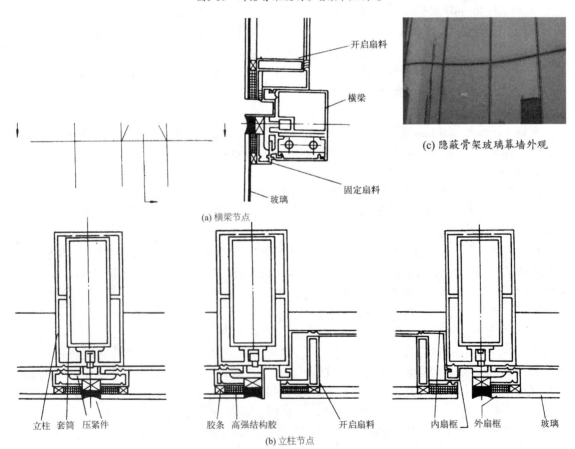

开启扇料

横梁

固定扇料

玻璃

(a) 横梁节点

(c) 隐蔽骨架玻璃幕墙外观

立柱　套筒　压紧件

胶条　高强结构胶　开启扇料

内扇框　外扇框　玻璃

(b) 立柱节点

图3-40　隐蔽骨架玻璃幕墙节点构造

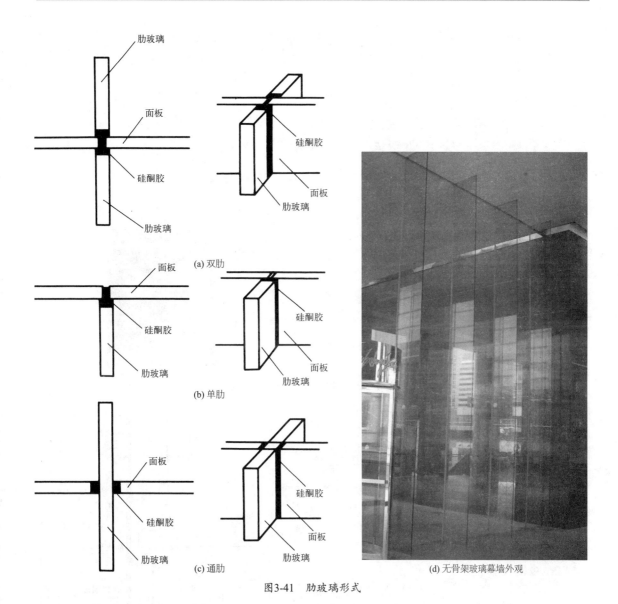

(a) 双肋

(b) 单肋

(c) 通肋

(d) 无骨架玻璃幕墙外观

图3-41　肋玻璃形式

2）无骨架玻璃幕墙

也叫全玻璃幕墙，它由面玻璃和肋玻璃组成，面玻璃与肋玻璃相交部位应留出一定的间隙，用以注满硅酮系列密封胶，如图3-41所示。全玻璃幕墙所用的玻璃，多为钢化玻璃和夹层钢化玻璃。在建筑物底层及旋转餐厅，为满足游览观光需要，有时需要采取完全透明、无遮挡的全玻璃幕墙。

3）点式玻璃幕墙

点式玻璃幕墙的全称为金属支承结构点式玻璃幕墙，是采用计算机设计的现代结构技术和玻璃技术相结合的一种全新建筑空间结构体系。幕墙骨架主要由无缝钢管、不锈钢拉杆(或再加拉索)和不锈钢爪件组成，它的面玻璃在角位打孔后，用金属接驳件连接到支承结构的全玻璃幕墙上。玻璃是通过不锈钢爪件穿过玻璃上预钻的孔得以可靠固定的，如图3-42所示。

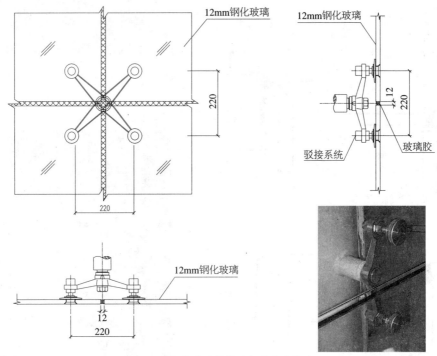

图3-42　点式玻璃幕墙的标准节点构造

　　幕墙在与主体建筑的楼板、内隔墙交接处的空隙，必须采用岩棉、矿棉、玻璃棉等难燃烧材料填缝，并采用厚度在1.5mm以上的镀锌耐热钢板（不能用铝板）封扣。接缝处与螺丝口应该另用防火密封胶封堵。对于幕墙在窗间墙、窗槛墙处的填充材料应该采用不燃烧材料，除非外墙而采用耐火极限不小于1.0h的不燃烧体时，该材料才可改为难燃烧体，具体构造见图3-43。

　　2．金属板幕墙

　　金属板幕墙多用于建筑物的入口处、柱面、外墙勒脚等部位。金属板幕墙中最常见的是铝板幕墙，铝板常用平铝板、蜂窝铝板、复合铝板。复合铝板也叫铝塑板，表层双面为0.4～0.5mm的铝板，中间为聚乙烯芯材。蜂窝铝板两面为厚0.8～1.2mm及1.2～1.8mm的铝板，中间为铝箔芯材、玻璃钢芯材或混合纸芯材等。蜂窝形状为波形、六角形、长方形及十字形等。

　　金属板幕墙多为有骨架幕墙体系，金属板与铝合金骨架连接，采用镀锌螺钉或不锈钢螺栓连接，

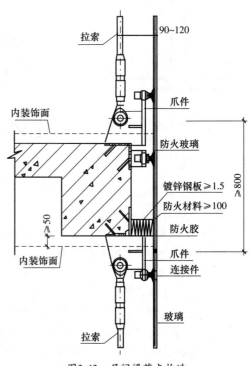

图3-43　层间梁节点构造

图3-44为单层铝板幕墙开缝式构造图。

3. 石材幕墙

石材幕墙的用材主要有花岗石、大理石及青石板。花岗石耐磨、耐酸碱、耐用年限长，主要用于重要建筑的基座、墙面、柱面、勒脚和地面等部位。大理石质脆、硬度低、抗冻性差，室外耐用年限短，当用于室外时，需在表面涂刷有机硅等罩面材料进行保护。青石板材质较软、易风化，由于其纹理构造，可取得风格自然的效果。

石材幕墙分为骨式和无骨式两种形式，见图3-45。石板与金属骨架多用金属连接件钩或挂连接。

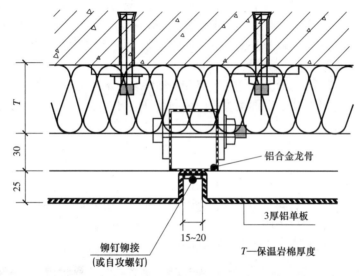

图3-44　单层铝板幕墙开缝式构造

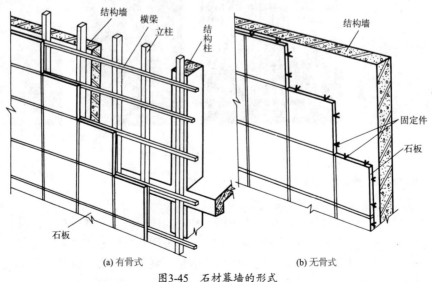

图3-45　石材幕墙的形式

3.4 墙面装修

3.4.1 墙面装修的作用及分类

1. 墙面装修的作用

（1）保护墙体。建筑物的外墙会受到风、霜、雨、雪、太阳辐射等各种不利因素的侵袭，内墙在人们使用过程中也会受到各种因素影响，如受潮、碰撞等，因此，应对墙面装修（wall surface decoration）保护墙体。

（2）改善墙体的物理性能和使用条件。墙面装修增加了墙体的厚度以及密封性，提高了墙体的保温性能，同时由于厚度和重量增加提高了墙体的隔声能力；光洁、平整、浅色的墙体可增加对光线的反射，提高室内照度。同时，经过装修的墙面容易清洁，有助于改善室内的卫生环境。

（3）美化和装饰。进行墙面装修，可根据室内外环境的特点，合理运用不同建筑饰面材料的质地色彩，通过巧妙组合，创造出优美和谐的室内外环境，给人以美的享受。

2. 墙面装修分类

墙面装修按其位置不同可分为外墙面装修和内墙面装修两大类。因材料和做法的不同，外墙面装修又分为抹灰类、涂料类、贴面类等；内墙面装修则可分为抹灰类、贴面类、涂料类、裱糊类、铺钉类等。

3.4.2 墙面装修

1. 抹灰类墙面装修

抹灰类装修包括各种灰浆抹面及小石子饰面等，可以通过各种工艺直接形成饰面层，广泛应用于内墙和外墙的装修。其材料来源广泛，施工操作简便，造价低廉，通过改变工艺可获得不同的装饰效果，因此在墙面装修中应用广泛；缺点是耐久性低，易干裂、变色，多为手工湿作业施工，工效较低。常见抹灰类墙面装修效果见图3-46。

(a) 水刷石饰面　　　　　(b) 剁斧石　　　　　(c) 干粘石饰面　　　　　(d) 弹涂饰面

图3-46　常见装饰抹灰饰面效果

1) 抹灰墙面的组成与基本做法

墙面抹灰通常由底层、中层和面层构成。

底层主要起与基层的黏结及初步找平的作用。底灰的选用与基层材料有关，对砖、石墙可采用水泥砂浆或混合砂浆打底，当基层为板条基层时，应采用石灰砂浆作底灰，并在砂浆中掺入麻刀或其他纤维。轻质混凝土砌块墙的底灰多用混合砂浆或聚合物砂浆。对混凝土墙或湿度大的房间或有防水、防潮要求的房间，底灰宜选用水泥砂浆。底层砂浆厚度5～15mm。

表3-8   墙面抹灰做法举例

抹灰名称	作法说明	备注
水泥砂浆 外墙面	（1）6厚1：2.5水泥砂浆面层； （2）12厚1：3水泥砂浆打底扫毛	砖石墙
	（1）6厚1：2.5水泥砂浆面层； （2）12厚1：3水泥砂浆打底扫毛或划出纹道； （3）刷聚合物水泥砂浆一道	混凝土墙、混凝土 空心砌块墙、轻骨 料混凝土空心砌块
水刷石 外墙面	（1）8厚1：1.5水泥石子(小八厘)罩面，水刷露出石子； （2）刷素水泥浆一道； （3）12厚1：3水泥砂浆打底扫毛或划出纹道	砖石墙
	（1）8厚1：1.5水泥石子(小八厘)罩面，水刷露出石子； （2）刷素水泥浆一道； （3）9厚1：3专用水泥砂浆中层底灰抹平，表面打底扫毛或划出纹道； （4）3厚专用聚合物砂浆底面刮糙或专用界面处理剂甩毛； （5）喷湿墙面	蒸压加气混凝土砌块墙
斩假石（剁斧石）外墙面	（1）剁斧斩毛两遍成活； （2）10厚1：1.25水泥石子抹平（米粒石内掺30%石屑）； （3）刷素水泥浆一道； （4）10厚1：3水泥砂浆打底扫毛	砖石墙
水泥石灰砂 浆内墙面	（1）刷(喷)内墙涂料或可赛粉或大白浆； （2）5厚1：0.5：2.5水泥石灰砂浆抹面； （3）9厚1：0.5：3水泥石灰膏砂浆打底扫毛或划出纹道	各类砖墙
	（1）刷（喷）内墙涂料或可赛粉或大白浆； （2）5厚1：0.5：2.5水泥石灰砂浆抹面； （3）9厚1：0.5：3水泥石灰膏砂浆打底扫毛或划出纹道； （4）刷素水泥浆一道（内掺建筑胶）	混凝土墙、混凝土 空心砌块墙

中层抹灰主要起找平作用，其所用材料与底层基本相同，也可以根据装修要求选用其他材料，厚度一般为5～10 mm。

面层抹灰主要起装修作用，要求表面平整、色彩均匀、无裂缝，可以做成光滑、粗糙等不同质感的表面。

抹灰按质量要求和主要工序划分为普通抹灰（1层底层、1层面层）、中级抹灰（1层底层、1层中层、1层面层）和高级抹灰（1层底层、数层中层、1层面层）。普通抹灰适用于简易宿舍、仓库等，中级抹灰适用于住宅、办公楼、学校、旅馆以及高标准建筑物中的附属房间，高级抹灰适用于公共建筑、纪念性建筑。

2）常见抹灰种类、做法及应用

抹灰分为一般抹灰和装饰抹灰两类。一般抹灰有石灰砂浆抹灰、混合砂浆抹灰、水泥砂浆抹灰等。装饰抹灰有水刷石、干粘石等，构造层次见表3-8。

外墙抹灰要先对墙面进行分格，以防止面层开裂，便于施工接茬或对墙面进行立面处理。分格设缝的方法有凹线（图3-47）、凸线和嵌线三种形式。缝宽以不小于20mm为宜。

由于室内抹灰材料强度较差，内墙阳角、门窗洞口、柱子四角等处需用强度较高的1：2水泥

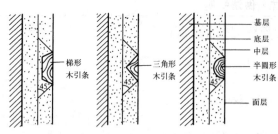
图3-47　墙面凹线脚作法

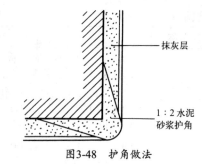
图3-48　护角做法

砂浆抹出护角（图3-48）。

2. 贴面类墙面装修

贴面类装修是以天然石材或人工石材镶贴在墙面上的装修方法。贴面类装修能充分利用各种材料的特点，来改善房屋的使用条件和观感效果。由于饰面制品是预制的，给施工创造了缩短工期、保证质量、提高工厂化程度的条件。

1）面砖饰面

面砖多数是以陶土和瓷土为原料，压制成型后煅烧而成的饰面块。常见的面砖有釉面砖、无釉面砖、仿花岗岩瓷砖、劈离砖等。无釉面砖主要用于

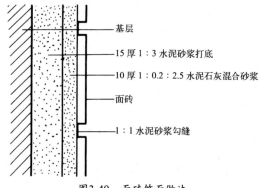
图3-49　面砖饰面做法

建筑外墙面装修，釉面砖主要用于建筑内外墙面及厨房、卫生间的墙裙贴面。

面砖安装前先将表面清洗干净，然后将面砖放入水中浸泡，贴前取出晾干或擦干。安装时先抹15mm厚 1∶3水泥砂浆做底层，分层抹两遍即可；再用10mm厚1∶0.2∶2.5水泥石灰膏砂浆或用掺有107胶（水泥用量的5%~10%）的1∶2.5水泥砂浆满刮于面砖背面；然后将面砖贴于墙上，并用1∶1水泥细砂浆填缝，见图3-49。一般面砖背面有凸凹纹路，更有利于面砖粘贴牢固。

2）陶瓷锦砖饰面

陶瓷锦砖又名马赛克，是以优质陶土高温烧制而成的小块瓷砖，有挂釉和不挂釉之分。锦砖一般用于内墙面，也可用于外墙面装修或地面装修。首先将其正面粘贴于一定尺寸的牛皮纸上（500mm×500mm），施工时，纸面向上，粘贴在1∶1水泥细砂砂浆上，待砂浆半凝，将纸洗去，校正缝隙，修正饰面。此类饰面质地坚硬、耐磨、耐酸碱、不易变形、价格便宜，但较易脱落。

3）天然石板及人造石板墙面装修

天然石板有花岗岩板、大理石板、青石板等。它们具有强度高、结构密实、不易污染、装修效果好等优点，在装饰工程中适用广泛。但由于加工复杂、价格昂贵，故多用于高级墙面装修中。

人造石板一般由白水泥、彩色石子、颜料等配合而成，具有天然石材的花纹和质感、重量轻、表面光洁、色彩多样、造价较低等优点，常见的有水磨石板、仿大理石板等。

天然石板和人造石板的安装方法基本相同，可分为湿挂法（或称贴挂整体法）和干挂法（或称钩挂件固定法）。湿挂法由于石材背面需灌注砂浆，易污染板面，板面易泛碱，影响装饰效果。干挂石材法是用一组高强耐腐蚀的金属连接件，将饰面石材与结构可靠地连接，其间不做灌浆处

理。干挂法具有装饰效果好、施工不受季节限制、无湿作业、施工速度快、效率高等优点。

（1）湿挂法。由于石板面积大，重量大，为保证石板饰面的坚固和耐久，一般应先在墙身或柱内预埋外露 50mm 以上并弯钩的钢筋，间距约500mm。在φ6钢筋内立φ8～φ10竖筋和横筋，形成钢筋网，再用双股铜线或镀锌铅丝穿过事先在石板上钻好的孔眼，将石板绑扎在钢筋网上。上下两块石板用Z形铜钩或不锈钢卡销固定。石板与墙之间一般有30mm左右缝隙，上部用定位活动木楔做临时固定，校正无误后，在板与墙之间分层浇筑 1：2.5或1：3水泥砂浆，灌浆高度不宜太高，一般少于此块板高的 1/3，待其凝固后，再灌注上一层，依次施工，如图3-50所示。

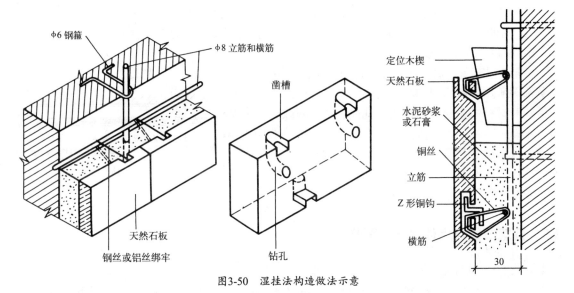

图3-50 湿挂法构造做法示意

（2）干挂法。挂件与主体结构的固定有两种方法：一种通过膨胀螺栓或预埋铁件直接将挂件固定，通常用于可以承重的墙体或柱；另一种通过安装金属骨架（型钢骨架和铝材骨架）使挂件固定，通常用于框架填充墙等非承重墙体。图3-51为直接固定挂件的构造做法示意。

3. 涂料类墙面装修

涂料类装修是采用石灰浆、大白浆、水泥浆及各种涂料涂刷墙面，是装修面层做法中较简便的一种方式。它的优点是省工、省料、工期短、工效高、自重轻、更方便和造价低，缺点是耐久年限短。

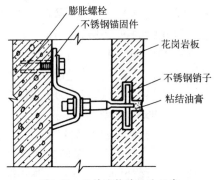

图3-51 干挂法构造做法示意

涂料按其成膜物的不同可分为无机涂料和有机涂料两类。无机涂料包括石灰浆、大白浆、可赛银浆JH80-1型、JH80-2型、JHN84-1型、F832型、LH-82型、HT-1型等，有机涂料有油漆涂料、苯乙烯内墙涂料、聚乙烯醇缩丁醛内（外）墙涂料、过氯乙烯内墙涂料、聚乙烯醇水玻璃内墙涂料、聚合物水泥砂浆饰面涂层、改性水玻璃内墙涂料、108内墙涂料、ST-803内墙涂料、JGY-821内墙涂料等。使用时，应根据涂料的性能特点进行合理选用。

4. 裱糊类墙面装修

裱糊类墙面多用于内墙面的装修，它是将各种装饰壁纸或壁布裱糊在墙面上的装修方法。壁纸或壁布由工厂生产，由于采用现代化工业生产手段（如套色印花、压纹、复合、织造等各种工艺），装饰效果好。

裱糊类墙面的基层要坚实牢固、表面平整光洁、色泽一致。在裱糊前要对基层进行处理，首先要清扫墙面、满刮腻子、用砂纸打磨光滑。壁纸在施工前，要做胀水处理，即先将壁纸在水槽中浸泡2~3s取出，静置15s，然后刷胶裱糊。粘贴时按先上后下、先高后低的原则，对准基层的垂直准线，胶辊或刮板将其赶平压实，排除气泡。当饰面无拼花要求时，将两幅材料重叠 20~30mm，用直尺在搭接中部压紧后进行裁切，揭去多余部分，刮平接缝；当有拼花要求时，要使花纹重叠搭接。壁布的裱糊做法基本相同，主要区别壁布不需预先做胀水处理且所用粘贴剂不同。

5. 铺钉类墙面装修

铺钉类装修是将各种天然或人造薄板镶钉在墙面上的饰面做法，这种装修做法污染小。铺钉类装饰因所用材料质感细腻、装饰效果好，能给人以亲切感，同时材料多系薄板结构或多孔性材料，对改善室内音质效果有一定作用，但防潮、防火性能欠佳，一般多用作宾馆、大型公共建筑大厅如候机室、候车室以及商场等处的墙面或墙裙的装饰。铺钉类装饰由骨架和面板两部分组成，如图3-52所示。

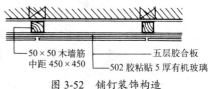

图 3-52　铺钉装饰构造

3.5　建筑节能与墙体保温、隔热

3.5.1　建筑节能

1. 建筑节能途径

建筑物的总得热包括采暖设备供热、太阳辐射得热和建筑物内部得热（包括炊事、照明、家电和人体散热）。这些热量在通过围护结构的传热和通过门窗缝隙的空气向外渗透热损失向外散失。建筑物的总失热包括围护结构的传热热损失（占70%~80%）和通过门窗缝隙的空气渗透热损失（占20%~30%）。当建筑物的总得热和总失热达到平衡时，室内温度得以保持。因此，对于建筑物来说，节能的主要途径应是充分利用太阳辐射得热和建筑物内部得热的同时，尽可能减少建筑物总失热，最终达到节约采暖供能的目的。

2. 建筑节能要点

（1）选择有利于节能的建筑朝向，充分利用太阳能。

（2）选择有利于节能的建筑平面和体型。在体积相同的情况下，建筑物的外表面积越大，采暖制冷负荷也越大。因此，尽可能取最小的外表面积。

（3）改善外围护构件的保温性能，并尽量避免热桥。这是建筑构造中的一项主要节能措施。

（4）改进门窗设计。通过提高门窗的气密性，采用适当的窗墙面积比，增加窗玻璃层数，采用百叶窗帘、窗板等措施来提高门窗的保温隔热性能。

（5）重视日照调节与自然通风。理想的日照调节是夏季在确保采光和通风的条件下，尽量防止太阳热进入室内，冬季尽量使太阳进入室内。

（6）采暖系统的节能。城市供暖实行城市集中供暖和区域供暖，可以大大提高热效率。在管网系统中，安设平衡阀，可以使管网系统达到水力平衡，与未安平衡阀的不平衡系统相比，在保证所有房间满足规定室温的条件下，可以相对地降低所供暖区域的平均室内温度，从而节约能源。

3.5.2 墙体的保温

对于冬季有保温（heat preservation）要求的建筑外墙应有足够的保温能力。寒冷地区冬季室内温度高于室外，热量从高温一侧向低温一侧传递。图3-53是外墙冬季的传热过程，为减少热损失，可以从以下几个方面采取措施。

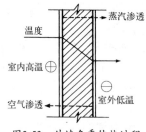

图3-53 外墙冬季传热过程

（1）通过对材料的选择，提高外墙保温能力减少热损失：①增加墙体厚度，使传热过程变缓，从而提高墙体保温能力，但是墙体加厚，会增加结构自重，占用建筑面积，是一种不经济、不实用的做法；②选择导热系数小的材料，如泡沫混凝土、加气混凝土、膨胀珍珠岩、膨胀蛭石、矿棉、木丝板、稻壳等来构成墙体，但这些墙体强度不高，不能承受较大的荷载，一般用于框架填充墙；③采用复合保温墙体，解决保温和承重双重问题，但增加了施工难度和工程造价。

（2）采取隔蒸汽措施，防止外墙出现冷凝水。冬季室内空气的温度和绝对湿度都比室外高，因此，在围护结构两侧存在水蒸气压力差，水蒸气分子由压力高的一侧向压力低的一侧扩散，这种现象叫蒸汽渗透。在渗透过程中，水蒸气遇到露点温度时，蒸汽含量达到饱和，并立即凝结成水，称为结露。当结露出现在围护结构表面时，会使内表面出现脱皮、粉化、发霉，影响人们的身体健康；结露出现在保温层内时，则使材料内饱和水分，使得保温材料降低保温效果，缩短使用年限。为避免这种情况产生，常在墙体保温层靠高温一侧，即蒸汽渗入的一侧，设置隔汽层，以防止水蒸气内部凝结。隔蒸汽层一般采用卷材、隔汽涂料、薄膜以及铝箔等防潮、防水材料，如图3-54所示。

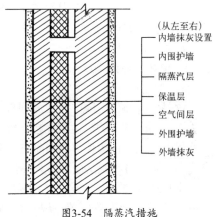

（从左至右）
内墙抹灰设置
内围护墙
隔蒸汽层
保温层
空气间层
外围护墙
外墙抹灰

图3-54 隔蒸汽措施

（3）防止外墙出现空气渗透。墙体材料一般都不够密实，有很多微小的孔洞，墙体上设置的门窗等构件，因安装不密封或材料收缩等，会产生一些贯通性的缝隙。由于这些孔洞和缝隙的存在，在风压差及热压差的作用下，使空气由高压处通过围护构件流向低压处的现象称为空气的渗透。为了防止空气渗透造成热损失，一般采取以下措施：选择密实度高的墙体材料；墙体内外加抹灰层；加强构件间的密缝处理。

（4）热桥部位的保温。由于结构上的需要，外墙中常嵌有钢筋混凝土柱、梁、圈梁、过梁等构件，钢筋混凝土的传热系数大于砖的传热系数，热量很容易从这些部位传出去，因此它们的内表面温度比主体部分的温度低，这些保温性能低的部位通常称为冷桥（或热桥），如图3-55(a)所示。为减少热桥的影响，应避免嵌入构件内外贯通，采取局部保温措施；如在寒冷地区，外墙中的钢筋混凝土过梁可做成L形，并在外侧加保温材料；对于框架柱，当柱子位于外墙内侧时，可根据需要进行保温处理，如图3-55(b)所示。

3.5.2 墙体的隔热

炎热地区夏季太阳辐射强烈，室外热量通过外墙传入室内，使室内温度升高，产生过热现象，影响人们的工作和生活，甚至损害人的健康。为保证外墙应具有足够的隔热（heat insulation）能力，应采取以下措施：

（1）外墙宜选用热阻大、重量大的材料，如砖墙、土墙等，减少外墙内表面的温度波动。

（2）外墙表面应选用光滑、平整、浅色的材料以增加对太阳光的反射。

（3）在外墙内部设置通风间层，利用空气的流动带走热量，降低外墙内表面温度。

在建筑设计过程中也可采用降低墙体周围室外温度的方法，如在窗口外侧设置遮阳设施，以遮挡太阳光直射室内；在外墙外表面种植攀绿植物，利用植物的遮挡、蒸发、光合作用吸收太阳辐射热。

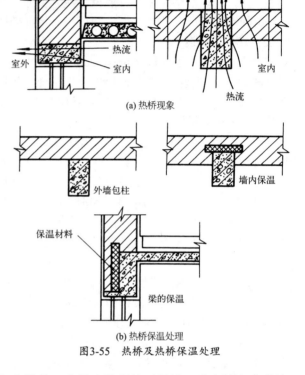

(a) 热桥现象

(b) 热桥保温处理

图3-55　热桥及热桥保温处理

3.5.3 墙体的保温构造

1. 外墙外保温

这是一种将保温隔热材料放在外墙外侧的复合墙体，它具有较强的耐候性、防水性和防蒸汽渗透性，同时具有绝热性能优越、能消除热桥、减少保温材料内部凝结水的可能性、便于室内装修等优点。但是由于保温材料做在室外，直接受到阳光照射和雨雪的侵袭，因而对此种墙体抗变形能力、防止材料脱落以及防火安全等方面的要求更高。

常见的外墙外保温做法有聚苯板薄抹灰系统（图3-56(a)）、胶粉聚苯颗粒保温浆料系统（图3-56(b)）、模板内置聚苯板现浇混凝土系统（图3-56(c)）、喷涂硬质聚氨酯泡沫塑料系统（图3-56(d)）和复合装饰板系统（图3-56(e)）等多种。

2. 外墙内保温

将保温隔热材料放在外墙内侧的保温复合墙体施工简便、保温隔热效果好、综合造价低、特别适用于夏热冬冷地区。由于保温材料的蓄热系数小，有利于室内温度的快速升高或降低，适用范围广。

常见的内保温做法有增强粉刷石膏聚苯板系统（图3-57(a)）、胶粉聚苯颗粒保温浆料系统（图3-57(b)）。

3. 外墙夹心保温

在复合墙体保温形式中，为了避免蒸汽由室内高温一侧向室外低温侧渗透，在墙内形成凝结水，或为了避免受室外各种不利因素的影响，常采用半砖或其他预制板材加以处理，使外墙形成夹心构件，即双层结构的外墙中间放置保温材料，或留出封闭的空气间层，外墙夹心保温构造如图3-58所示。

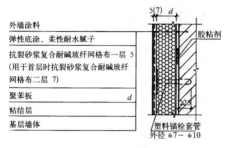

外墙涂料
弹性底涂、柔性耐水腻子
抗裂砂浆复合耐碱玻纤网格布一层 5
(用于首层时抗裂砂浆复合耐碱玻纤网格布二层 7)
聚苯板 d
粘结层
基层墙体

胶粘剂
塑料锚栓套管
外径 φ7～φ10

(a) 聚苯板薄抹灰系统

外墙涂料
弹性底涂、柔性耐水腻子
抗裂砂浆复合耐碱玻纤网格布一层 5
(用于首层时抗裂砂浆复合耐碱玻纤网格布二层 7)
胶粉聚苯颗粒保温浆料 d
界面砂浆
基层墙体

(b) 胶粉聚苯颗粒保温浆料系统

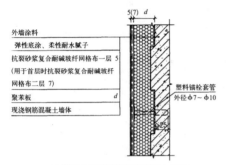

外墙涂料
弹性底涂、柔性耐水腻子
抗裂砂浆复合耐碱玻纤网格布一层 5
(用于首层时抗裂砂浆复合耐碱玻纤网格布二层 7)
聚苯板 d
现浇钢筋混凝土墙体

塑料锚栓套管
外径 φ7～φ10

(c) 模板内置聚苯板现浇混凝土系统

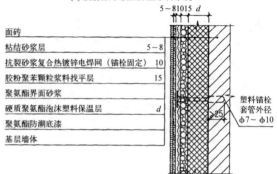

面砖
粘结砂浆层 5～8
抗裂砂浆复合热镀锌电焊网（锚栓固定） 10
胶粉聚苯颗粒浆料找平层 15
聚氨酯界面砂浆
硬质聚氨酯泡沫塑料保温层 d
聚氨酯防潮底漆
基层墙体

塑料锚栓
套管外径 φ7～φ10

(d) 喷涂硬质聚氨酯泡沫塑料系统

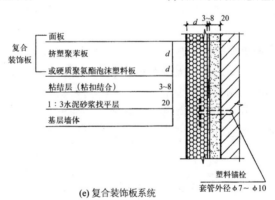

复合装饰板

面板
挤塑聚苯板 d
或硬质聚氨酯泡沫塑料板 d
粘结层（粘扣结合） 3～8
1:3水泥砂浆找平层 20
基层墙体

塑料锚栓
套管外径 φ7～φ10

(e) 复合装饰板系统

图3-56 常见的外墙保温做法

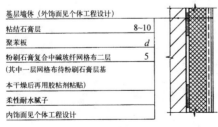

基层墙体（外饰面见个体工程设计）
粘结石膏层 8～10
聚苯板 d
粉刷石膏复合中碱玻纤网格布二层 5
(其中一层网格布待粉刷石膏基
本干燥后再用胶粘剂粘贴)
柔性耐水腻子
内饰面见个体工程设计

(a) 增强粉刷石膏聚苯板系统

基层墙体（外饰面见个体工程设计）
界面砂浆
胶粉聚苯颗粒保温浆料 d
抗裂砂浆复合耐碱玻纤网格布一层 5
柔性耐水腻子
内饰面见个体工程设计

(b) 胶粉聚苯颗粒保温浆料系统

图3-57 常见的内保温做法

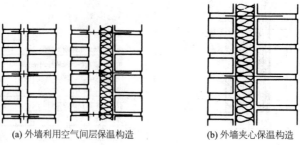

(a) 外墙利用空气间层保温构造　　　　　(b) 外墙夹心保温构造

图3-58　外墙夹心保温构造

思考题

1. 墙体是如何分类的？各有哪些类型？
2. 砌体墙的墙体材料有哪些？
3. 砖的基本尺寸和组砌方式有哪些？砌块墙的组砌要求有哪些？
4. 常见的勒脚做法有哪几种？
5. 墙体中为什么要设水平防潮层？它应设在什么位置？
6. 什么情况下要设垂直防潮层？
7. 常见的散水和明沟的做法有哪几种？
8. 常见的过梁有哪几种？它们的适用范围和构造特点有哪些？
9. 圈梁的作用是什么？一般设在什么位置？
10. 构造柱的基本构造要求有哪些？
11. 窗台构造中应考虑哪些问题？
12. 常见隔墙有哪些？简述各种隔墙的构造做法。
13. 试述墙面装修的作用和基本类型。
14. 简述玻璃幕墙的分类和构造做法。
15. 简述外墙保温的构造有哪些做法。

练习题

绘制已建成或在建建筑物中墙体各部分的细部构造。

单元 4
楼板和地面

4.1 楼板的组成及分类

4.2 钢筋混凝土楼板

4.3 地坪层构造

4.4 楼地层的防潮、防水、保温与隔声构造

4.5 楼地面装修

4.6 阳台和雨篷

思考题

练习题

实训案例题

单元概述：楼板和地面是建筑物构造组成部分之一。本单元主要讲述楼板的基本构造和设计要求，钢筋混凝土楼板的主要类型和基本构造，楼地面的装修，阳台、雨篷构造。

学习目标：

1. 掌握楼板的类型，了解楼板的设计要求。
2. 掌握钢筋混凝土楼板的类型，熟练掌握现浇钢筋混凝土楼板的类型、基本构造及应用情况。
3. 掌握楼地面防潮、防水和保温做法。
4. 掌握常见的楼地面装修方法。
5. 掌握阳台和雨篷的基本构造。

学习重点：

1. 现浇钢筋混凝土楼板的基本构造。
2. 常用的楼地面装修做法。
3. 阳台、雨篷的基本构造。

教学建议：本单元内容相对简单，可以通过参观校园内已建或在建工程中的楼板、地面、阳台、雨篷等来形成感性认识。教学的过程中展示图片、模型并结合相关的建筑规范、建筑标准图集等资料，加深对楼板、地面、阳台、雨篷等各部位的细部构造做法的理解。为进一步增强学生的识读和绘制工程图的能力，培养学生查阅相关参考资料的能力，熟练掌握各部分细部构造，建议对墙体及楼板的内容进行综合训练。

关键词：钢筋混凝土楼板（reinforced concrete floor）；防潮（moistureproof）；防水（waterproof）；保温（insulation）；装饰（decoration）；阳台（balcony）；雨篷（canopy）

4.1 楼板的组成及分类

4.1.1 对楼板的要求

楼板是房屋主要的水平承重构件和水平支撑构件，它将荷载传递到墙、柱，同时又对墙体起着水平支撑作用。楼板还具有一定的隔声、保温、隔热功能。楼板设计时应满足以下要求：

（1）足够的强度和刚度。任何房屋的楼板均应有足够的强度，能够承受自重及不同要求的使用荷载而不发生损坏。楼板还应有足够的刚度，避免在规范规定荷载的作用下，发生超过规定的挠度变形。

（2）热工和防火方面的要求。在不采暖的建筑中，地面应采用吸热指数小的材料；在采暖建筑中，在首层地面、地下室楼板等处设置保温隔热材料，尽量减少热量散失。楼板还应尽量采用不燃烧体材料制造，符合建筑物的耐火等级对其燃烧性能和耐火极限的要求。

（3）隔声要求。楼板应具有一定的隔声能力，不同使用性质的房间对隔声的要求不同，要求高的房间应采取措施以提高隔声能力。

（4）防水（waterproof）、防潮（moistureproof）要求。对于厨房、厕所、卫生间等一些地面潮湿、易积水的房间，应处理好楼地层的防水、防潮问题。

（5）经济要求。一般楼板占建筑物总造价的20%～30%，选用楼板时应考虑就地取材和提高楼板装配化的程度，以降低楼板部分的造价。

4.1.2　楼板的组成

为了满足楼板的使用功能，楼板（图4-1）通常由以下几部分组成：面层、结构层、顶棚层、附加层。

（1）面层。又称为楼面。面层与人、家具设备等直接接触，起着保护楼板、承受并传递荷载的作用，同时对室内有很重要的清洁及装饰（decoration）作用。

（2）结构层。即楼板，是楼板层的承重部分。

（3）顶棚层。位于楼板层最下层，主要作用是保护楼板、安装灯具、装饰室内、遮掩各种水平管线等。

（4）附加层。又称功能层，对有特殊要求的室内空间，楼板层应增设一些附加层，主要作用是隔声、隔热、保温（insulation）、防水、防潮、防腐蚀、防静电等。

4.1.3　楼板的分类

根据所选用材料的不同，楼板（图4-2）可分为木楼板、钢筋混凝土楼板（reinforced concrete floor）和压型钢板组合楼板。

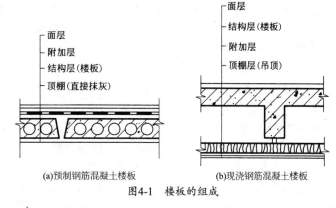

(a)预制钢筋混凝土楼板　　(b)现浇钢筋混凝土楼板

图4-1　楼板的组成

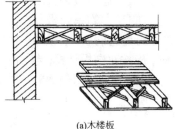

(a)木楼板

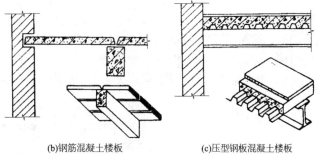

(b)钢筋混凝土楼板　　(c)压型钢板混凝土楼板

图4-2　楼板的类型

木楼板虽具有自重轻、构造简单、吸热系数小等优点，但其隔声、耐久和防火性较差，耗木材量大，除林区外，现已极少采用。

钢筋混凝土楼板因其承载能力大、刚度好，且具有良好的耐久性、防火性和可塑性，目前被广泛采用。

压型钢板组合楼板是利用压型钢板为底模，上部浇筑混凝土而形成的一种组合楼板。它具有强度高、刚度大、施工速度快等优点，但钢材用量大、造价高。

4.2　钢筋混凝土楼板

钢筋混凝土楼板根据施工方法的不同，可分为现浇整体式、预制装配式、装配整体式三种类型。

4.2.1　现浇整体式钢筋混凝土楼板

现浇整体式钢筋混凝土楼板是在施工现场进行支模板、绑扎钢筋、浇筑并振捣混凝土、养护、拆模等工序而将整个楼板浇筑而成整体。这种楼板的整体性好、抗震性强、防水抗渗性好，能适应各种建筑平面形状的变化，但现场湿作业量大、模板用量多、施工速度较慢、施工工期较长。根据受力和传力情况不同，现浇整体式钢筋混凝土楼板分为板式楼板、梁板式楼板、无梁式楼板和压型钢板组合楼板等。

1. 板式楼板

将楼板现浇成一块平板，并直接支承在墙上，这种楼板称为板式楼板。板式楼板底面平整，便于支模施工，是最简单的一种形式，它适用于平面尺寸较小的房间，如厨房、卫生间、走廊等。板的厚度通常为跨度的1/40～1/30，且不小于60mm。根据楼板受力特点和支承情况，又可以分为单向板和双向板。在板的受力和传力过程中，板的长边尺寸与短边尺寸的比值大小，决定了板的受力情况。当长边与短边长度之比不小于3.0时，可按沿短边方向受力的单向板计算，应沿长边方向布置足够数量的构造钢筋。当板的长边与短边之比小于或等于2时，应按双向板计算；当板的长边与短边之比大于2但小于3时，宜按双向板计算。单向板与双向板区别如图4-3所示。

2. 梁板式楼板

对平面尺寸较大的房间，若仍采用板式楼板，会因板跨较大而增加板厚。为此，通常在板下设梁来减小板跨，这时，楼板上的荷载先由板传给梁，再由梁传给墙或柱。这种由板和梁组成的楼板称为梁板式楼板。

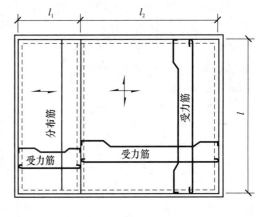

图4-3 单向板和双向板

（1）主次梁式楼板。板支承在次梁上，次梁支承在主梁上，主梁支承在墙或柱上（图4-4），这

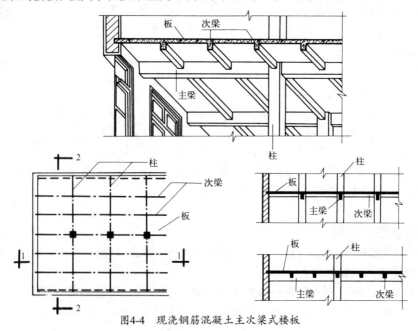

图4-4 现浇钢筋混凝土主次梁式楼板

70

种形式常用于面积较大的有柱空间。主梁通常沿房屋的短跨方向布置，其经济跨度为5~8m，梁高为跨度的1/14~1/8，梁宽为梁高的1/3~1/2，次梁与主梁垂直，并把荷载传递给主梁，主梁间距即为次梁的跨度。次梁的跨度比主梁跨度要小，一般为4~6m，次梁高为跨度的1/18~1/12，梁宽为梁高的1/3~1/2。主次梁的截面尺寸应符合M或M/2模数数列的规定。板的经济跨度为2.1~3.6 m，板厚一般为60~100mm。

（2）井式楼板。如果房间平面形状为方形或接近方形（长边与短边之比小于1.5）时，两个方向梁正放正交、斜放正交或斜放斜交（图4-5），梁的截面尺寸相同，等距离布置形成方格，无主梁和次梁之分，这种楼板称为井字梁式楼板或井式楼板（图4-6）。井式楼板梁跨可达30m，板跨一般为3m左右。由于井式楼板一般井格外露，产生结构带来的自然美感，房间内无柱，多用于公共建筑的门厅、大厅、会议室或小型礼堂等。

（3）密肋式楼板。也称为密梁式楼板，它是将梁的间距适当加密，一般梁的间距不超过2.5m，板与梁整浇在一起，见图4-7。密肋式楼板可用于平面尺寸较大的狭长建筑空间。

3. 无梁楼板

将板直接支承在柱上，不设梁，这种楼板称为无梁楼板（图4-8）。无梁楼板分无柱帽和有柱帽两种类型，当荷载较大时，应在柱顶设托板与柱帽，以增加板在柱上的支承面积。无梁楼板的柱网一般布置成方形或近似方形，以方形柱网较为经济，跨度一般在6m左右，板厚通常不小于120mm。无梁楼板的底面平整，增加了室内的净空高度，有利于采光和通风，且施工时架设模板方便，但楼板厚度较大。无梁楼板多用于楼板上活荷载较大的商场、仓库、展览馆建筑。

4. 压型钢板组合楼板

压型钢板组合楼板是在型钢梁上铺设压型钢板，以压型钢板做底模，在其上现浇混凝土，形成整体的组合楼板。

压型钢板组合楼板由现浇混凝土、钢衬板和钢梁三部分组成（图4-9）。钢衬板采用冷压成型钢板，简称压型钢板。压型钢板有单层和双层之分。双层压型钢板通常是由两层截面相同的压型钢板组合而成，也可由一层压型钢板和一层平钢板组成。

  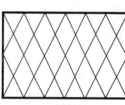

(a) 正放正交　　(b) 斜放正交　　(c) 斜放斜交

图4-5　井格的几种布置

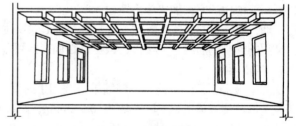

图4-6　井式楼板

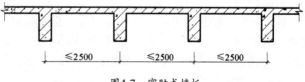

≤2500　　≤2500　　≤2500

图4-7　密肋式楼板

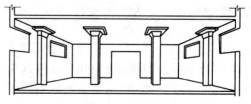

图4-8　无梁楼板

采用双层压型钢板的楼板承载能力更好，两层钢板之间形成的空腔便于设备管线敷设。钢衬板之间的连接以及钢衬板与钢梁之间的连接，一般采用焊接、自攻螺栓、膨胀铆钉或压边咬接的方式，如图4-10所示。

钢衬板组合楼板有两种结构方式：

（1）钢衬板在组合楼板中只起永久性模板的作用，混凝土中仍配有受力钢筋。由于钢衬板作为永久性模板，简化了施工程序，加快了施工进度，但造价较高。

（2）在钢衬板上加肋条或压出凹槽，钢衬板起到混凝土中受拉钢筋的作用，或在钢梁上焊抗剪栓钉，这种构造较经济。

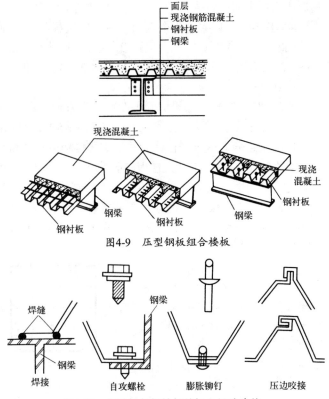

图4-9 压型钢板组合楼板

图4-10 钢衬板与钢梁钢衬板之间的连接

4.2.2 预制装配式钢筋混凝土楼板

预制装配式钢筋混凝土楼板是将楼板在预制厂或施工现场预制，然后在施工现场装配而成。这种楼板可节省模板，提高劳动生产率，加快施工速度，缩短工期，但楼板的整体性较差，近几年在地震设防地区的应用范围受到很大限制。

常用的预制钢筋混凝土楼板，根据其截面形式可分为实心平板、槽形板和空心板三种类型。

1. 实心平板

实心平板上下板面平整，制作简单，宜用于跨度小的走廊板、楼梯平台板、阳台板等处。板的两端支承在墙或梁上，板厚一般为50～80mm，跨度在2.4m以内为宜，板宽500～900mm，见图4-11。由于构件小，起吊机械要求不高。

2. 槽形板

槽形板是一种梁板结合的构件，即在实心板两侧设纵肋，构成槽形截面，它具有自重轻、省材料、造价低、便于开孔等优点。槽形板跨长为3～6m，板肋高120～300mm，板厚仅为30mm。槽形板分槽口向上和槽口向下两种（图4-12），槽口向下的槽形板受力较为合理，但板底不平整、隔声效果差；槽口向上的倒置槽形板，受力不甚合理，铺地时需另加构件，但槽内可填轻质材料，顶棚处理、保温、隔热及隔声的施工较容易。

3. 空心板

空心板孔洞形状有圆形、长圆形和矩形等（图4-13），以圆孔板的制作最为方便，应用最常见。板宽尺寸有400mm，600mm，900mm，1 200mm等，跨度可达到6.0m，6.6m，7.2m等，板的厚度为120～240mm。空心板节省材料，隔声、隔热性能好，但板面不能随意打洞。在安装和堆放时，空心板两端的孔常以砖块、混凝土填块填塞，以免在板端灌缝时漏浆，并保证支座处不被压坏。

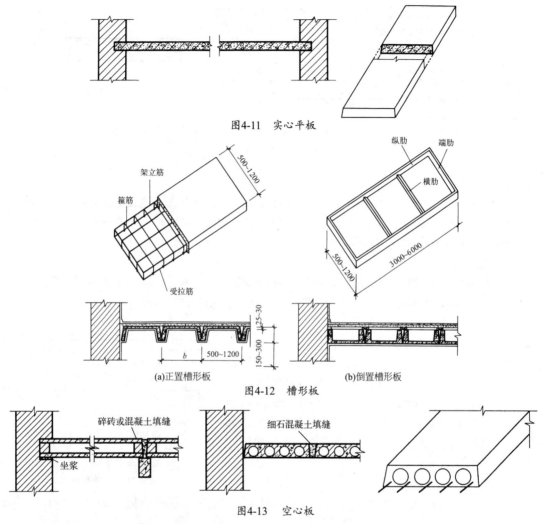

图4-11 实心平板

图4-12 槽形板

图4-13 空心板

4.2.3 装配整体式钢筋混凝土楼板

装配整体式钢筋混凝土楼板是采用部分预制构件，经现场安装，再整体浇筑混凝土面层所形成的楼板。它兼有现浇和预制钢筋混凝土楼板的优点。

预制薄板叠合楼板是由预制薄板和现浇钢筋混凝土层叠合而成的装配整体式楼板。叠合楼板的预制薄板既是永久性模板承受施工荷载，也是整个楼板结构的一部分。

叠合楼板的预制板部分通常采用预应力或非预应力薄板。为了保证预制薄板与叠合层有较好的连接，薄板上表面需做处理，如将薄板表面做刻槽处理（图4-14（a））、板面露出较规则的三角形结合钢筋等（图4-14（b））。

预制薄板跨度一般为4~6m，最大可达到9m，以5.4m内较为经济；板宽为1.1~1.8m，板厚通常不小于50mm。现浇叠合层厚度一般为100~120mm，以大于或等于薄板厚度的2倍为宜。叠合楼板的总厚度一般为150~250mm（图4-14（c））。预制薄板叠合楼板常在住宅、宾馆、学校、办公楼、医院以及仓库等建筑中应用。

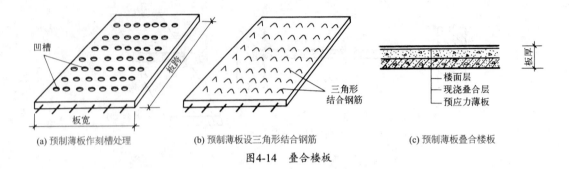

(a) 预制薄板作刻槽处理　　　(b) 预制薄板设三角形结合钢筋　　　(c) 预制薄板叠合楼板

图4-14　叠合楼板

4.3　地坪层构造

地坪层即地层，是建筑物底层与土壤相接的构件，它承受着底层地面上的荷载，并将荷载均匀地传给地基。地坪层一般由面层、垫层和基层3个基本构造层次组成，对有特殊要求的地坪可在面层与垫层之间增设附加层，见图4-15。

1. 面层

面层是地坪层最上部分，也是人们经常接触的部分，直接承受物理、化学作用，所以应具有耐磨、平整、易清洁、不起尘、防水、防潮要求。同时也具有装饰作用。

2. 垫层

垫层为面层与基层之间的找平层或填充层，主要起加强基层、传递荷载的作用。垫层有刚性垫层和非刚性垫层。刚性垫层一般采用C10 厚60～100mm的混凝土，非刚性垫层常用的有50mm厚砂垫层、80～100mm厚碎石灌浆、50～70mm厚石灰炉渣等。垫层可以就地取材，如北方可以用灰土；南方多采用碎砖或道渣夯实作垫层，也有的采用三合土作垫层。

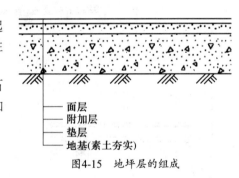

面层
附加层
垫层
地基(素土夯实)

图4-15　地坪层的组成

3. 基层

首层地面基层是垫层与土壤层间的找平层或填充层，它可以加强地基承受荷载能力，并起找平作用，可就地取材，通常为素土夯实或灰土、道渣、三合土、卵石等。

4.4　楼地层的防潮、防水、保温与隔声构造

4.4.1　楼地层防潮、防水

楼地层是楼板与地坪层的统称。

1. 地层防潮

底层房间的地面直接与土壤接触，土壤中的水在毛细作用下进入室内，房间湿度增大，影响房间的温湿状况和卫生状况，影响结构的耐久性、美观和人体健康。因此，应对可能受潮的房屋进行必要的防潮处理。

通常对无特殊防潮要求的地层，在垫层中采用C10混凝土即可；有较高要求时，在混凝土垫层上，刚性整体面层下，铺憎水的热沥青或防水涂料，形成防潮层，以防止潮气上升到地面，如图4-16所示。

2. 楼地面防水

对于用水频繁、水管较多或室内积水机会较多的房间（如卫生间、厨房、实验室等）应做好楼地面的排水和防水。

为便于排水，地面应设地漏，并用细石混凝土从四周向地漏找0.5%～1%的坡。同时为防止积水外溢，有水房间的地面应比其他房间或走道低30～50mm，或在门口设20～30mm高的门槛。

对积水机会较多的房间，楼板应采用现浇钢筋混凝土楼板。面层也宜采用水泥砂浆、水磨石地面或贴缸砖、瓷砖、陶瓷锦砖

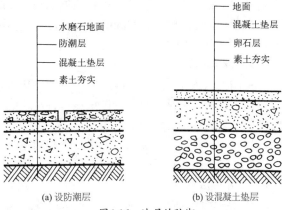

图4-16　地层的防潮

等防水性能好的材料。为确保防水质量，还可在楼板结构层与面层之间设置一道防水层，常见的防水材料有防水卷材、防水砂浆和防水涂料等。为防止水沿房间四周浸入墙身，应将防水层沿房间四周墙边向上延伸至踢脚内100～150mm。门口处，防水层应向外延伸250mm以上（图4-17）。

采暖和给排水管道穿过楼板处常采用现浇楼板，并应根据设计位置预留孔洞。安装管道时，为防止产生渗漏，一般采用两种处理方法：当穿管为冷水管时，可在穿管的四周用C20的干硬性细石混凝土振捣密实，再用卷材或防水涂料作密封处理（图4-18（a））；对于热力管道，一般在

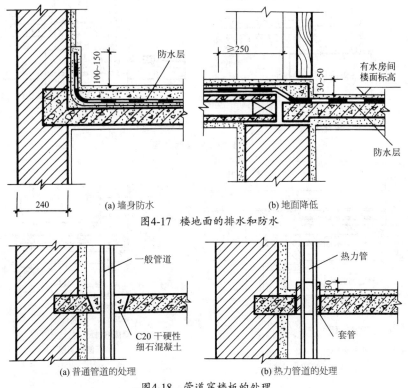

图4-17　楼地面的排水和防水

图4-18　管道穿楼板的处理

75

管道外要加一个比热力管道直径稍大的钢套管，以防止因热胀冷缩变形而引起立管周围混凝土开裂，套管至少应高出地面30mm，穿管与套管之间应填塞弹性防水材料（图4-18（b））。

4.4.2 楼地层的保温

1. 地层保温

室内潮气大多是因室内与地层温差大的原因所致，设保温层可以降低温差，对防潮也起一定作用。设保温层常见有两种做法：一种是在地下水位较高的地区，可在面层与混凝土垫层间设保温层（如满铺或在距外墙内侧2m范围内铺30～50mm厚的聚苯乙烯板），并在保温层下做防水层；另一种是在地下水位低、土壤较干燥的地面，可在垫层下铺一层1：3水泥炉渣或其他工业废料做保温层，如图4-19所示。

2. 楼板层的保温

在寒冷地区，对于悬挑出去的楼板层或建筑物的门洞上部楼板、封闭阳台的底板、上下温差大的楼板等处需做好保温处理：一种是在楼板层上面做保温处理，保温材料可采用高密度苯板、膨胀珍珠岩制品、轻骨料混凝土等（图4-20（a））；另一种是在楼板层下面做保温处理，保温层与楼板层浇筑在一起，然后再抹灰，或将高密度聚苯板粘贴于挑出部分的楼板层下面做吊顶处理（图4-20（b））。

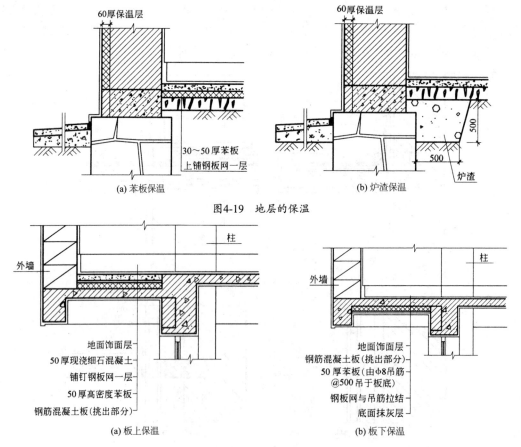

图4-19 地层的保温

图4-20 悬挑楼板的保温处理

4.4.3　楼板的隔声

楼板隔绝空气传声可以采取使楼板密实、无裂缝等构造措施来达到。楼板主要是隔绝人的脚步声、拖动家具、敲击楼板等固体传声，防止固体传声可以采取以下措施：在楼地层表面铺设地毯、橡胶、塑料毡等柔性材料，如图4-21（a）所示。这种方法比较简单，隔声效果较好，同时还能起到装饰美化室内的作用，是采用比较广泛的方法。在楼板与面层之间加片状、条形状的弹性垫层以降低楼板的振动，即"浮筑式楼板"，如图4-21（b）所示，用该方法来减弱由面层传来的固体声能。在楼板下加设吊顶使固体噪声不直接传入下层空间。在楼板和顶棚间留有空气层，吊顶与楼板采用弹性挂钩链接，使声能减弱。对隔声要求高的房间，还可以在顶棚铺设吸声材料加强隔声效果，如图4-21（c）所示。其中浮筑式楼板增加造价不多，效果也较好，但施工比较麻烦，因而采用较少。

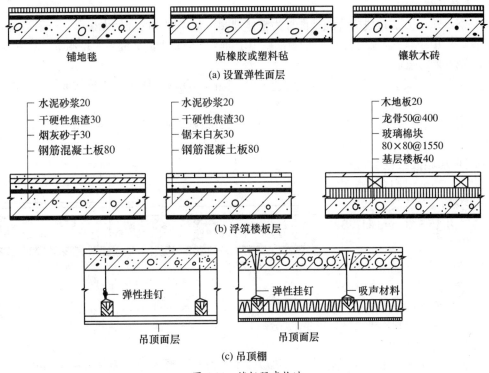

图 4-21　楼板隔声构造

4.5　楼地面装修

楼地面是对楼层地面和底层地面的总称，它是人们日常生活、工作、生产、学习时必须接触的部分，也是建筑中直接承受荷载，经常受到摩擦、清扫和冲洗的部分。楼地面的范围很大，对室内整体装饰设计起十分重要的作用。楼地面装修必须满足以下要求：

（1）坚固方面的要求。即要求在各种外力作用下不易被磨损、破坏且要求表面平整、光洁、易清洁和不起灰。

（2）热工方面的要求。作为人们经常接触的地面，要求导热系数小，保证寒冷季节脚部舒适。

（3）隔声方面的要求。隔声要求主要体现在楼地面，在可能条件下，地面应采用能较大衰减撞击能量的材料和构造。

（4）防水、防潮、防火和耐腐蚀等要求。对有水作用的房间，地面应防潮防水；对有火灾隐患的房间，地面应满足防火要求；对有酸碱作用的房间，则要求地面具有耐腐蚀的能力。

（5）经济方面的要求。设计地面时，在满足使用要求的前提下，要选择经济的材料和构造方案，尽量就地取材。

4.5.1 楼地面装修的分类

楼地面根据饰面材料的不同可以分为水泥砂浆楼地面、水磨石楼地面、大理石楼地面、地砖楼地面、木地板楼地面、地毯楼地面等。根据构造方法和施工工艺的不同，可以分为整体式地面、块材式地面、木地面及人造软质制品铺贴式楼地面、涂料地面等。

4.5.2 楼地面的构造

1. 整体式楼地面

用现场浇筑的方法做成整片的地面称为整体地面。整体地面的面层无接缝，一般造价较低，施工简便，常用的有水泥砂浆地面、细石混凝土地面、水磨石地面、菱苦土地面等。

1）水泥砂浆地面

水泥砂浆地面又称水泥地面，具有构造简单、坚固、防潮、防水、造价低廉等特点，但不耐磨，易起砂、起灰。

水泥砂浆地面有单层和双层构造之分（图4-22）。单层做法是先刷素水泥砂浆结合层一道，再用15~20mm厚1：2水泥砂浆压实抹光。双层构造做法是在基层上用15～20mm厚1：3水泥砂浆打底、找平，再用5～10mm厚1：2或1：1.5水泥砂浆抹面、压光。双层构造虽然

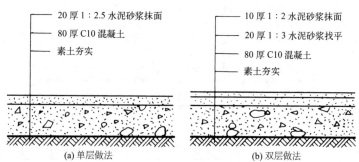

(a) 单层做法   (b) 双层做法

图4-22 水泥砂浆地面

增加了施工程序，却容易保证质量，减少表面干缩时产生裂纹的可能。有防滑要求的水泥地面，可将水泥砂浆面层做成各种纹样，以增大摩擦力。

2）细石混凝土地面

细石混凝土地面一般做法是在混凝土垫层或钢筋混凝土楼板上直接做30～40mm厚的强度等级不低于C20的细石混凝土，待混凝土初凝后用铁碌滚压出浆，待终凝前撒少量干水泥，用铁抹子压光不少于两次，其效果同水泥砂浆地面。

对防水要求高的房间，还可以在楼面中加做一层找平层，而后在其上做防水层，再做细石混凝土面层。

3）现浇水磨石地面

现浇水磨石地面是在水泥砂浆找平层上按设计分格，用中等硬度石料（大理石、白云石等）的石屑与水泥拌和、抹平、硬化后，经过补浆、细磨、打蜡后制成的楼地面。水磨石地面具有色彩丰富、图案组合多样、平整光洁、坚固耐用、整体性好、耐污染、耐腐蚀和易清洗等优点。

现浇水磨石地面的构造做法是先在基层上做10～20mm厚1：3水泥砂浆结合层兼起找平

层，在找平层上常用1∶1水泥砂浆嵌固10～15mm高的铜条、铝条、玻璃条进行分格，并用厚12～15mm的1∶1.5～1∶2.5的各种颜色的水泥石渣浆注入预设的分格内，略高于分格条1～2mm，并均匀撒一层石渣用滚筒压实，待浇水养护完毕后，经过三次打磨，在最后一次打磨前酸洗、修补，最后打蜡保护（图4-23）。分格的作用是防止地面开裂并将地面分成方格，或做成各种图案。

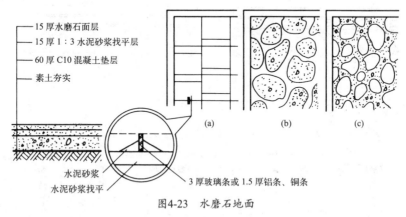

15 厚水磨石面层
15 厚 1∶3 水泥砂浆找平层
60 厚 C10 混凝土垫层
素土夯实

水泥砂浆
水泥砂浆找平

3 厚玻璃条或 1.5 厚铝条、铜条

(a) (b) (c)

图4-23 水磨石地面

2．块材式地面

1）陶瓷块材地面

陶瓷块材地面包括地砖、缸砖、劈离砖、瓷质彩胎砖（仿花岗石砖）、陶瓷锦砖（马赛克）等块材砖，它们具有面层薄、质量轻、造价低、美观耐磨、防水、耐酸碱、色泽稳定、耐污染、易清洗等优点，适用于有水以及有腐蚀的房间。但它们没有弹性、不吸声、吸热性强，不宜用于人们长时间停留及要求安静的房间。

陶瓷锦砖地面构造做法是在基层上做10～20mm厚1∶3水泥砂浆找平层，然后浇素水泥浆一道，以增加其表面黏结力。陶瓷锦砖（马赛克）整张铺贴后，用滚筒压平，使水泥砂浆挤入缝隙，待水泥砂浆硬化后，用草酸洗去牛皮纸，然后用白水泥浆嵌缝，见图4-24。缸砖等较大块材的背面另刮素水泥浆，然后粘贴拍实，最后用水泥砂浆嵌缝。地砖地面施工时也可先对基层表面清扫、湿润，刷1～2mm厚掺20%107胶的水泥浆，然后水泥砂浆直接找平，最后用素水泥浆粘贴，见图4-25。

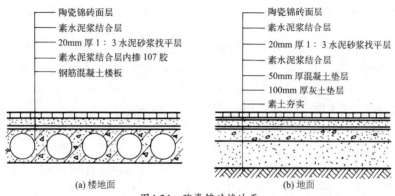

陶瓷锦砖面层
素水泥浆结合层
20mm 厚 1∶3 水泥砂浆找平层
素水泥浆结合层内掺 107 胶
钢筋混凝土楼板

陶瓷锦砖面层
素水泥浆结合层
20mm 厚 1∶3 水泥砂浆找平层
素水泥浆结合层
50mm 厚混凝土垫层
100mm 厚灰土垫层
素土夯实

(a) 楼地面 (b) 地面

图4-24 陶瓷锦砖楼地面

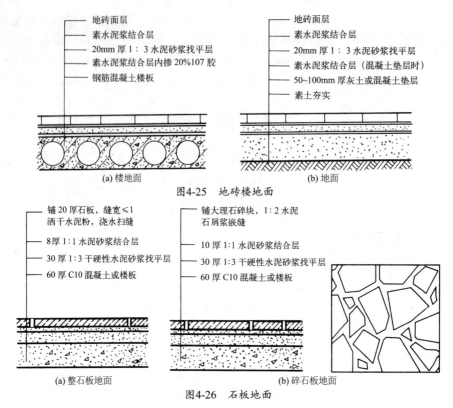

图4-25　地砖楼地面

图4-26　石板地面

2）石材地面

石材地面包括天然大理石、花岗岩板、人造石板地面等。

天然大理石、花岗岩石都是高级建筑装饰材料，一般厚20～30mm；每块大小一般为600mm×600mm和800mm×800mm。它们价格昂贵，用来装饰地面，庄重大方，高贵豪华。大理石一般都含有杂质，容易风化和溶蚀，而使表面失去光泽，所以一般均用于室内装饰。天然花岗岩质地坚硬密实，不易风化变质，因此多用于勒脚、地面和外墙饰面。

此类块材做法是在基层上洒水润湿，随即用20～30mm厚1:3干硬性水泥砂浆作结合层铺贴石材，最后用一层水泥浆粘贴，并用橡胶锤锤击，以保证黏结牢固，板缝应不大于1mm，撒干水泥粉，淋水扫缝，见图4-26（a）。也可以利用天然石碎块，无规则地拼缝成天然石地面，见图4-26（b）。

3．木地面

木地面是指由木板铺钉或胶合而成的地面。它具有质量轻、弹性好、保温性好、易清洁、脚感舒适等优点。但它易随温度、湿度的变化而引起裂缝和翘曲变形，易燃、易腐朽。因此，在无防水要求的房间采用较多，也是目前广泛采用的地面。

木地板有空铺式、实铺式、粘贴式和悬浮铺设等几种类型。

1）空铺式地板

主要用于舞台或需要架空的地面。做法是先砌设计高度、设计间距的垄墙，在垄墙上铺设一定间隔的木搁栅，将地板条钉在搁栅上，木搁栅与墙间留30mm的缝隙，木搁栅间加钉剪刀撑或横撑，在墙体适当位置设通风口解决通风问题（图4-27）。

2）实铺式地板

实铺式地板是直接在实体上铺设的地面。木搁栅在结构层上的固定方法有在结构层内预埋钢筋并用镀锌铁丝将木搁栅与钢筋绑牢，或预埋U形铁件嵌固木搁栅，也可用水泥钉直接将木搁栅钉在结构层上。木搁栅一般为50mm×50mm，找平且上下刨光，中距依木、竹地板条长度等分，一般400~500mm。每块地板条从板侧面钉牢在木搁栅上。对于高标准的房间地面，采用双层铺钉，在面层与搁栅间加铺一层20mm厚斜向毛木板。为防止地板受潮腐烂，房屋底层通常做一毡二油防潮层或涂刷热沥青防潮层。在踢脚板处设通风口，保持地板下干燥，见图4-28（a），（b）。

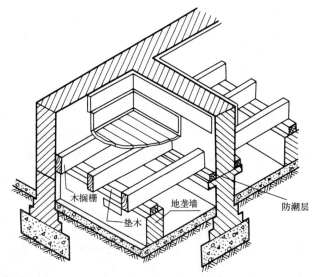

图4-27 架空式木楼地面

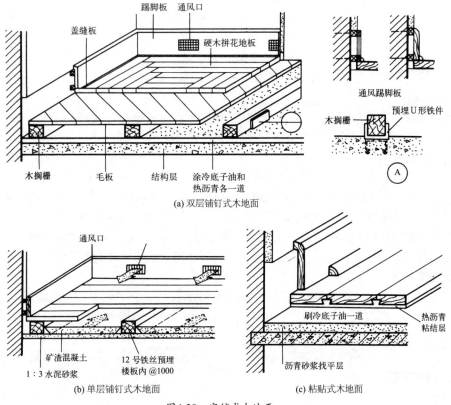

(a) 双层铺钉式木地面

(b) 单层铺钉式木地面

(c) 粘贴式木地面

图4-28 实铺式木地面

3）粘贴式地板

在结构层上做15～20mm厚1：3水泥砂浆找平层，上刷冷底子油一道，然后做5mm厚沥青玛蹄脂（或其他胶粘剂），在其上直接粘贴木板条，见图4-28（c）。

4）悬浮铺设

复合强化木地板具有很高的耐磨性、良好的耐污染腐蚀、抗紫外线光、耐香烟灼烧等性能，同时有较大的规格尺寸且尺寸稳定性好，亦可用于低温辐射地板采暖系统，目前使用较广。

地板采用泡沫隔离缓冲层悬浮铺设方法，施工简单，效率高。铺装前需要铺设一层防潮垫作为垫层，例如聚乙烯薄膜等材料。被铺装的地面必须保持平直，在1m的距离上高差不应超过3mm。为保证地板在不同湿度条件下有足够的膨胀空间而不至于凸起，必须保证地板与墙面、立柱、家具等固定物体之间的距离不小于10mm，这些空隙可使用专用踢脚板或装饰压条加以掩盖。

4. 人造软质制品铺贴式楼地面

常见的有塑料地毡、橡胶地毡及地毯等。软质地面施工灵活、维修保养方便、脚感舒适、有弹性、可缓解固体传声、厚度小、自重轻、柔韧、耐磨、外表美观。

1）塑料地面

塑料地面是选用人造合成树脂（如聚氯乙烯等塑化剂）加入适量填充料、掺入颜料经热压而成，在底面衬布。聚氯乙烯地面品种多样，有卷材和块材、软质和半硬质、单层和多层、单色和复色之分。塑料地面的施工方法有两种：直接铺设可由不同色彩和形状塑料拼成各种图案，施工时在清理基层后根据房间大小设计图案排料编号，在基层上弹线定位后，由中间向四周铺贴；胶贴铺设则是按设计弹线在塑料底涂满胶粘剂1～2遍后进行铺贴。

2）橡胶地面

橡胶地面是在橡胶中掺入一些填充料制成。橡胶地面有良好的弹性，具有耐磨、保温和消声性能，行走舒适。橡胶地面适用于展览馆、疗养院等公共建筑中。它的施工方法与塑料地面基本相同。

5. 涂料类地面

涂料类地面是水泥砂浆或混凝土地面的表面处理形式，它对改善地面的使用起了重要作用。常见的涂料有氯－偏共聚乳液涂料、聚酯酸乙烯厚质涂料、聚乙烯醇缩甲醛胶水泥地面涂层、109彩色水泥涂层以及804彩色水泥地面涂层、聚乙烯醇缩丁醛涂料、H80环氧涂料、环氧树脂厚质地面涂层以及聚氨醇厚质地面涂层等。这些涂料施工方便，造价低，能提高地面的耐磨性和不透水性，故多适用于民用建筑中，但涂料地面涂层较薄，不适于人流较多的公共场所。

4.5.3 踢脚线构造

踢脚线也称踢脚板，是楼地面与墙面交接处的垂直部位。它可以保护室内墙脚，避免扫地或拖地时污染墙面。踢脚的高度一般为120~150mm，所用材料与楼地面材料基本相同，有水泥砂浆、水磨石、木材、石材等，见图4-29。

4.6 阳台和雨篷

4.6.1 阳台

阳台（balcony）是建筑物中各层与房间相连的室外平台，它是室内、外空间的联系部分，可起到休息、眺望、晾晒、储物、装饰立面等作用。

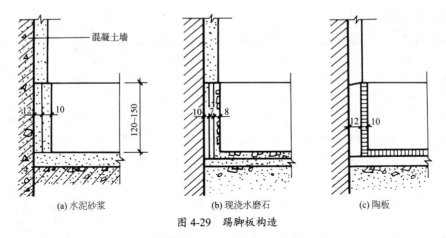

(a) 水泥砂浆 （b）现浇水磨石 (c) 陶板

图4-29 踢脚板构造

1．阳台的类型及设计要求

1）阳台的类型

阳台有生活阳台和服务阳台之分。生活阳台设在阳面或主立面，主要供人们休息、活动、晾晒衣物；服务阳台多与厨房相连，主要供人们从事家庭服务操作与存放杂务。阳台按其与外墙的相对位置分，有凸阳台、凹阳台和半凸半凹阳台（图4-30）。按阳台封闭与否可分为封闭阳台和非封闭阳台。寒冷地区居住建筑宜将阳台（特别是北向阳台）周边用窗包围起来，形成封闭阳台。

2）阳台的设计要求

阳台由承重结构（梁、板）和栏杆组成。作为建筑特殊的组成部分，阳台要满足以下的要求。

（1）安全、坚固。阳台出挑部分的承重结构均为悬臂结构，所以阳台挑出长度应满足结构抗倾覆的要求，以保证结构安全。阳台栏杆、扶手构造应坚固、耐久，高度不得低于1.05m。

（2）适用、美观。阳台出挑根据使用要求确定，不能大于结构允许出挑长度，一般为1～1.5m，阳台宽度一般同与之相连房间的开间一致。开敞阳台地面要低于室内地面，以免雨水倒流入室内，并做排水设施。封闭式阳台可不作此考虑。阳台造型应满足立面要求。

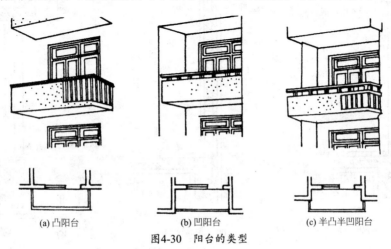

(a) 凸阳台 （b）凹阳台 (c) 半凸半凹阳台

图4-30 阳台的类型

2. 阳台承重结构的布置

（1）挑板式。由楼板挑出的阳台板构成，出挑不宜过多，施工较麻烦。这种方式阳台板底平整，造型简洁（图4-31（a））。

（2）压梁式。阳台板与墙梁浇在一起，靠墙梁和梁上外墙的自重平衡（外墙不承重时），或靠墙梁和梁上支撑楼板荷载平衡（图4-31（b））。

（3）挑梁式。从横墙上外挑梁，梁上搁置板而成。挑梁通常与板整浇在一起，平衡挑梁靠两侧置于梁上的横墙的重量（图4-31（c））。

3. 阳台的构造

1）栏杆和栏板

阳台栏杆扶手是在阳台外围设置的、承担人们倚扶的侧向推力、保障人身安全并对建筑物起装饰作用的围护构件。因此，栏杆要考虑安全，临空高度在24m以下时，栏杆高度不应低于1.05m，临空高度在24m及24m以上（包括中高层住宅）时，栏杆高度不应低于1.10m。

从外形上，栏杆形式有空花栏杆、实心栏板及二者组合而成的组合式栏杆，实体栏杆又称栏板。中高层、高层及寒冷、严寒地区住宅的阳台宜采用实体栏板。从材料上，栏杆有金属栏杆和钢筋混凝土栏杆。

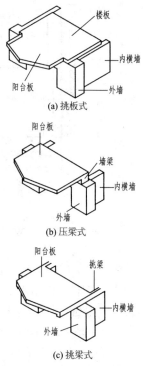

图4-31　阳台承重结构的布置

空花栏杆大多采用金属栏杆（图4-32（a））。金属栏杆一般采用圆钢、方钢、扁钢或钢管等。与金属扶手及阳台板（或面梁）的连接，可通过对应的预埋件焊接，或预留孔洞插接。扶手为非金属不便直接焊接时，可在扶手内设预埋件与栏杆焊接。

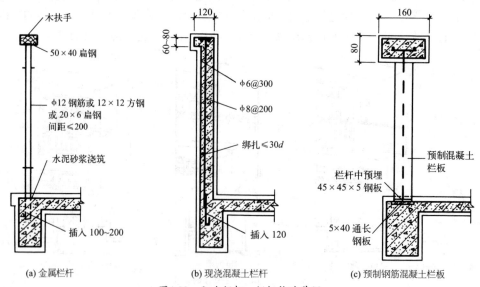

图4-32　阳台栏杆、栏板构造举例

钢筋混凝土栏板可与阳台板整浇在一起，也可采用预制的钢筋混凝土栏板与阳台板连接。现浇钢筋混凝土栏板经立模、扎筋后，与阳台板或面梁、挑梁一道整浇（图4-32（b））。

预制钢筋混凝土栏板端部的预留钢筋与阳台板的挡水板（高出阳台板60～100mm）现浇成一体，也可采用预埋件焊接或预留孔洞插接等方法（图4-32（c））。

2）阳台排水

对于非封闭阳台，为防止雨水从阳台进入室内，阳台地面标高应低于室内地面30mm以上，并向排水口处找0.5%～1%的排水坡，以利于雨水的迅速排除。阳台一侧栏杆下应设排水孔，孔内埋设φ40或φ50镀锌钢管或塑料管，管口排水水舌向外挑出至少80mm，以防排水时水溅到下层阳台，见图4-33（a）。对于高层或高标准建筑在阳台板的外墙与端侧栏板相接处内侧设排水立管和地漏将水直接排出，使建筑立面保持美观、洁净，见图4-33（b）。

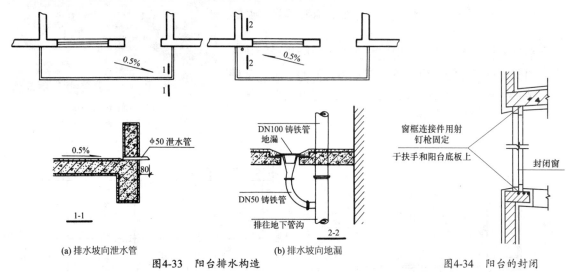

(a) 排水坡向泄水管　　　　　　　　　(b) 排水坡向地漏

图4-33　阳台排水构造

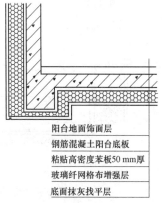

图4-34　阳台的封闭

3）阳台的保温

近年来，为改善阳台空间的热环境和提高其利用效率，阳台作为接触室外空气的楼板为满足建筑节能新标准的要求，北方严寒、寒冷地区居住建筑必须对阳台进行保温处理。保温处理主要有两个环节：一是对阳台进行封闭处理，即用玻璃窗将阳台包围起来。封闭阳台的窗应有一定数量的可开启窗扇。阳台栏板及封闭阳台窗构造具体如图4-34所示。二是对阳台的栏板及底板进行保温处理。采用保温的阳台栏板材料或对不保温的阳台栏板进行保温处理；底层阳台的钢筋混凝土底板及顶层阳台的钢筋混凝土顶板是形成热桥的主要部位之一，可以采取在阳台底、顶板上下分别做保温处理，即贴苯板的做法，构造做法参见图4-35。

| 阳台地面饰面层 |
| 钢筋混凝土阳台底板 |
| 粘贴高密度苯板50 mm厚 |
| 玻璃纤维网格布增强层 |
| 底面抹灰找平层 |

图4-35　阳台底板及栏板的保温

4.6.2　雨篷

雨篷（canopy）是建筑物入口处和顶层阳台上部用以遮挡风雨、保护外门免受雨水侵害和人们进出时不被滴水淋湿及空中落物砸伤的水平构件，它还有一定的装饰作用。雨篷按所用材料不同主要有玻璃雨篷（图4-36（a））和钢筋混凝土雨篷（图4-36（b））等。

常见的钢筋混凝土小型雨篷有板式和梁板式两种。板式雨篷多做成变截面，一般根部厚度不小于70mm，板的端部厚度不小于50mm，其悬挑长度一般为1～1.5m。为防止雨篷产生倾覆，常将雨篷与入口门洞口处过梁或圈梁浇在一起。雨篷的顶面应做好排水和防水处理，常沿排水方向做出1%排水坡；顶面采用防水砂浆抹面，并上翻至墙面不小于250mm高形成泛水，见图4-37（a）。雨篷挑出尺寸较大时，一般做成梁板式，为保证雨篷底部平整，常将雨篷的梁反到上部，呈反梁结构。对于反梁式结构雨篷，根据立面排水需要，沿雨篷外缘做挡水边槛，并在一端或两端设泄水管，见图4-37（b）。

钢构架金属和玻璃组合雨篷对建筑入口的烘托和建筑立面的美化有很好的作用，越来越受到人们的青睐，常见的有纯悬挑式、上拉压杆式、上下拉杆式三种类型。纯悬挑式钢构架玻璃雨篷如图4-38所示。

（a）玻璃雨篷

（b）钢筋混凝土雨篷

图4-36　常见雨篷

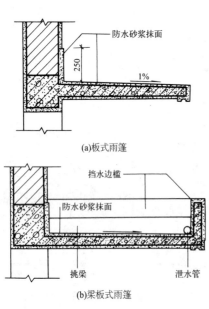

（a）板式雨篷

（b）梁板式雨篷

图4-37　钢筋混凝土小型雨篷构造

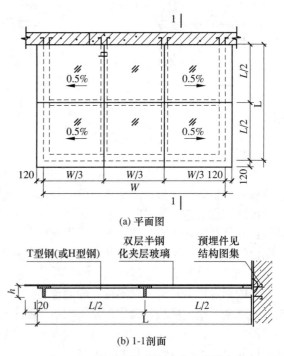

（a）平面图

（b）1-1剖面

图4-38　纯悬挑式钢构架玻璃雨篷构造

思考题

1. 楼板有哪些类型？各有何特点？

2. 楼板、首层地面由哪些基本层次组成？各层的作用是什么？

3. 楼板的设计要求有哪些？

4. 现浇钢筋混凝土楼板主要有哪几种类型？

5. 简述预制楼板的种类及特点。

6. 常见的楼地面装修有哪些？试绘出两种常见的地面构造图。

7. 试述常用块材地面的种类及优缺点。

8. 踢脚板有何作用？试绘出常见的踢脚板构造图。

9. 阳台有哪些类型？阳台板的结构布置形式有哪些？北方地区阳台应采取哪些保温措施？

10. 阳台栏杆有哪些形式？各有何特点？

11. 雨篷的构造要点有哪些？并绘制构造图。

练习题

参观已建或在建建筑物楼板、地面、阳台、雨篷各部分的做法。

实训案例题

某学生宿舍，层高3.0m，室内外高差450mm，要求沿外墙剖切，从基础以上至二层楼板以上，绘制外墙墙身节点详图。气候条件、结构类型自定。完成内容如下：

（1）绘制定位轴线及编号圆圈。

（2）绘制墙身、勒脚、内外装修等的材料符号并标注。

（3）绘制水平防潮层，注明材料和做法，并注明防潮层的标高。

（4）绘制散水和室外地面并标注材料、做法及尺寸。

（5）绘制室内首层地面构造、标注标高及构造做法。

（6）绘制内窗台、外窗台。

（7）绘制窗过梁、圈梁（框架梁），注明尺寸、下皮标高。

（8）绘制楼板、楼层地面、顶棚，并标注构造做法及楼面标高。

（9）尺寸标注。

单元 5

屋顶

5.1　屋顶的类型和设计要求

5.2　屋顶排水与防水

5.3　平屋顶的构造

5.4　坡屋顶的构造

5.5　顶棚构造

思考题

练习题

实训案例题

单元概述：屋顶是房屋的重要组成部分，也是建筑构造的重点单元之一。屋顶的主要功能是防水，这也是屋顶构造设计的核心。本单元内容主要包括：屋顶的类型和设计要求；屋顶排水设计；屋顶的防水构造层次、做法及细部构造；屋顶的保温与隔热措施；并引入《屋面工程技术规范》（GB 50345—2012）、《坡屋面工程技术规范》（GB 50693—2011）以及《平屋面建筑构造》（12J201）和《坡屋面建筑构造》（09J202—1）相关内容；顶棚的构造也作了适当的介绍。

学习目标：

1. 了解屋顶的类型、功能和设计要求。
2. 熟悉屋顶排水方式。
3. 掌握各类屋顶的构造层次做法和细部构造。
4. 熟悉屋顶的保温隔热的原理和构造方案。
5. 熟悉常见的顶棚装修构造。

学习重点：

1. 屋顶排水方式及其应用。
2. 各类屋顶的构造层次做法和细部构造。
3. 屋顶保温隔热构造。
4. 常见顶棚构造。

教学建议：建议采用多媒体课堂教学和现场观摩相结合的方法。当学生在具有一定理论知识的基础上，通过参观已建或在建工程的建筑物屋顶，了解平屋顶卷材防水、涂膜防水屋面的构造层次、材料、做法及细部处理，了解倒置屋面、种植屋面的构造，了解坡屋顶的构造及做法。对于悬吊式顶棚，实践教学环节更需加强，充分利用构造模型、实物、实训车间等条件进行现场教学，让学生更直观地了解各类型龙骨的断面及各种吊挂件的形状，熟悉各构件之间的连接方式等，以提高学生的感性能力。

学生要能自主学习，注意观察身边的建筑，多阅读屋顶部分的施工图，勤思考，将书本知识应用到实际工程中，以提高自身的专业素质。同时，在学习过程中，注意培养分析问题、解决问题的能力。

关键词：屋顶（roof）；保温（maintain the temperature of）；隔热（thermalisolation thermal insulation）；太阳能屋面（solar roofing）；悬吊式顶棚（dropped ceiling）

5.1 屋顶的类型和设计要求

5.1.1 屋顶的功能和设计要求

屋顶（roof）是房屋最上层起覆盖作用的外围护构件。其主要功能表现在两个方面：一是起承重作用，它承受作用于屋面上的所有荷载；二是起围护作用，抵御风、雨、雪、太阳辐射和气温变化等方面的影响。另外，屋顶是建筑立面的重要组成部分，应注重屋顶形式及其细部设计，以满足人们对建筑艺术的需求。

因此，屋顶必须具有足够的强度和刚度，满足排水、防水、保温（maintain the temperature of）、隔热（thermalisolation thermal insulation）、经济、美观等方面的要求，其中，排水、防水是屋顶的基本功能要求，也是屋顶构造设计的核心。

5.1.2 屋顶的坡度和类型

1. 屋顶坡度的表示方法

为了迅速排除屋面雨水，屋顶必须具有一定坡度。常用的坡度表示方法有角度法、斜率法和百分比法。斜率法以屋顶倾斜面的垂直投影长度与水平投影长度之比来表示，如 $1:5$；百分比法以屋顶倾斜面的垂直投影长度与水平投影长度之比的百分比值来表示，如 $i=2\%$；角度法以倾斜面与水平面所成夹角的大小来表示，如 $30°$。坡度较小时常用百分比法，坡度较大时常用斜率法，角度法应用较少。

图5-1　屋顶坡度

2. 影响屋顶坡度的因素

坡度的大小与屋面选用的材料、当地降雨量大小、屋顶结构形式、建筑造型等因素有关。屋顶坡度太小容易漏水，坡度太大则多用材料，浪费空间。所以要综合考虑各方面因素，合理确定屋面坡度。

（1）屋面防水材料与排水坡度的关系。单块防水材料尺寸较小，如瓦材，其接缝必然就较多，容易产生缝隙渗漏，因而屋面应有较大的排水坡度，以便将屋面积水迅速排除。如果屋面的防水材料覆盖面积大，如卷材，接缝少而且严密，屋面的排水坡度就可以小一些，如图5-1所示。

（2）降雨量大小与坡度的关系。降雨量大的地区，屋面渗漏的可能性较大，屋顶的排水坡度应适当加大；反之，屋顶排水坡度宜小一些。

（3）结构形式和建筑造型与坡度的关系。从结构方面考虑，要求坡度越小越好；由于造型的需要，有时屋面坡度会大些。

综上所述，可以得出如下规律：屋面防水材料尺寸越小，屋面排水坡度越大，反之则越小；降雨量大的地区屋面排水坡度较大，反之则较小；同时考虑结构和造型需要。

3. 屋顶的类型

由于房屋的使用功能、屋面材料、承重结构形式和建筑造型等不同，屋顶有多种类型，归纳起来大致可分为平屋顶、坡屋顶和曲面屋顶等，图5-2为常见屋顶的示例。

（1）平屋顶：屋面坡度小于5%的屋顶，常用坡度为2%～3%。平屋顶具有构造简单、节约材料、屋面便于利用等优点，同时也存在着造型单一的缺陷。目前，平屋顶仍是我国一般建筑工程中较常见的屋顶形式。

（2）坡屋顶：屋面坡度大于10%的屋顶。坡屋顶在我国有着悠久的历史，由于坡屋顶造型丰富多彩，并能就地取材，至今仍被广泛应用。坡屋顶可分为单坡、双坡和四坡、歇山等多种形式。

（3）曲面屋顶：由各种薄壳结构、悬索结构以及网架结构等作为屋顶承重结构的屋顶，如双曲拱屋顶、球形网壳屋顶等。这类结构的受力合理，能充分发挥材料的力学性能，但施工复杂、造价高，故常用于大跨度的大型公共建筑中。

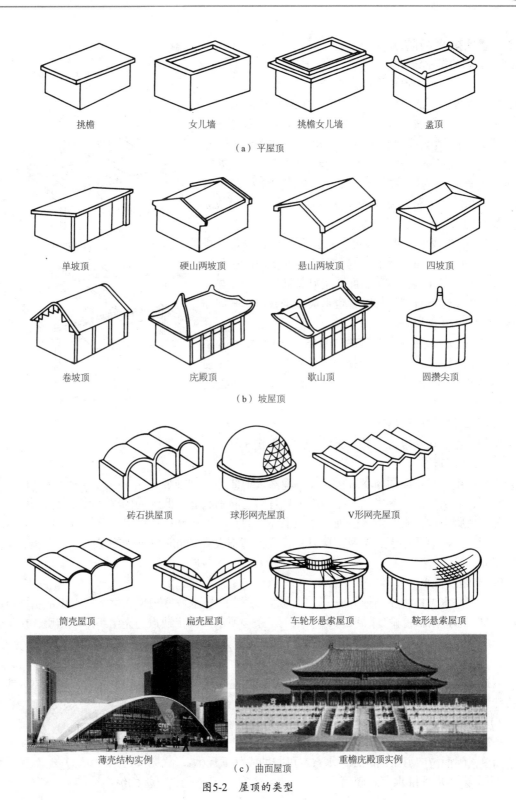

挑檐　　　女儿墙　　　挑檐女儿墙　　　盝顶

（a）平屋顶

单坡顶　　　硬山两坡顶　　　悬山两坡顶　　　四坡顶

卷坡顶　　　庑殿顶　　　歇山顶　　　圆攒尖顶

（b）坡屋顶

砖石拱屋顶　　　球形网壳屋顶　　　V形网壳屋顶

筒壳屋顶　　　扁壳屋顶　　　车轮形悬索屋顶　　　鞍形悬索屋顶

薄壳结构实例　　　重檐庑殿顶实例

（c）曲面屋顶

图5-2　屋顶的类型

5.2 屋顶排水与防水

5.2.1 屋顶的排水设计

5.2.1.1 屋顶坡度的形成方法

屋顶坡度的形成有材料找坡和结构找坡两种做法。

（1）材料找坡（构造找坡）：屋顶坡度由垫坡材料形成，一般用于坡向长度较小的屋面，如图5-3（a）所示。为了减轻屋面荷载，应选用轻质材料找坡，如炉渣等，当保温层为松散材料时，也可利用保温材料来找坡，找坡层的厚度最薄处不小于20mm。平屋顶材料找坡的坡度宜为2%。

（2）结构找坡（搁置坡度）：屋顶结构自身带有排水坡度，如图5-3（b）所示。例如在上表面倾斜的屋架或屋面梁上安放屋面板，屋顶表面即呈倾斜坡面；又如在顶面倾斜的山墙上搁置屋面板时，也形成结构找坡。平屋顶结构找坡的坡度宜为3%。

《屋面工程技术规范》（GB 50345—2012）中有关条文：混凝土结构层宜采用结构找坡，坡度不应小于3%；当采用材料找坡时，宜采用质量轻、吸水率低和有一定强度的材料，坡度宜为2%。

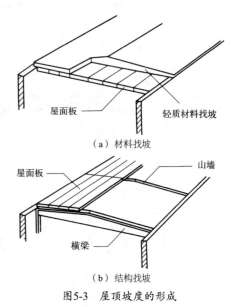

（a）材料找坡

（b）结构找坡

图5-3 屋顶坡度的形成

5.2.1.2 屋顶的排水方式

屋顶排水方式分为有组织排水和无组织排水两大类。

1. 无组织排水

无组织排水是指屋面雨水直接从檐口滴落至地面的一种排水方式，因为不用天沟、雨水管等导流雨水，故又称自由落水。无组织排水具有构造简单、造价低廉的优点，但也存在一些不足之处，如外墙脚常被飞溅的雨水侵蚀，降低了外墙的坚固耐久性；从檐口滴落的雨水可能影响人行道的交通等。一般适用于三层及三层以下，或檐高不大于10m的建筑物的屋面以及干燥、少雨地区的屋面。

2. 有组织排水

有组织排水是指将屋面划分成若干区域，按一定的排水坡度把屋面雨水有组织地引导至檐沟或雨水口，通过雨水管排到散水或明沟中，如图5-4所示。其优缺点与无组织排水相反，在建筑工程中应用广泛。有组织排水根据落水管的位置不同分为内排水和外排水两种形式。

1）内排水方案

内排水是指雨水管设在室内的一种排水方案，主要用于多跨建筑的中间跨、高层建筑或立面有特殊要求的建筑、严寒地区建筑，如图5-4（a）所示。

2）外排水方案

外排水是指雨水管设在室外的一种排水方案，其优点是雨水管不妨碍室内空间使用和美观，构造简单，因而被广泛采用。外排水方案可归纳成以下几种：

（1）挑檐沟外排水。屋面雨水汇集到悬挑在墙外的檐沟内，沟内纵向坡度不小于0.5%，再

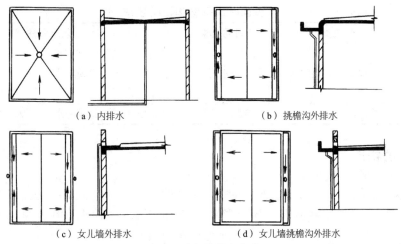

（a）内排水　　　　　　　　　（b）挑檐沟外排水

（c）女儿墙外排水　　　　　　（d）女儿墙挑檐沟外排水

图5-4　有组织排水方案

从雨水管排下，如图5-4（b）所示。

（2）女儿墙外排水。当建筑外形不希望出现挑檐时，通常将外墙升起封住屋面，高于屋面的这部分外墙称为女儿墙。此方案的特点是屋面雨水穿过女儿墙流至室外的雨水管，如图5-4（c）所示。

（3）女儿墙挑檐沟外排水。其特点是在檐口处既有女儿墙，又有挑檐沟，如图5-4（d）所示。

屋顶排水方式的选择应综合考虑结构形式、气候条件、使用特点，并应优先选择外排水。

5.2.2　屋面的防水

屋面防水功能主要是依靠选用合理的屋面防水覆盖材料和与之相适应的排水坡度，经过构造设计和精心施工而达到的。屋面防水构造设计应从两方面着手：一是按照屋面防水覆盖材料的不同要求，设置合理的排水坡度，使得降于屋面的雨水因势利导地迅速排离屋面，以达到防水的目的，这体现了"导"的概念；二是利用屋面防水覆盖材料在上下左右相互搭接，形成一个封闭的防水覆盖层，以达到防水的目的，这体现了"堵"的概念。

在屋面防水构造设计中，"导"和"堵"总是相辅相成和相互关联的。由于各种防水材料的特点和铺设的条件不同，处理方式也随之不同。例如，瓦屋面和波形瓦屋面，一块一块面积不大的瓦，只依靠相互搭接，不可能防水，只有采取了合理的排水坡度，才达到屋面防水的目的。这是以"导"为主、以"堵"为辅的处理方式。而平金属皮屋面、卷材屋面以及刚性屋面等，是以大面积的防水覆盖层来达到"堵"的要求，但是为了雨水的迅速排除，也需要一定的排水坡度。这是采取了以"堵"为主、以"导"为辅的处理方式。

《屋面工程技术规范》（GB 50345—2012）中强制性条文：屋面防水工程应根据建筑物的类别、重要程度、使用功能要求确定防水等级，并应按相应等级进行防水设防；对防水有特殊要求的建筑屋面，应进行专项防水设计。屋面防水等级和设防要求应符合表5-1的规定。

表5-1 屋面防水等级和设防要求

防水等级	建筑类别	设防要求	防水做法
Ⅰ级	重要建筑和高层建筑	两道防水设防	卷材防水层和卷材防水层、卷材防水层和涂膜防水层、复合防水层
Ⅱ级	一般建筑	一道防水设防	卷材防水层、涂膜防水层、复合防水层

5.3 平屋顶的构造

5.3.1 平屋顶的组成

平屋顶一般由面层（防水层）、保温隔热层、结构层和顶棚层四部分组成。此外，根据需要还可以有保护层、找平层、找坡层、隔汽层等。因各地气候条件不同，所以其组成也略有差异。比如，在我国南方地区，一般不设保温层，而北方地区则很少设隔热层。

（1）面层（防水层）。屋顶通过面层材料的防水性能达到防水的目的。平屋顶坡度较小、排水缓慢，要加强面层的防水构造处理。平屋顶一般选用防水性能好和单块面积较大的屋面防水材料，并采取有效的接缝处理措施来增强屋面的抗渗能力。目前，在工程中常用的有卷材、涂膜防水等。

（2）保温层或隔热层。为防止冬、夏季顶层房间过冷或过热，需在屋顶构造中设置保温层或隔热层。常用的保温材料大都是轻质多孔的粒状材料和块状制品，如膨胀珍珠岩、加气混凝土块、聚苯乙烯泡沫塑料板等。

（3）结构层。平屋顶主要采用钢筋混凝土结构。按施工方法不同，有现浇钢筋混凝土结构、预制装配式钢筋混凝土结构和装配整体式钢筋混凝土结构三种形式。

（4）顶棚层。顶棚层的作用及构造做法与楼板层顶棚基本相同，分直接抹灰式顶棚和悬吊式顶棚。

5.3.2 卷材、涂膜防水屋面

1. 相关概念

卷材、涂膜防水屋面是指屋面最上一层（保护层除外）防水为卷材防水层、涂膜防水层、卷材+涂膜的复合防水层的平屋面。

卷材防水层是指将柔性的防水卷材或片材用胶结材料粘贴在屋面上，形成一个大面积的封闭防水覆盖层。这种防水层具有一定的延伸性，能适应温度变化而引起的屋面变形。

涂膜防水层是指用可塑性和粘结力较强的防水涂料直接涂刷在屋面基层上，形成一层不透水的薄膜层，以达到防水目的。

复合防水层是指由彼此相容的卷材和涂料组合而成的防水层，其层次为涂膜在下、卷材在上。

2. 卷材、涂膜防水屋面的构造层次及做法

卷材、涂膜防水屋面构造层次自下而上为结构层、找平层、隔汽层、保温层、找坡层、找平层、防水层、保护层（其中，设不设隔汽层、找平层由工程设计确定），如图5-5所示。

1）结构层

通常为预制或现浇钢筋混凝土屋面板，要求具有足够的强度和刚度。

2）找坡层

当屋顶采用材料找坡时，应尽量选用轻质材料形成所需要的排水坡度，如陶粒、浮石、膨胀珍珠岩、加气混凝土碎块等轻集料混凝土，找坡层坡度应不小于2%，可利用现制保温层兼作找坡层。当屋顶采用结构找坡时，则不设找坡层。

3）隔汽层

在严寒及寒冷地区且室内空气湿度大于75%，其他地区室内空气湿度常年大于80%，或采用纤维状保温材料时，保温层下应选用气密性、水密性好的材料做隔汽层。温水游泳池、公共浴室、厨房操作间、开水房等的屋面应设置隔汽层。

图5-5 卷材、涂膜防水屋面的构造层次

隔汽层做法同防水层，隔汽层在屋面上应形成全封闭的构造层，沿周边女儿墙或立墙面向上连续铺设，高出保温层上表面不得小于150mm。局部隔汽层时，隔汽层应扩大至潮湿房间以外至少1.0m处。

隔汽层可采用防水卷材或涂料，并宜选择其蒸汽渗透阻较大者。隔汽层采用卷材时宜优先采用空铺法铺贴。

4）保温层

保温层宜选用轻质、吸水率低、导热系数小，并有一定强度的保温材料，《屋面工程技术规范》（GB 50345—2012）按材料把保温层分为三类，即板状材料保温层（如聚苯乙烯泡沫塑料、硬质聚氨酯泡沫塑料、膨胀珍珠岩制品、加气混凝土砌块、泡沫混凝土砌块等），纤维材料保温层（如玻璃棉制品、岩棉、矿渣棉制品）和整体材料保温层（如现浇泡沫混凝土、喷涂硬泡聚氨酯）。纤维材料做保温层时，应采取防止压缩的措施。

在混凝土结构屋面保温层干燥有困难时，应采取排汽措施。排汽道设置在保温层内，排汽道应纵横贯通，并与大气连通的排汽管相通，排汽管可设在檐口下或屋面排汽道的交叉处。排汽道纵横间距6m，屋面面积每36m²设一个排汽管。排汽管应固定牢靠，并做好防水处理，如图5-6所示。

5）找平层

卷材、涂膜的基层应坚实而平整，以避免防水层凹陷或断裂。找平层一般设在结构层或保温层上面，保温层上的找平层容易变形和开裂，故规范规定保温层上的找平层应留设分格缝，缝宽5～20mm，纵横缝的间距不大于6m。由于结构层上设置的找平层与结构同步变形，故找平层可以不设分格缝。找平层厚度和技术要求应符合表5-2的规定。

表5-2　　　　　　　　　　找平层厚度和技术要求

找平层分类	适用的基层	厚度/mm	技术要求
水泥砂浆	整体现浇混凝土板	15～20	1：2.5水泥砂浆
	整体材料保温层	20～25	
细石混凝土	装配式混凝土板	30～35	C20混凝土，宜加钢筋网片
	板状材料保温层		C20混凝土

注：① 如整体现浇混凝土板做到随浇随用原浆找平和压光，表面平整度符合要求时，可以不再做找平层；
　　② 表中数据摘自《屋面工程技术规范》（GB 50345—2012）。

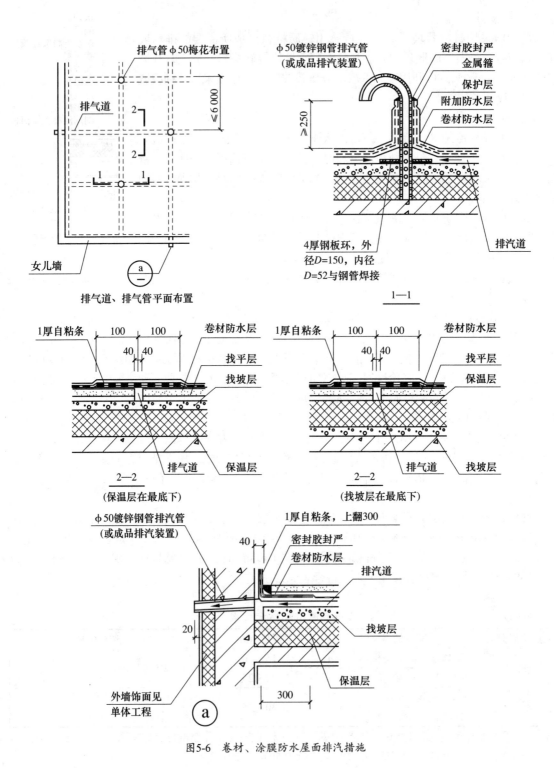

图5-6 卷材、涂膜防水屋面排汽措施

6）防水层

（1）防水材料的选择

根据当地历年最高气温、最低气温、屋面坡度和使用条件等因素选择耐热度、柔性相适应的卷材或涂膜。如在严寒和寒冷地区，应选择低温柔性好的卷材；在炎热和日照强烈的地区，应选择耐热性好的卷材或涂膜。

防水卷材是一种可卷曲的片状防水材料。根据其主要防水组成材料可分为高聚物改性沥青防水卷材和合成高分子防水卷材两大类。高聚物改性沥青防水卷材有弹性体改性沥青防水卷材（SBS卷材）、塑性体改性沥青防水卷材（APP卷材）和改性沥青聚乙烯胎防水卷材（PEE卷材）等。合成高分子防水卷材有橡胶系列（聚氨酯、三元乙丙橡胶、丁基橡胶等）、塑料系列（聚乙烯、聚氯乙烯等）、和橡胶塑料共混系列防水卷材三类。常见的有三元乙丙橡胶防水卷材、聚氯乙烯防水卷材、氯化聚乙烯-橡胶共混防水卷材等。

涂膜防水涂料有合成高分子类防水涂料、高聚物改性沥青防水涂料、聚合物水泥防水涂料

（2）防水层厚度

卷材、涂膜防水屋面的防水层除要满足《屋面工程技术规范》对屋面防水等级和设防要求外，还应满足《屋面工程技术规范》对防水层厚度的要求，见表5-3—表5-5的规定。

表5-3　　　　　　　　　　每道卷材防水层最小厚度　　　　　　　　　　单位：mm

防水等级	合成高分子防水卷材	高聚物改性沥青防水卷材	自黏聚合物改性沥青防水卷材	
			聚酯胎	无胎
Ⅰ级	1.2	3.0	2.0	1.5
Ⅱ级	1.5	4.0	3.0	2.0

注：表中数据摘自《屋面工程技术规范》（GB 50345—2012）。

表5-4　　　　　　　　　　每道涂膜防水层最小厚度　　　　　　　　　　单位：mm

防水等级	合成高分子防水涂料	聚合物水泥防水涂料	高聚物改性沥青防水涂料
Ⅰ级	1.5	1.5	2.0
Ⅱ级	2.0	2.0	3.0

注：表中数据摘自《屋面工程技术规范》（GB 50345—2012）。

表5-5　　　　　　　　　　复合防水层最小厚度　　　　　　　　　　单位：mm

防水等级	合成高分子防水卷材＋合成高分子防水涂料	自黏聚合物改性沥青防水卷材（无胎）＋合成高分子防水涂料	高聚物改性沥青防水卷材＋高聚物改性沥青防水涂料	聚乙烯丙纶卷材＋聚合物水泥防水胶结材料
Ⅰ级	1.2＋1.5	1.5＋1.5	3.0＋2.0	（0.7＋1.3）×2
Ⅱ级	1.0＋1.0	1.2＋1.0	3.0＋1.2	0.7＋1.3

注：表中数据摘自《屋面工程技术规范》（GB 50345—2012）。

檐沟、天沟与屋面交接处、屋面平面与立面交接处，以及水落口、伸出屋面管道根部等部位，应设置卷材或涂膜附加层；屋面找平层分格缝等部位，宜设置卷材空铺附加层，其空铺宽度

不宜小于100mm；附加层最小厚度应符合表5-6的规定。

表5-6 附加防水层最小厚度

防 水 材 料	附加防水层最小厚度/mm
合成高分子防水卷材	1.2
高聚物改性沥青防水卷材（聚酯胎）	3.0
合成高分子防水涂料、聚合物水泥防水涂料	1.5
改性沥青防水涂料	2.0

注：① 涂膜附加层应夹铺胎体增强材料；
　　② 表中数据摘自《屋面工程技术规范》（GB50345—2012）。

（3）防水卷材接缝

防水卷材接缝应采用搭接缝，卷材搭接宽度应符合表5-7的规定。

表5-7 卷材搭接宽度

卷材类别		搭接宽度/mm
合成高分子防水卷材	胶粘剂	80
	胶粘带	50
	单缝焊	60，有效焊接宽度不小于25
	双缝焊	80，有效焊接宽度10×2＋空腔宽
高聚物改性沥青防水卷材	胶粘剂	100
	自粘	80

（4）胎体增强材料

胎体增强材料宜采用聚醋无纺布或化纤无纺布；胎体增强材料长边搭接宽度不应小于50mm，短边搭接宽度不应小于70mm；上下层胎体增强材料的长边搭接缝应错开，且不得小于幅宽的1/3；上下层胎体增强材料不得相互垂直铺设。

7）保护层

设置保护层的目的是保护防水层。保护层的材料和做法，应根据屋面的利用情况而定。上人屋面保护层采用现浇细石混凝土或块体材料，如图5-7所示；不上人屋面保护层采用预制板、浅色涂料、铝箔或粒径10~30mm的卵石，如图5-8所示。

块体材料、水泥砂浆、细石混凝土保护层与卷材、涂膜防水层之间应采用塑料膜、土工布、卷材或低强度等级的砂浆作为隔离层。

块体材料、水泥砂浆、细石混凝土保护层与女儿墙或山墙之间，应预留宽度为30mm的缝隙，缝内宜填塞聚苯乙烯泡沫塑料，并应用密封材料封严。

采用块体材料做保护层时，宜设分格缝，其纵横间距不宜大于10m，分格缝宽20mm，并用密封材料封严；采用细石混凝土板做保护层时，应设分格缝，其纵横间距不应大于6m，分格缝宽20mm，并用密封材料封严；采用水泥砂浆做保护层时，表面应抹平压光，并应设表面分格缝，

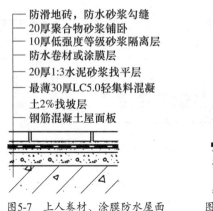

图5-7 上人卷材、涂膜防水屋面

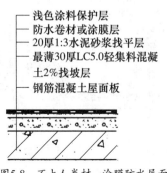

图5-8 不上人卷材、涂膜防水屋面

分格面积宜为1m²。

3. 卷材、涂膜防水屋面的细部构造

卷材、涂膜防水屋面发生渗漏的部位多在于房屋构造的交接处，如屋面与墙面的交接处、檐口、檐沟、变形缝、雨水口、屋面出入口等部位。

1）檐口挑檐构造

无组织排水挑檐口部位的防水层收头和滴水是檐口防水处理的关键，空铺、点粘、条粘的卷材在檐口端部800mm 范围内应采用满粘法，卷材防水层收头压入找平层的凹槽内，用金属压条钉压牢固并进行密封处理，钉距宜为500～800mm；涂膜防水层收头可以采用涂料多遍涂刷，防止防水层收头翘边或被风揭起；檐口下端应同时做鹰嘴和滴水槽，如图5-9所示。

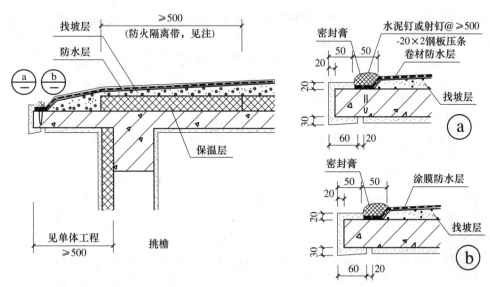

注：当屋面和外墙均采用B1，B2级保温材料时，应采用宽度不小于500的不燃材料设置防火隔离带将屋面和外墙分隔。

图5-9 卷材、涂膜防水屋面檐口挑檐

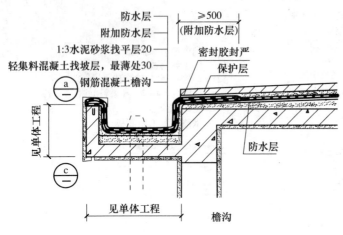

图5-10　卷材、涂膜防水屋面檐沟

2）檐沟和天沟

卷材或涂膜防水屋面檐沟和天沟的防水构造，如图5-10所示，应符合下列规定：檐沟和天沟的防水层下应增设附加层，附加层伸入屋面的宽度不应小于250mm；檐沟防水层和附加层应由沟底翻上至外侧顶部，卷材收头应用金属压条钉压，并应用密封材料封严，涂膜收头应用防水涂料多遍涂刷；檐沟外侧下端应做鹰嘴或滴水槽。

3）女儿墙泛水

屋面与墙面交接处的防水构造处理叫泛水，如女儿墙与屋面的交接处构造。其防水构造应符合下列规定：女儿墙压顶可采用混凝土，压顶向内排水坡度不应小于5%，压顶内侧下端应做滴水处理；女儿墙泛水处的防水层下应增设附加层，附加层在平面和立面的宽度均不应小于250mm；低女儿墙泛水处的防水层可直接铺贴或涂刷至压顶下，卷材收头应用金属压条钉压固定，并应用密封材料封严；涂膜收头应用防水涂料多遍涂刷，如图5-11所示。

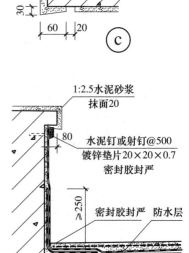

图5-11　女儿墙泛水构造

4）雨水口构造

雨水口是将屋面雨水排至雨水管的连接构件，应排水通畅，不易堵塞和渗漏。雨水口分直管式和弯管式两类，直管式适用于挑檐沟和女儿墙内排水天沟的水平雨水口；弯管式则适用于女儿墙外排水的垂直雨水口。雨水口可采用塑料或金属制品，为防止周边漏水，雨水口周围直径500mm范围内坡度不应小于5%，防水层下应增设涂膜附加层；防水层和附加层伸入雨水口杯内不应小于50mm，并应粘结牢固，如图5-12和图5-13所示。

5）屋面出入口构造

不上人屋面须设屋面垂直出入口。出入口四周的孔壁可用砖立砌，也可在现浇屋面板时将混凝土上翻制成。其高度一般为300mm，为防止雨水从盖板下倒灌入室内，壁外侧的防水层泛水高度不得小于250mm，泛水部位变形集中且难以设置保护层，故在防水层施工前应先做附加增强处

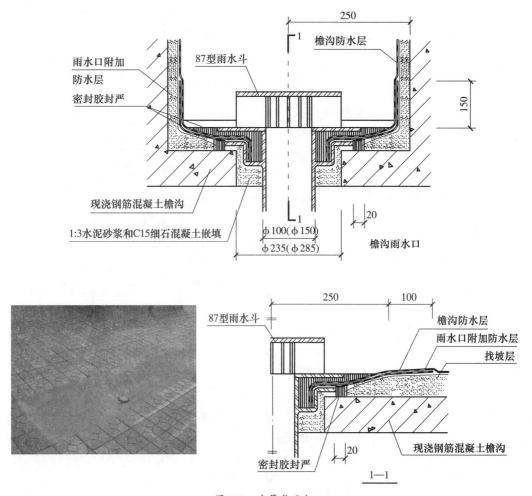

图5-12　直管式雨水口

理，附加层的厚度和尺寸应符合表5-6的规定。防水层的收头于压顶圈下，使收头的防水设防可靠，不会产生翘边、开口等缺陷，如图5-14所示。

出屋面楼梯间一般需设屋面水平出入口，如不能保证顶部楼梯间的室内地坪高出室外，就要在出入口设挡水的门槛。屋面水平出入口的设防重点是泛水和收头，泛水要求与垂直出入口基本相同。防水层应铺设至门洞踏步板下，收头处用密封材料封严，再用水泥砂浆保护，如图5-15所示。

6）变形缝

为避免因某些原因引起屋面开裂，在屋面适当部位应设置变形缝，并做好其防水构造。变形缝防水构造应符合下列规定：变形缝泛水处的防水层下应增设附加层，附加层在平面和立面的宽度不应小于250mm；防水层应铺贴或涂刷至泛水墙的顶部；变形缝内应预填不燃保温材料，上部应采用防水卷材封盖，并放置衬垫材料，再在其上干铺一层卷材；等高变形缝顶部宜加扣混凝土或金属盖板，如图5-16所示；高低跨变形缝在立墙泛水处，应采用有足够变形能力的材料和构造做密封处理。

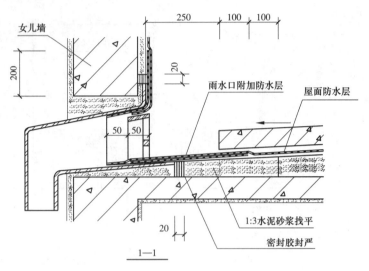

1—1

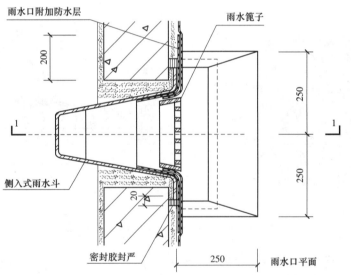

图5-13 弯管式雨水口

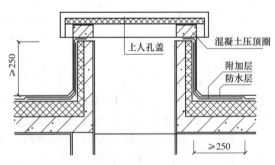

图5-14 垂直出入口

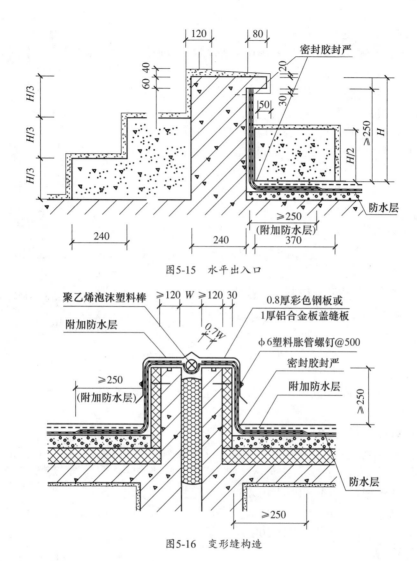

图5-15　水平出入口

图5-16　变形缝构造

5.3.3　倒置式屋面构造

1．概述

倒置式屋面是将保温层设置在防水层上的屋面，是保温隔热屋面的类型之一。严寒及多雪地区不宜采用。

倒置式屋面工程的防水等级应为I级，防水层合理使用年限不得少于20年，并应选用耐腐蚀、耐霉烂、适应基层变形能力的防水材料。

倒置式屋面保温隔热材料宜选用板状制品，其性能除应具有必要的密度、耐压缩性能和导热系数外，还必须具有良好的憎水性或高抗湿性，体积吸水率不应大于3%，设计厚度应按计算厚度增加25%取值，且最小厚度不得小于25mm，可供选用的板状制品主要有：挤塑型聚苯乙烯泡沫塑料板、硬泡聚氨酯板、硬泡聚氨酯防水保温复合板、泡沫玻璃等，板材厚度应按工程的热工要求通过计算确定。不得使用松散保温材料。保温层使用年限不宜低于防水层使用年限。

2．倒置式屋面的构造层次及做法

倒置式屋面的基本构造层次自下而上为结构层、找坡层、找平层、防水层、保温隔热层和保护层，如图5-17和图5-18所示。

倒置式屋面应优先选择结构找坡，坡度为3%。如采用材料找坡，厚度不得小于30mm，找坡层上应设找平层。

如保温板直接铺设在防水层上，保温板与防水材料及黏结剂应相容匹配，否则应在防水层和保温层之间设隔离层。保温层内应设排水通道和泄水孔。

当采用板状材料、卵石做保护层时，在保温层与保护层之间应设隔离层（干铺塑料膜、土工布、卷材或低强度等级的砂浆）。

上人倒置式屋面保护层的材料和做法一般为：现浇细石混凝土保护层应设分格缝，分割面积不宜大于36m²，并在分格缝内嵌填弹性密封胶。细石混凝土保护层与山墙、凸出屋面墙体、女儿墙之间应预留宽度为30mm的缝隙，并用密封胶封严；座浆铺设或干铺水泥砖、地砖、仿石砖、细石混凝土预制板做保护层时，块材分割面积不宜大于100m²，分格缝宽度不宜小于20mm，并用密封胶封严；人造草皮保护层的做法是在40厚现浇细石混凝土上做人造草皮层，现浇层应设缝。

上人倒置式屋面保护层的材料和做法一般为：铺压50mm厚、直径为10~30mm的卵石；做20mm厚水泥砂浆，表面设分格缝，分格面积为1m²。

3．倒置式屋面的细部构造

倒置式屋面檐沟构造基本同卷材、涂膜防水屋面檐沟，在保温层端部应设预制或现浇混凝土堵头，堵头高度H应根据保温层及保护层高度确定，堵头内预埋φ100半圆PVC管@250，或留泄水孔@150，防止保温层积水，如图5-19所示。倒置式屋面女儿墙泛水构造基本同卷材、涂膜防水屋面女儿墙泛水，如图5-20所示。

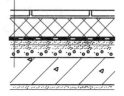

图5-17　有保温上人屋面

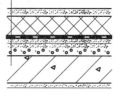

图5-18　有保温不上人屋面

5.3.4 架空屋面构造

架空屋面是在屋顶中设置通风间层，其上层表面可遮挡阳光，利用风压和热压作用把间层中的热空气不断带走，以减少传到室内的热量，从而达到隔热降温的目的。架空屋面宜在通风条件较好的建筑物上使用，适用于夏季炎热和较炎热的地区。

架空屋面的基本构造做法是在卷材、涂膜防水屋面或倒置式屋面上做支墩（或支架）和架空板。

在屋面保护层上做架空隔热层，如图5-21所示。设计时应满足：架空层应有适当的净高，一般以180～300mm为宜；架空板与女儿墙之间应留出不小于架空层空间高度的空隙，一般不小于250mm。综合考虑女儿墙处的屋面排水构件的安装与维修及靠近女儿墙的屋面排水反坡与清扫，建议架空板与女儿墙之间的距离加大至450~550mm；隔热板的支点可做成砖垄墙或砖墩，间距视隔热板的尺寸而定；当屋面深度方向宽度大于10m时，在架空隔热层的中部应设通风屋脊（即通风桥），如图5-22和图5-23所示，以加强效果。这种屋面不仅能达到通风降温、

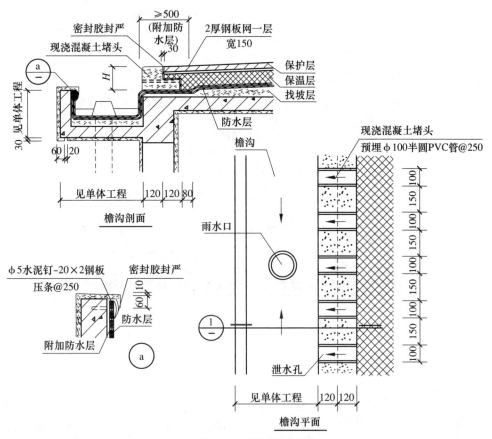

图5-19　倒置式屋面檐沟

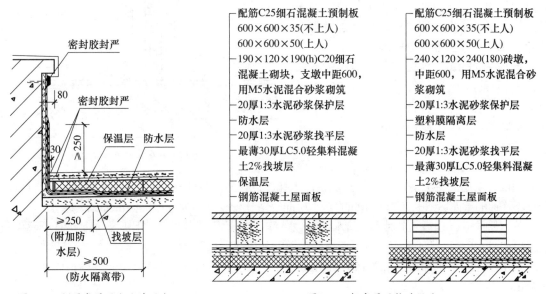

图5-20　倒置式屋面女儿墙泛水

图5-21　架空屋面构造做法

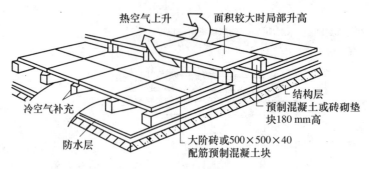

图5-22 架空屋面立体示意图

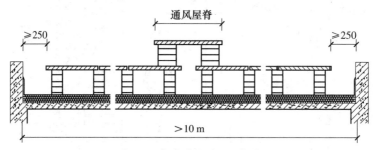

图5-23 架空屋面剖面示意图

隔热防晒的目的，还可以保护屋面防水层。

5.3.5 蓄水屋面

蓄水屋面是在平屋顶上蓄积一定深度的水，利用水吸收大量太阳辐射热，将热量散发，以减少屋顶吸收的热量，从而达到降温隔热的目的。蓄水屋面适用于炎热地区的一般民用建筑，不宜在寒冷地区、地震设防地区和震动较大的建筑物上采用。

蓄水屋面的蓄水池应采用强度等级不低于C25的钢筋混凝土，蓄水池内采用20mm厚渗透结晶型防水砂浆抹面。蓄水屋面蓄水池的池底排水坡度不宜大于0.5%。

蓄水屋面应根据建筑物平面布局划分为若干蓄水区，每区的边长不宜大于10m。分

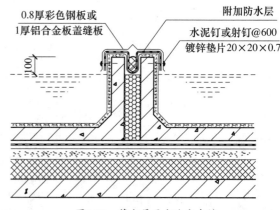

图5-24 蓄水屋面水池分仓缝

区的隔墙可采用混凝土浇筑或砌体砌筑，过水孔应设在分区墙的底部。在变形缝的两侧应分成两个互不连通的蓄水区。长度超过40m的蓄水屋面应做分仓设计，分仓缝的做法如图5-24所示。

蓄水屋面应合理设置排水管、给水管，排水管应与水落管或其他排水出口连通。同时还应设置溢水口和泄水口，以保证多雨季节不超过蓄水深度和检修屋面时能将蓄水排除，如图5-25所示。

蓄水屋面的蓄水深度一般为150~200mm，且不应小于150mm；溢水口距分仓墙顶面不应小于100mm。

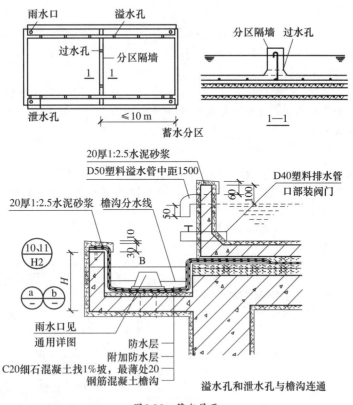

图5-25　蓄水屋面

5.3.6　种植屋面

1．概述

种植屋面是在屋面防水层上铺以种植土，并种植植物，利用植物的蒸腾和光合作用，吸收太阳辐射热，从而达到降温隔热、降低能耗及保护环境作用的屋面。

倒置式做法不能做屋面种植，因为所有保温材料都是吸水的，尽管硬泡聚氨酯和挤出聚苯板吸水很少，但长年浸水吸水增加，降低保温性能。

2．种植屋面的构造层次及做法

种植屋面的基本构造包括植被层、种植土、过滤层、排（蓄）水层、保护层、耐根穿刺防水层、防水层、找平层、找坡层、保温层和结构层，如图5-26所示。

过滤层是防止种植土流失，又便于水渗透的构造层，常采用单位面积质量为200~400g/m²的土工布（聚酯纤维过滤毡），过滤层应沿种植土周边向上铺设，并与种植土高度一致。土工布的搭接宽度不应小于150mm，接缝应密实；过滤层排（蓄）水层分三种做法，即凹凸型排（蓄）水板、网状交织排（蓄）水层和陶粒（粒径不小

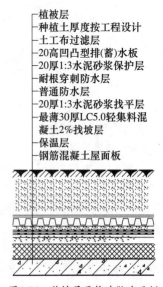

图5-26　种植屋面构造做法示例

植被层
种植土厚度按工程设计
土工布过滤层
20高凹凸型排（蓄）水板
20厚1:3水泥砂浆保护层
耐根穿刺防水层
普通防水层
20厚1:3水泥砂浆找平层
最薄30厚LC5.0轻集料混凝土2%找坡层
保温层
钢筋混凝土屋面板

于25mm）排（蓄）水层。

种植屋面的防水很关键，一旦渗漏，返修造成损失大，必须拔树、毁草、翻土、修补后再铺土、植草、种树。种植屋面应做两道防水，其中必须有一道耐根穿刺防水层，普通防水层在下，耐根穿刺防水层在上。防水层做法应满足I级防水设防要求。

另外，种植土的厚度一般不宜小于100mm；保温层应采用憎水性的轻质保温板（如聚苯乙烯泡沫塑料板、挤塑型聚苯乙烯泡沫塑料板和硬泡聚氨酯板等），不应采用松散材料；防水层的泛水应高出种植土150mm。

3．种植屋面的细部构造

种植屋面的女儿墙，周边泛水和屋面檐口部位，均设置直径为20~50mm的卵石隔离带，宽度为300~500mm。种植土与卵石隔离带之间宜用钢板网滤水、塑料过滤板等保土滤水措施。种植屋面檐沟构造如图5-27所示。屋顶四周需设栏杆或女儿墙作为安全防护措施，保证上屋顶人员的安全。

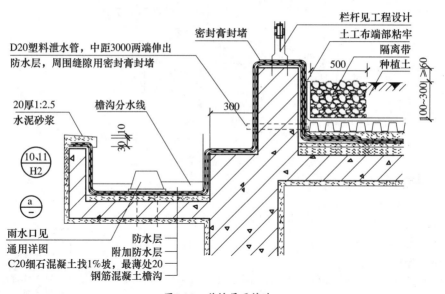

图5-27 种植屋面檐沟

5.4 坡屋顶的构造

5.4.1 坡屋顶的组成

坡屋顶由承重结构、屋面、顶棚等部分组成，根据使用要求不同，有时还需增设保温层或隔热层等。

（1）承重结构。主要承受作用在屋面上的各种荷载，并把它们传到墙或柱上。坡屋顶的承重结构一般由椽条、檩条、屋架或大梁等组成。

（2）屋面。屋顶的上覆盖层，直接承受风、雨、雪和太阳辐射等大自然的作用。它包括屋面覆盖材料和基层材料，如挂瓦条、屋面板等。瓦材分为块瓦（平瓦、小青瓦、筒瓦）、沥青瓦和波形瓦等，如图5-28所示。根据屋面覆盖材料不同分为块瓦屋面、沥青瓦屋面、波形瓦屋面和防水卷材坡屋面等。

（3）顶棚。屋顶下面的遮盖部分，可使室内上部平整，起装饰作用。

（4）保温层或隔热层。可设在屋面层或顶棚处。

5.4.2 坡屋顶的承重结构

1. 承重结构类型

坡屋顶中常用的承重结构有横墙承重、屋架承重和梁架承重。

横墙承重又称山墙承重或硬山搁檩，是指按屋顶所要求的坡度，将横墙上部砌成三角形，在墙上直接搁置檩条来承受屋面重量的一种结构方式。横墙承重构造简单、施工方便，有利于屋顶的防火和隔音，适用于开间为4.5m以内、尺寸较小的房间，如住宅、宿舍、旅馆等，如图5-29所示。

块瓦

波形瓦　　　　　沥青瓦

图5-28　各种瓦材

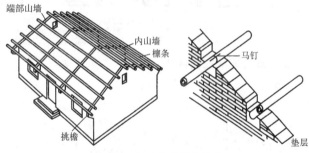

图5-29　横墙支承檩条屋面

屋架承重是指由一组杆件在同一平面内互相结合成整体屋架，屋架支承于墙或柱上，在其上搁置檩条来承受屋面重量的一种结构方式。这种承重方式可以形成较大的内部空间，多用于要求有较大空间的建筑，如食堂、教学楼等，如图5-30所示。

梁架承重是我国传统的木结构形式，由柱和梁组成排架，檩条置于梁间，并利用檩条及连系梁（枋），使整个房屋形成一个整体的骨架，墙只起围护和分隔作用，如图5-31所示。

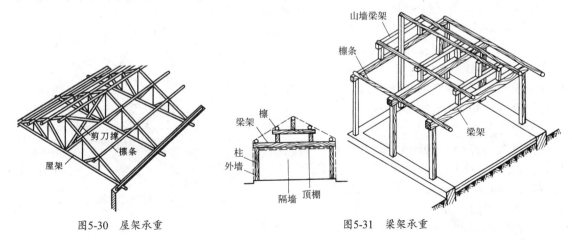

图5-30　屋架承重　　　　　　　　　图5-31　梁架承重

2. 承重结构构件

坡屋顶的承重结构构件主要有屋架和檩条两种。

（1）屋架。屋架常为三角形，由上弦、下弦及腹杆组成，所用材料有木材、钢材及钢筋混凝土等。木屋架一般用于跨度不超过12m的建筑，钢木组合屋架一般用于跨度不超过18m的建筑，钢筋混凝土屋架跨度可达24m，钢屋架跨度可达36m以上。

（2）檩条。檩条所用材料可为木材、钢材及钢筋混凝土，檩条材料的选用一般与屋架所用材料相同，使两者的耐久性接近。檩条的断面形式如图5-32所示。木檩条有矩形和圆形（即原木）两种，钢筋混凝土檩条有矩形、L形和T形等，钢檩条有型钢或轻型钢檩条。当采用木檩条时，一般跨度在4m以内；钢筋混凝土檩条可达6m。

（a）钢筋混凝土檩条　　　　　　　　　　　（b）木檩条

图5-32　檩条断面形式

5.4.3　坡屋顶的屋面做法

5.4.3.1　传统的坡屋顶构造

根据坡屋顶面层防水材料的不同，传统的坡屋顶可分为平瓦屋面、小青瓦屋面等。其中，平瓦应用广泛。其细部构造层次分别由屋面板、防水卷材、顺水条、挂瓦条、椽条、平瓦等组成。这里只介绍传统平瓦屋面的构造。

传统的平瓦屋面根据基层的不同有冷摊瓦屋面和屋面板平瓦屋面。

（1）冷摊瓦屋面。平瓦屋面中最简单的构造做法，即在檩条上钉固椽条，然后在椽条上钉挂瓦条并直接挂瓦，如图5-33所示。这种做法的缺点是雨、雪易从瓦缝中飘入室内，保温效果差，通常用于南方地区质量要求不高的建筑。木椽条断面尺寸一般为40mm×60mm或50mm×50mm，其间距为400mm左右。挂瓦条断面尺寸一般为30mm×30mm，中距330mm。

（2）屋面板平瓦屋面。也叫木望板瓦屋面，是先在檩条上铺钉15～20mm厚的木望板（亦称屋面板），在望板上干铺一层油毡，在油毡上顺着屋面水流方向钉10mm×30mm、中距500mm的顺水条，然后在顺水条上面平行于屋脊方向钉挂瓦条并挂瓦，挂瓦条的断面和间距与冷摊瓦屋面相同，如图5-34所

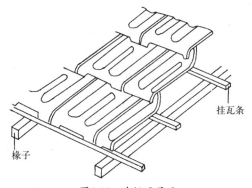

图5-33　冷摊瓦屋面

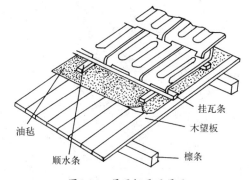

图5-34　屋面板平瓦屋面

示。这种做法比冷摊瓦屋面的防水、保温隔热效果要好，但耗用木材多、造价高。

5.4.3.2 钢筋混凝土坡屋顶

由于建筑技术的进步，传统的坡屋顶已很少在城市建筑中采用，但因其特有的造型特征，坡屋顶仍应用广泛。

1. 钢筋混凝土挂瓦板平瓦屋面

钢筋混凝土挂瓦板是将檩条、望板以及挂瓦条等作用结合为一体的钢筋混凝土预制构件，有预应力或非预应力构件之分，板肋根部预留泄水孔，以便排除由瓦面渗漏下的雨水。挂瓦板的断面形式有双T形、单T形、F形，板肋中距为330mm，挂瓦板直接搁置在横墙上或屋架上，板上直接挂瓦，板缝采用1∶3水泥砂浆嵌填，如图5-35所示。

2. 钢筋混凝土板瓦屋面

由于保温、防火或造型等的需要，可将钢筋混凝土板作为瓦屋面的基层，在其上盖瓦。瓦材的固定应根据不同瓦材的特点采用挂、绑、钉、粘等不同方法固定，如图5-36所示。

下面介绍块瓦屋面的构造。

1）块瓦屋面构造

块瓦屋面构造层次一般包括块瓦、挂瓦条、顺水条、防水垫层、持钉层、保温隔热层、屋面板，其顺序可有所变动。防水垫层是指屋面中通常铺设在瓦材下面的防水材料；顺水条和挂瓦条可是木质或金属材质，木质顺水条和挂瓦条应做防腐防蛀处理，金属材质顺水条、挂瓦条应做防

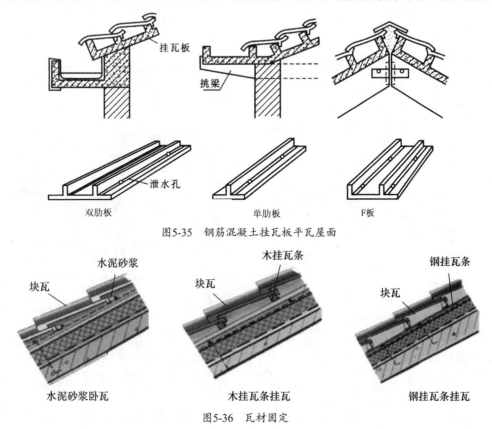

图5-35 钢筋混凝土挂瓦板平瓦屋面

图5-36 瓦材固定

锈处理，顺水条断面尺寸宜为40mm×20mm，挂瓦条断面尺寸宜为30mm×30mm，挂瓦条固定在顺水条上，顺水条钉牢在持钉层上；持钉层是指屋面中能够握裹固定钉的构造层次，如细石棍凝土层和屋面板等，如图5-37所示。

保温隔热层上铺设细石混凝土保护层做持钉层时，防水垫层应铺设在持钉层上，如图5-38（a）所示；保温隔热层镶嵌在顺水条之间时，应在保温隔热层上铺设防水垫层，如图5-38（b）所示；屋面为内保温隔热构造

图5-37 挂瓦条与顺水条

时，防水垫层应铺设在屋面板上，构造层依次为块瓦、挂瓦条、顺水条、防水垫层、屋面板，如图5-38（c）所示；采用具有挂瓦功能的保温隔热层时，在屋面板上做水泥砂浆找平层，防水垫层应在找平层上，保温板应固定在防水垫层上，构造层次为块瓦、有挂瓦功能的保温隔层、防水垫层、找平层（兼作持钉层）、屋面板，如图5-38（d）所示。

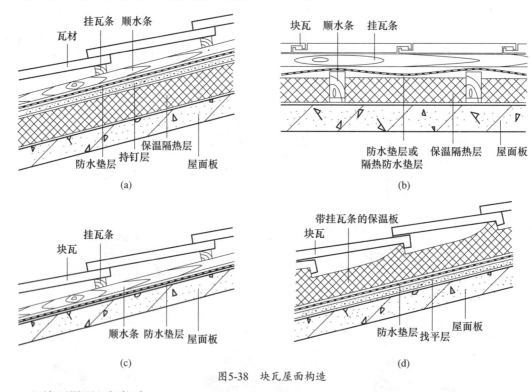

(a)

(b)

(c)

(d)

图5-38 块瓦屋面构造

2）块瓦屋面细部构造

（1）屋脊构造

屋脊部位应增设防水垫层附加层，宽度不应小于500mm，防水垫层应顺水流方向铺设和搭接，如图5-39所示。

（2）檐口部位构造

檐口部位应增设防水垫层附加层。严寒地区和大风区域，应采用自黏聚合物沥青防水垫层加

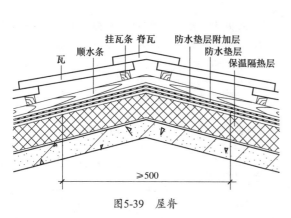

图5-39 屋脊

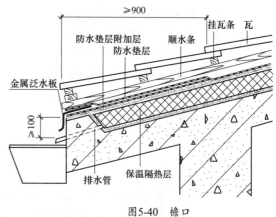

图5-40 檐口

强，下翻宽度不应小于100mm，屋面铺设宽度不应小于900mm。金属泛水板应铺设在防水垫层的附加层上，并伸入檐口内；在金属泛水板上应铺设防水垫层，如图5-40所示。

（3）檐沟部位构造

檐沟部位应增设防水垫层附加层，防水垫层的附加层应延展铺设到混凝土檐沟内，如图5-41所示。

（4）天沟部位构造

天沟部位应沿天沟中心线增设防水垫层附加层，宽度不应小于100mm，铺设防水垫层和瓦材应顺流水方向进行，如图5-42所示。

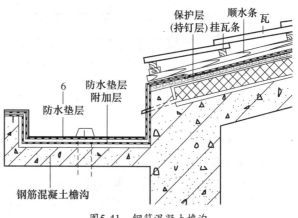

图5-41 钢筋混凝土檐沟

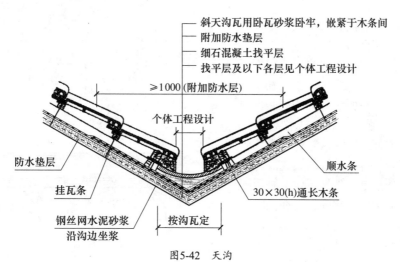

图5-42 天沟

113

（5）山墙部位构造

悬山檐口封边瓦宜采用卧浆做法，并用水泥砂浆勾缝处理；檐口封边瓦应用固定钉固定在木条或持钉层上，如图5-43所示。硬山檐口的阴角部位应增设防水垫层附加层；防水垫层应满粘铺设，沿立墙向上延伸不少于250mm；金属泛水板或耐候型泛水带覆盖在瓦上，用密封材料封边，泛水带与瓦搭接应大于150mm，如图5-44所示。

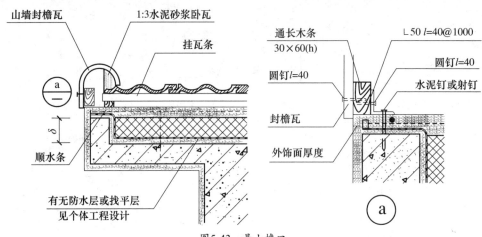

图5-43 悬山檐口

5.4.4 坡屋顶的保温与隔热

1. 坡屋顶保温构造

坡屋面保温隔热材料可采用硬质聚苯乙烯泡沫塑料保温板、硬质聚氨酯泡沫保温板、喷涂硬泡聚氨酯、岩棉、矿渣棉或玻璃棉等，不宜采用散状保温隔热材料。

坡屋顶的保温有两种方式，一是保温层布置在瓦材与屋面板之间，这种方式称为外保温，保温层可在防水垫层与屋面板之间，或镶嵌在顺水条之间，也可在防水垫层之上，如图5-38所示。另一种是保温层位于屋面板内侧，这种方式称为内保温，施工比较方便，同时保温材料受外界影响较小，但要注意防结露的问题。此种内保温的基本作法是，先把高效保温板同混凝土屋面板粘接固定牢固，再在保温板表面做硬质饰面层；在设有吊顶的坡屋顶中，可将保温层铺设在顶棚上面，可收到保温和隔热双重效果，如图5-45所示。

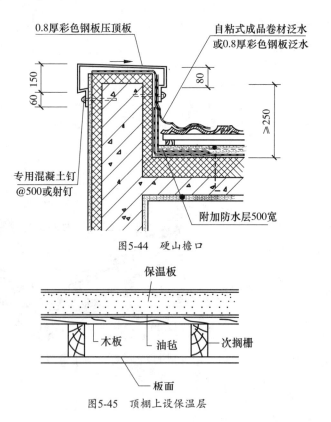

图5-44 硬山檐口

图5-45 顶棚上设保温层

2. 坡屋顶隔热构造

炎热地区在坡屋顶中设进气口和排气口，利用屋顶内外的热压差和迎风面的压力差，组织空气对流，形成屋顶内的自然通风，以减少由屋顶传入室内的辐射热，从而达到隔热降温的目的。进气口一般设在檐墙上、屋檐部位或室内顶棚上；出气口最好设在屋脊处，以增大高差，有利于加速空气流通。图5-46为几种通风屋顶的示意图。

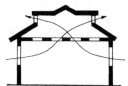

（a）在顶棚和天窗设通风孔　　　（b）在檐口和天窗设通风孔　　　（c）在外墙和天窗设通风孔

图5-46　坡屋顶通风示意

5.4.5　复合太阳能屋面板构造

在不对传统坡屋顶外部形态进行改造的前提下，从屋顶材料的运用上入手，以实现构筑绿色建筑的目标，即变传统的单层屋顶为双层屋顶。第一层是太阳能储热板，它所贮存的太阳能可用于室内的供冷、采暖、热水供应等，最大限度地利用太阳能这种无污染的绿色能源；第二层是敷设于屋顶的高密度泡沫板保温层，其能有效阻挡紫外线入侵，并在很大程度上减少了夏季室内的热量吸收及冬季的热量散失。复合太阳能屋面（solar roofing）板面层由涂黑不锈钢板和太阳能电池板组成，白天用于吸收太阳能，夜间则向天空辐射热量自然冷却。中间设置集热通气层，即集热钢板下面铺设骨架架空

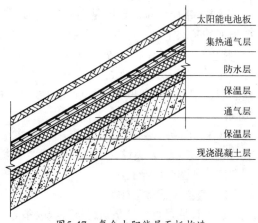

图5-47　复合太阳能屋面板构造

其下方使之形成多条通气道。集热通气层可以尽可能防止屋顶热量传入室内，同时在混凝土坡屋面上铺贴了岩棉隔热层，也可以有效防止屋顶热空气的热量传入。在坡屋顶上设置复合太阳能屋面板既能有效收集太阳能资源，又能增强屋面保温隔热性能，如图5-47所示。

5.5　顶棚构造

顶棚是建筑物楼屋盖下表面的装饰构件，俗称天花板。顶棚的构造设计与选择应从建筑功能、建筑声学、建筑照明、建筑热工、设备安装、管线敷设、维护检修、防火安全等多方面综合考虑。

5.5.1　顶棚的作用

（1）改善室内环境，满足使用功能要求。顶棚的处理不仅要考虑室内的装饰效果和艺术风格的要求，而且要考虑室内使用功能对建筑技术的要求。照明、通风、保温、隔热、吸声或反射声、音响、防火等技术性能，直接影响室内的环境与使用。

（2）增强室内装饰效果，给人以美的享受。顶棚从空间、光影、材质、造型、色彩等诸方面，渲染环境，烘托气氛。选用不同的处理手法，可以取得不同的空间感受。有的可以延伸和扩大空间感，对人的视觉起导向作用；有的可使人感到亲切、温暖、舒适，以满足人们生理和心理环境的需要。

5.5.2 顶棚装修的分类

（1）按施工方法不同，有抹灰刷浆类顶棚、裱糊类顶棚、贴面类顶棚、装配式板材顶棚等。

（2）按构造方式不同，有直接式顶棚、悬吊式顶棚（dropped ceiling）。

（3）按面层材料不同，有木质顶棚、石膏板顶棚、各种金属板顶棚、玻璃镜面顶棚等。

（4）按承载能力不同，有上人顶棚、不上人顶棚。

5.5.3 直接式顶棚的基本构造

直接式顶棚是在屋面板、楼板等底面直接进行喷浆、抹灰、粘贴壁纸、粘贴或钉接石膏板条与其他板材等饰面材料。有时把不使用吊杆直接在楼板底面铺设固定龙骨所做成的顶棚也归于此类。这一类顶棚构造的关键是如何保证饰面层与基层牢固可靠地粘贴或钉接。

1. 直接抹灰、喷刷、裱糊类顶棚

（1）基层处理。目的是为了保证饰面的平整和增加抹灰层与基层的黏结力。具体做法是先在顶棚的基层上刷一遍纯水泥浆，然后用混合砂浆打底找平。要求较高的房间，可在底板增设一层钢板网，在钢板网上再做抹灰，这种做法强度高、结合牢、不易开裂脱落。

（2）中间层。是保证质量的关键层，所起作用主要为找平与粘贴，还可弥补底层砂浆的干缩裂缝，根据基层平整度与饰面质量要求，可以一次抹成，也可以分多次抹成，用料一般与底层相同。

（3）面层。主要起装饰作用，要求表面平整、色彩均匀、无裂纹，可做成光滑、粗糙等不同质感，如图5-48所示。

2. 直接贴面类顶棚

这类顶棚是直接粘贴固定石膏板或条等。

（1）基层处理。要求和方法同直接抹灰、喷刷、裱糊类顶棚。

（2）中间层的要求和做法。粘贴固定石膏板或条时宜增加中间层，以保证必要的平整度。做法是在基层上做5~8mm厚1:0.5:2.5水泥石灰砂浆。

（3）面层的做法和构造。粘贴固定石膏板或条时，宜采用钉接相配合，做法是在结构和抹灰层上钻孔，安装前埋置锥形木楔或塑料胀管；在板或条上钻孔，粘贴板或条时，用木螺丝辅助固定。

3. 直接固定装饰板顶棚

这类顶棚与悬吊式顶棚的区别是不使用吊杆，直接在结构楼板底面铺设固定龙骨，其构造示意如图5-49所示。

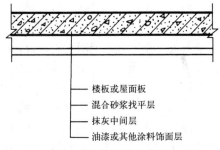

——楼板或屋面板
——混合砂浆找平层
——抹灰中间层
——油漆或其他涂料饰面层

（a）喷刷类顶棚构造层次示意

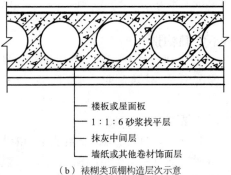

——楼板或屋面板
——1:1:6砂浆找平层
——抹灰中间层
——墙纸或其他卷材饰面层

（b）裱糊类顶棚构造层次示意

图5-48 直接抹灰、喷刷、裱糊类顶棚构造层次示意

（1）铺设固定龙骨。直接式装饰板顶棚多采用木方作龙骨，间距根据面板厚度和规格确定，木龙骨的断面尺寸宜为$b \times h = 40mm \times$（40～50）mm。为保证龙骨的平整度，应根据房间宽度，将龙骨层的厚度（龙骨到楼板的间距）控制在55～65mm以内。龙骨与楼板之间的间距可采用垫木填嵌。龙骨的固定方法一般采用胀管螺栓或射钉将连接件固定在楼板上。龙骨与楼板之间的间距较小，且顶棚较轻时，也可以采用冲击钻打孔，埋设锥形木楔的方法固定。

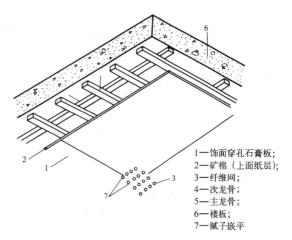

1—饰面穿孔石膏板；
2—矿棉（上面纸层）；
3—纤维网；
4—次龙骨；
5—主龙骨；
6—楼板；
7—腻子嵌平

图5-49 直接式装饰板顶棚构造示意

（2）铺钉装饰面板。胶合板、石膏板等板材均可以直接与木龙骨钉接。

（3）板面修饰。

5.5.4 悬吊式顶棚的基本构造

悬吊式顶棚又称吊顶，这种顶棚的装饰表面与屋面板、楼板等之间留有一定的距离，通过悬挂物与主体结构连接在一起。通常可利用顶棚与结构层之间的空间布置各种管线、灯具、空调等。悬吊式顶棚在空间高度上可灵活变化，形成一定的立体感。一般来说，悬吊式顶棚的装饰效果较好，形式变化丰富，适用于中、高档次的建筑顶棚装饰。

悬吊式顶棚一般由吊杆、龙骨（基层）、面层三大部分组成，如图5-50所示。

5.5.4.1 吊杆

吊杆是将吊顶部分与建筑结构连接起来的承重传力构件。其作用主要是承担吊顶的全部荷载并将其传递给建筑结构层；调整、确定悬吊式顶棚的空间高度，以适应不同场合、不同艺术处理上的需要。

吊杆可采用钢筋、型钢或木方等加工制作而成。钢筋用于一般顶棚；型钢用于重型顶棚或整

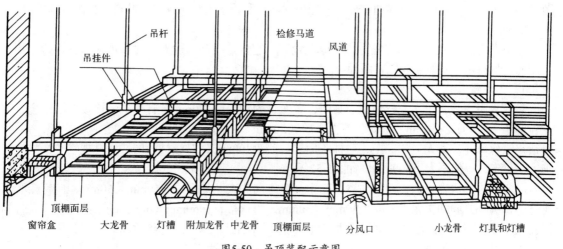

图5-50 吊顶装配示意图

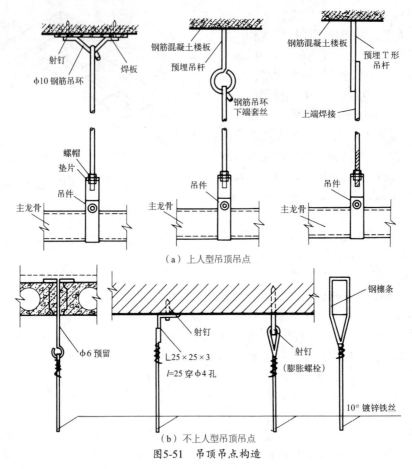

（a）上人型吊顶吊点

（b）不上人型吊顶吊点

图5-51　吊顶吊点构造

体刚度要求特别高的顶棚；木方一般用于木骨架顶棚，并采用金属连接件加固。

一般顶棚吊杆为$\phi 6 \sim \phi 8$钢筋，吊杆间距900～1 200mm。吊杆与结构层连接应牢固，其连接节点即为吊点，吊点固定方式通常分上人型吊顶吊点和不上人型吊顶吊点两类，如图5-51所示。

5.5.4.2　龙骨

顶棚龙骨包括主龙骨、次龙骨、横撑龙骨等。它们是吊顶的骨架，对吊顶起着支撑的作用。常用的龙骨有木龙骨及金属龙骨两大类。

1. 木龙骨

木龙骨由主龙骨、次龙骨组成。其中，主龙骨为50mm×70mm，钉接或者拴接在吊杆上，主龙骨间距一般为1.2～1.5m。次龙骨断面一般为50mm×50mm，吊挂钉牢在主龙骨的底部，并用8号镀锌铁丝绑扎。次龙骨的间距，对抹灰面层一般为400mm，对板材面层按板材规格及板材间缝隙大小确定，一般不大于600mm，如图5-52所示。

固定板材的次龙骨通常双向布置，其中一个方向的次龙骨断面为50mm×50mm，应钉接于主龙骨上；另一方向的次龙骨一般为30mm×50mm，可直接钉在50mm×50mm的次龙骨上。龙骨的拼接按凹槽对凹槽的方法咬口拼接，拼口处涂胶并用圆钉固定，如图5-53所示。

木龙骨架吊顶的吊杆，通常采用的有木吊杆、角钢吊杆和扁铁吊杆，如图5-54所示。

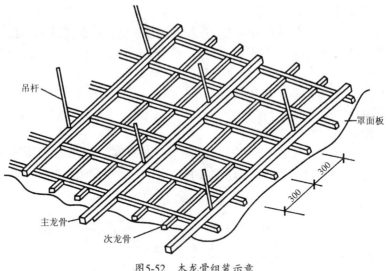

图5-52 木龙骨组装示意

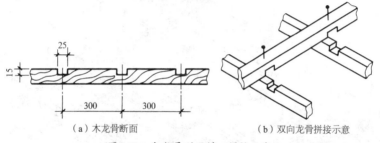

（a）木龙骨断面　　　　　　（b）双向龙骨拼接示意

图5-53 木龙骨利用槽口拼接示意

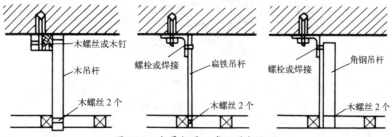

图5-54 木骨架吊顶常用吊杆类型

　　木龙骨的耐火性较差，但锯解加工较方便。这类基层多用于传统建筑的顶棚和造型特别复杂的顶棚，应用时须采取相应措施处理。

　　2. 金属龙骨

　　常见的金属龙骨有轻钢龙骨和铝合金龙骨两种。

　　1）轻钢龙骨

　　轻钢龙骨断面多为U形，故又称为U形龙骨系列。U形龙骨系列由大龙骨、中龙骨、小龙骨、横撑龙骨及各种连接件组成。大龙骨的高度分别为30～38mm，45～50mm，60～100mm。中龙骨断面也为U形，截面宽度为50mm或60mm。小龙骨断面亦为U形，截面宽度为25mm，如图

5-55所示。

主龙骨安装时，将主龙骨与吊杆通过垂直吊挂件连接，上人吊顶的悬挂，是用一个吊环将主龙骨箍住，并拧紧螺丝固定；不上人吊顶的悬挂，是用一个特别的挂件卡在主龙骨的槽中，如图5-56所示。

横撑龙骨由中、小龙骨截取，其方向与次龙骨垂直，底面与次龙骨平齐。横撑龙骨与次龙骨的连接，采用配套的接插件连接。

2）铝合金龙骨

是目前在各种吊顶中用得较多的一种吊顶龙骨，常用的有T形、U形、LT形以及采用嵌条式构造的各种特制龙骨。其中，应用最多的是LT形龙骨。LT形龙骨主要由大龙骨、中龙骨、小龙骨、

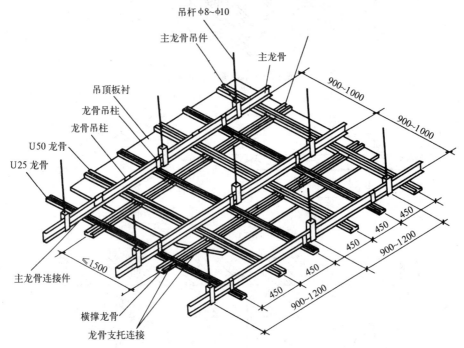

图5-55　U形系列轻钢龙骨吊顶装配示意

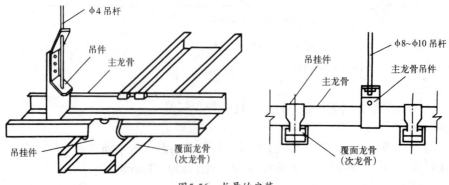

图5-56　龙骨的安装

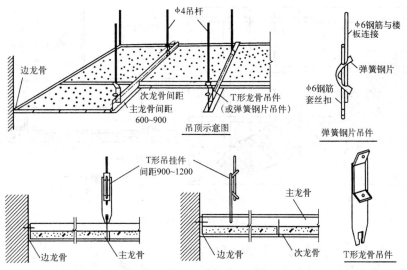

图5-57 L形、T形铝合金龙骨吊顶安装示意

边龙骨及各种连接件组成。中部中龙骨的截面为倒T形，边部中龙骨的截面为L形。中龙骨的断面高度为32mm和35mm。小龙骨的截面为倒T形，截面高度为22mm和23mm。此种骨架承载能力有限，不能上人，如图5-57所示。由U形轻钢龙骨做主龙骨与L形、T形铝合金龙骨组装的骨架，可提高承载能力。

5.5.4.3 面层

面层的作用是装饰室内空间，并有吸音、反射、保温、隔热等功能。顶棚面层一般分为抹灰类、板材类和格栅类。抹灰类饰面一般包括板条抹灰、钢丝网抹灰、钢板网抹灰。

板材类饰面由于施工简便、速度快且无现场湿作业等优点，现广泛采用。常用的板材有植物板材（各种木条板、胶合板、装饰吸音板、纤维板、木丝板、刨花板等）、矿物板材（石膏板、矿棉板、玻璃棉板和水泥板等）、金属板材（铝板、铝合金板、薄钢板、镀锌铁板等）、新型高分子聚合物板材（PVC板）。饰面板材与龙骨之间的连接，通常可采用钉、粘、搁、卡、挂等几种方式。

1. 钢板网抹灰饰面顶棚的装饰构造

钢板网抹灰顶棚的耐久性、防振性和耐火性均较好，但造价较高，一般用于中、高档建筑中。钢板网抹灰顶棚采用金属骨架，一般用槽钢作主龙骨，等边角钢作次龙骨，中距400mm，面层选用丝梗厚为1.2mm的钢板网，网后衬垫一层ϕ6钢筋、中距为200mm的网架，绑扎牢固后，再进行抹灰。构造层次如图5-58所示。

钢板网抹灰顶棚也可采用板条骨架下挂钢板网的做法。

2. 石膏板饰面顶棚的装饰构造

石膏板具有质量轻、强度高、阻燃防火、保温隔热等特点，其加工性能好，可锯、钉刨、粘贴，施工方便。

纸面石膏板可直接搁置在倒T形龙骨上，也可用埋头或圆头螺丝拧在龙骨上，大型纸面石膏板用埋头螺丝安装后，可以刷色、裱糊墙纸、加贴面层或做成各种立体的顶棚，以及竖向条或格子形顶棚。

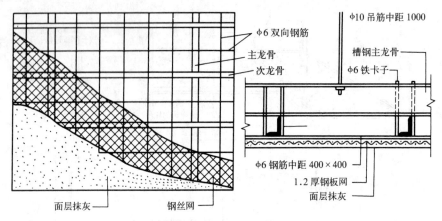

图5-58 钢丝网抹灰吊顶

3. 矿棉纤维板和玻璃纤维板饰面顶棚的装饰构造

矿棉纤维板和玻璃纤维板具有不燃、耐高温、吸声的性能，特别适用于有一定防火要求的顶棚，这类板材的厚度一般为20～30mm，形状多为方形或矩形，一般直接安装在金属龙骨上，常见的构造有暴露骨架（明架）、部分暴露骨架（明暗架）和隐藏式骨架（暗架）三种。

暴露骨架顶棚的构造是将纤维板直接搁置在骨架网格的倒T形次龙骨的翼缘上，如图5-59（a）所示。

部分暴露骨架顶棚的构造做法是将板材的两边制成卡口，卡入倒T形次龙骨的翼缘中，另两边搁置在骨架上，如图5-59（b）所示。

隐藏式骨架顶棚的做法是将板的两侧都制成卡口，卡入骨架网格的倒H形次龙骨翼缘之中，如图5-59（c）所示。

这三种构造做法对于安装、调换饰面板材都比较方便，从而有利于顶棚上部空间的设备和管线的安装和维修。

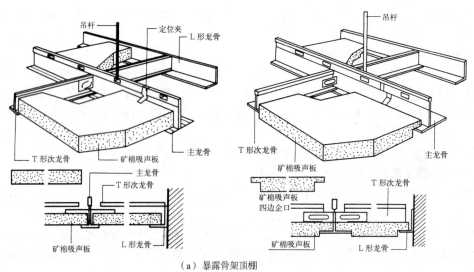

（a）暴露骨架顶棚

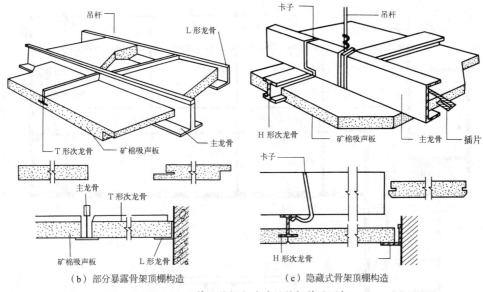

（b）部分暴露骨架顶棚构造　　　　　（c）隐藏式骨架顶棚构造

图5-59　矿棉纤维板和玻璃纤维板饰面顶棚

思考题

1. 屋顶由哪几部分组成？它们的作用是什么？

2. 屋顶坡度的形成方法有几种？各有什么特点？

3. 屋顶的排水方式有哪几种？

4. 卷材、涂膜屋面的构造层次有哪些？各层做法如何？

5. 为什么要设隔汽层？卷材、涂膜屋面为什么要考虑排气措施？

6. 种植屋面的构造层次有哪些？各层做法如何？

7. 《屋面工程技术规范》（GB 50345—2012）把屋面防水等级分为几级？各级设防要求及防水做法如何？

8. 《屋面工程技术规范》（GB 50345—2012）把保温材料分为哪几类？具体有哪些保温材料？

9. 理解各种屋面的细部构造做法，并记住它们的典型构造图。

10. 坡屋顶有哪几种承重方案？钢筋混凝土板块瓦屋顶的构造做法如何？

11. 块瓦屋面的屋脊、檐口、檐沟、天沟等细部构造要点是什么？

12. 坡屋顶的保温隔热有哪些措施？

13. 按构造方式不同，顶棚可分为哪几类？

14. 什么是直接式顶棚？常见的直接式顶棚有哪几种做法？

15. 什么是悬吊式顶棚？简述悬吊式顶棚的基本组成部分及其作用。

练习题

多识读屋顶构造详图；多参观已建或在建工程中的屋顶部分的做法，绘制详图。

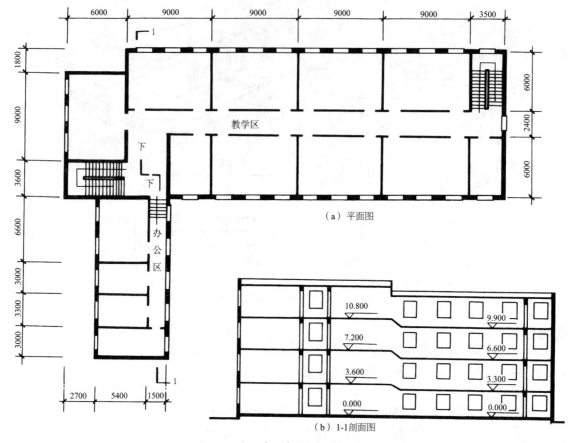

（a）平面图

（b）1-1剖面图

图5-60　某小学教学楼平面图和剖面图

实训案例题

根据所给定的小学教学楼平面图和剖面图，如图5-60所示，按建筑制图标准的规定，设计该小学教学楼屋顶平面图和屋顶节点详图。

1. 屋顶平面图（1∶200）

（1）画出各坡面交线，檐沟或女儿墙和天沟、雨水口等。

（2）标注屋面和檐沟或天沟内的排水方向和坡度值，标注突出屋面的女儿墙等有关尺寸及屋面标高。

（3）标注各转角处的定位轴线和编号。

（4）外部标注两道尺寸（即轴线尺寸和雨水口到邻近轴线的距离或雨水口的间距）。

（5）标注详图索引符号，注写图名和比例。

2. 屋面节点详图（1∶10或1∶20）

檐口构造；泛水构造；雨水口构造。

图纸要求：用A3图纸1～2张绘制完成。

单元 6

楼梯与电梯

6.1 楼梯的类型和设计要求

6.2 楼梯的组成和尺度

6.3 现浇钢筋混凝土楼梯

6.4 楼梯的细部构造

6.5 台阶与坡道

6.6 电梯与自动扶梯

思考题

练习题

实训案例题

单元概述： 建筑各个不同楼层、不同高差之间的房间需要有垂直交通设施，这些设施包括楼梯、电梯、自动扶梯、台阶、坡道等。本单元内容主要包括：楼梯类型及设计要求；楼梯组成及楼梯尺度；现浇钢筋混凝土楼梯；楼梯细部构造；踏步、栏杆（板）、扶手等；台阶与坡道构造；电梯及自动扶梯构造。

学习目标：

1. 掌握楼梯的作用、设计要求，了解楼梯的平面形式。
2. 掌握楼梯的组成及几个组成部分的尺度要求。
3. 掌握钢筋混凝土楼梯的构造，了解楼梯细部构造的一般知识。
4. 了解建筑其他垂直交通设施。

学习重点：

1. 常见楼梯的尺度、组成和平面形式。
2. 钢筋混凝土楼梯的细部构造。

教学建议： 楼梯在日常生活中是比较常见的建筑设施，应鼓励学生参观周围已建或在建工程中的楼梯部分，主要是对楼梯的种类、组成和尺度等外形构造特点进行了解，增加感性认识。教学过程中可以通过多媒体教学设备展示图片，并结合与楼梯相关的建筑规范、建筑标准图集识读楼梯施工图，增强教学效果。

教学中使用案例教学法，对基本构造尽可能通过识读构造详图来讲解。在理论学习的基础上，增加实训环节，使学生能够做中学，学中做。

关键词： 楼梯（staircase）；栏杆（railing）；扶手（armrest）；电梯（elevator）

房屋各个不同楼层以及不同高差之间，需要有个垂直交通设施，此项设施有楼梯（staircase）、电梯（elevator）、自动扶梯、爬梯、台阶和坡道等。楼梯是解决不同楼层之间垂直交通的重要设施，电梯主要用于层数较多或有特殊需要的建筑（如医院病房楼、多层工业厂房）中，在设有电梯或自动扶梯的建筑中也必须设置楼梯，以备火灾等紧急情况下使用。自动扶梯一般用于人流量较大的公共建筑。在建筑出入口处用于解决室内外局部高差的踏步称为台阶。坡道用于有通行车辆要求的高差之间的交通联系，以及有无障碍要求的高差之间的联系。爬梯则主要做消防检修之用。

楼梯的数量、位置及形式，应满足使用功能和安全疏散要求，注重建筑环境空间的艺术效果。设计楼梯时，还应使其符合《建筑设计防火规范》（GB 50016—2006）、《建筑楼梯模数协调标准》（GBJ 101—1987）、《民用建筑设计通则》（GB 50352—2005）和其他有关单项建筑设计规范的规定。

在图6-1中给出了楼梯各部分的名称，与本单元内容对应。

6.1 楼梯的类型和设计要求

6.1.1 楼梯类型

1. 按楼梯材料分

可分为钢筋混凝土楼梯、钢楼梯、木楼梯与组合楼梯。

2. 按楼梯位置分

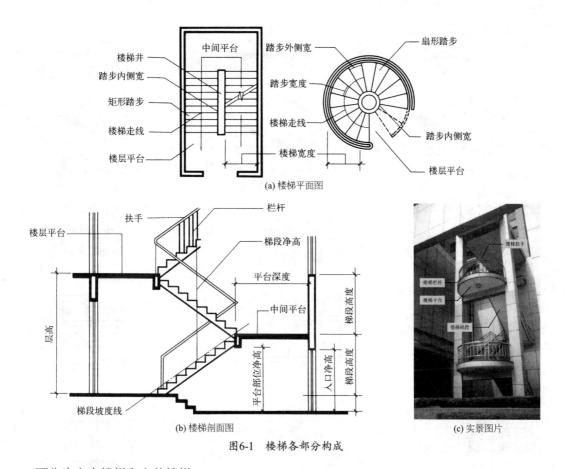

(a) 楼梯平面图

(b) 楼梯剖面图

(c) 实景图片

图6-1 楼梯各部分构成

可分为室内楼梯和室外楼梯。

3. 按楼梯使用性质分

可分为主楼梯、辅助楼梯、疏散楼梯、消防楼梯。

4. 按楼梯形式分

各种楼梯的平、剖面示意图如图6-2所示。

1）直跑式楼梯

是指沿着一个方向上楼的楼梯，具有方向单一、贯通空间的特点，有单跑、双跑之分。

（1）直行单跑楼梯。这种直跑楼梯中间没有休息平台，由于单跑梯段的踏步数一般不超过18级，故主要用于层高不大的建筑中。

（2）直行多跑楼梯。直行多跑楼梯增加了中间休息平台，一般为双跑梯段，适合于层高较大的建筑。直行多跑楼梯给人以直接顺畅的感觉，导向性强，在公共建筑中常用于人流较多的大厅，但是由于其缺乏方位上回转上升的连续性，当用于多层楼面的建筑，会增加交通面积并加长人流行走距离。

2）平行双跑楼梯

是指第二跑楼梯段折回和第一跑楼梯段平行的楼梯。这种楼梯所占的楼梯间长度较小，布置紧凑，使用方便，是建筑物中较多采用的一种楼梯形式。

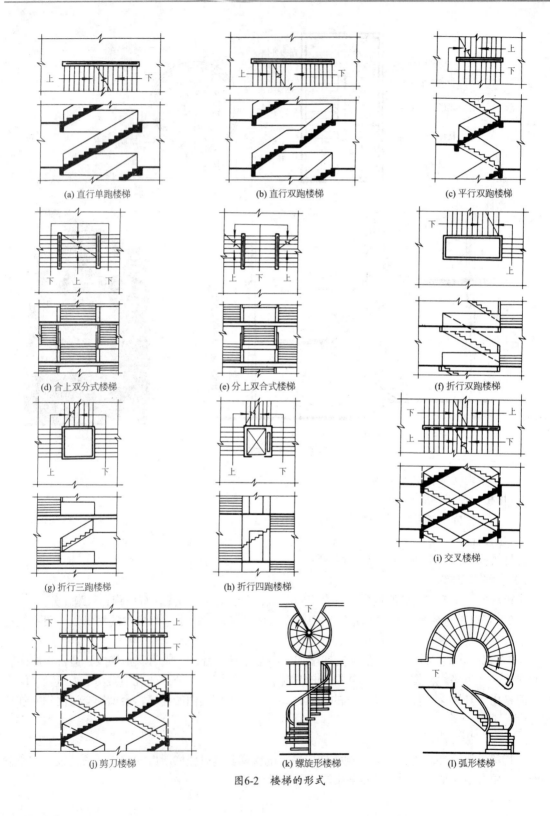

(a) 直行单跑楼梯 (b) 直行双跑楼梯 (c) 平行双跑楼梯

(d) 合上双分式楼梯 (e) 分上双合式楼梯 (f) 折行双跑楼梯

(g) 折行三跑楼梯 (h) 折行四跑楼梯 (i) 交叉楼梯

(j) 剪刀楼梯 (k) 螺旋形楼梯 (l) 弧形楼梯

图6-2 楼梯的形式

3）平行双分、双合楼梯

（1）合上双分式。楼梯第一跑在中间，为一较宽梯段，经过休息平台后，向两边分为两跑，各以第一跑一半的梯宽上至楼层。通常在人流多、楼梯宽度较大时采用。由于其造型对称严谨，常用作办公类建筑的主要楼梯。

（2）分上双合式。楼梯第一跑为两个平行的较窄的梯段，经过休息平台后，合成一个宽度为第一跑两个梯段宽之和的梯段上至楼层。

4）折行多跑楼梯

（1）折行双跑楼梯。指第二跑与第一跑梯段之间成90°或其他角度，适宜于布置在靠房间一侧的转角处，多用于仅上一层楼面的影剧院等建筑中。

（2）折行多跑楼梯。指楼梯段数较多的折行楼梯，如折行三跑楼梯、四跑楼梯等。折行多跑式楼梯围绕的中间部分形成较大的楼梯井，因而不宜用于幼儿园、中小学等建筑中的楼梯。

5）交叉、剪刀楼梯

（1）交叉楼梯。可视为是由两个直行单跑楼梯交叉并列而成。交叉楼梯通行的人流量大，为上下楼层的人流提供了两个方向，但仅适于层高小的建筑。

（2）剪刀楼梯。相当于两个双跑式楼梯对接。适用于层高较大且有人流多向性选择要求的建筑物，如商场、多层食堂等。

6）螺旋形楼梯

螺旋形楼梯平面呈圆形，平台与踏步均呈扇形平面，踏步内侧宽度小，行走不安全。这种楼梯不能作为主要人流交通和疏散楼梯，但由于其造型美观，常作为建筑小品布置在庭院或室内。

7）弧形楼梯

弧形楼梯与螺旋楼梯不同之处在于它围绕一个较大的轴心空间旋转，且仅为一段弧环。其扇形踏步内侧宽图度较大，坡度较缓，可以用来通行较多人流。一般布置于公共建筑的门厅，具有明显的导向性和优美、轻盈的造型。

5. 按楼梯间形式划分

设置楼梯的房间称为楼梯间。由于防火的要求不同，有开敞式楼梯间、封闭式楼梯间和防烟楼梯间三种形式。

1）开敞式楼梯间

主要用于5层以下的公共建筑以及其他普通多层建筑，如图6-3所示。

2）封闭式楼梯间

主要适用于5层以上的其他公共医院、疗养院的病房楼，设有空气调节系统的多层宾馆、建筑，高层建筑中24m以下的裙房和除单元式、通廊式住宅外的建筑高度不超过32m的二类高层建筑以及部分高层住宅。其设计要求如下：

（1）楼梯间应靠近外墙并应有直接采光和通风。当不能直接采光和自然通风时，应按防烟楼梯间规定设置。

（2）楼梯间应设乙级防火门，并应向疏散方向开

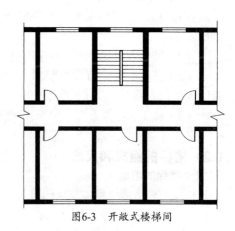

图6-3　开敞式楼梯间

启，如图6-4(a)所示。

（3）楼梯间的首层紧接主要出口时，可将走道和门厅等包括在楼梯间内，形成扩大的封闭楼梯间，但应采用乙级防火门等防火措施与其他走道和房间隔开，如图6-4(b)所示。

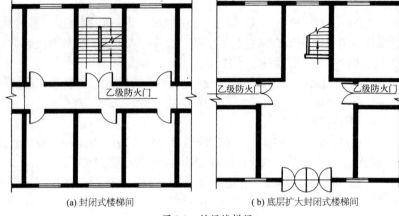

(a) 封闭式楼梯间　　　　(b) 底层扩大封闭式楼梯间

图6-4　封闭楼梯间

3）防烟楼梯间

一类高层建筑、除单元式和通廊式住宅外的建筑高度超过32m的二类高层建筑以及塔式高层住宅应设防烟楼梯间，如图6-5所示。其设计要求如下：

（1）楼梯间入口处应设前室、阳台或凹廊。

（2）前室的面

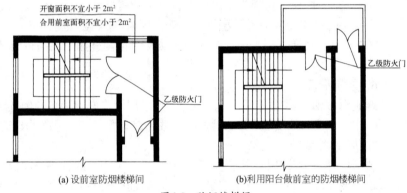

(a) 设前室防烟楼梯间　　　　(b)利用阳台做前室的防烟楼梯间

图6-5　防烟楼梯间

积：公共建筑不应小于6m²；居住建筑不应小于4.5m²。

（3）前室和楼梯间的门均应为乙级防火门，并应向疏散方向开启。

（4）其前室和楼梯间应有自然排烟或机械加压送风的防烟设施。

6.1.2　楼梯的设计要求

（1）功能方面的要求。主要是指楼梯的数量、宽度尺寸、平面式样、细部做法等均应满足功能要求。

（2）结构方面的要求。楼梯应具有足够的承载能力和较小的变形。

（3）防火、安全方面的要求。楼梯间距、数量以及楼梯间形式、采光、通风等均应满足现行防火规范的要求，以保证疏散安全。

（4）施工、经济方面的要求。应使楼梯在施工中更方便，经济上更合理。

6.2　楼梯的组成和尺度

6.2.1　楼梯的组成

楼梯主要由楼梯段（简称梯段）、楼梯平台、栏杆（或栏板）三部分组成，如图6-6所示。

1. 楼梯段

设有踏步供建筑物楼层之间上下行走的通道段落称为楼梯段,俗称"梯跑"。踏步又分为踏面(供行走时踏脚的水平部分)和踢面(形成踏步高差的垂直部分),踏步尺寸决定了楼梯的坡度。为了减轻疲劳,梯段的踏步级数一般不宜超过18级,但也不宜少于3级(级数过少易被忽视,有可能造成伤害)。

2. 楼梯平台

楼梯平台是指连接两梯段之间的水平部分。平台可用来供楼梯转折、连通某个楼层或供使用者在攀登了一定距离后稍事休息。与楼层标高相一致的平台称为楼层平台,介于两个楼层之间的平台称为中间平台或休息平台。

3. 栏杆扶手

栏杆是布置在楼梯梯段和平台边缘处有一定安全保障度的围护构件。栏杆或栏板顶部供人们行走倚扶用的连续构件,称为扶手。楼梯段应至少在一侧设扶手,楼梯段宽达三股人流(1650mm)时应两侧设扶手,达四股人流(2200mm)时应加设中间扶手。扶手也可设在墙上,称为靠墙扶手。

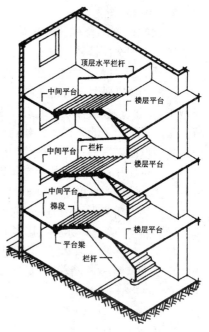

图6-6　楼梯的组成

6.2.2　楼梯的尺度

楼梯的功能是供人们上下通行以及紧急疏散的,疏散楼梯间是人员火灾发生时竖向疏散的安全通道,也是消防人员进入火场的主要路径。因此,设计时应使楼梯达到足够的通行能力。在《建筑设计防火规范》(GB 50016—2006)、《建筑楼梯模数协调标准》(GBJ 101—1987)、《民用建筑设计通则》(GB 50352—2005)及其他单项建筑设计规范中,对楼梯的设置及尺度均做出了详细的规定。

1. 梯段的宽度

楼梯段以及平台都必须有足够的宽度以满足使用要求。确定楼梯宽度时,应满足《建筑设计防火规范》(GB 50016—2006)中有关安全疏散的要求:除规范另有规定外,建筑中的疏散走道、安全出口、疏散楼梯以及房间疏散门的各自总宽度应经计算确定。疏散走道和疏散楼梯的净宽度不应小于1.1m;不超过6层的单元式住宅,当疏散楼梯的一边设置栏杆时,最小净宽度不宜小于1m。楼梯的梯段净宽应根据建筑物的使用特征按人流股数确定(也应考虑是否经常通过家具或担架等特殊要求),并不应少于两股人流,每股人流宽度为0.55m+(0~0.15)m,其中0~0.15m为人流在行进中摆幅,人流较多的公共建筑应取上限,见表6-1。

表6-1　　　　　　　　　　　　　　楼梯梯段宽度

类　别	梯段宽度／mm	备　注
单人通过	>900	满足单人携物通过
双人通过	1100~1400	—
三人通过	1650~2100	—

2. 楼梯的坡度

楼梯的坡度即楼梯段的坡度。应根据楼梯的使用情况，合理选择楼梯的坡度。楼梯的坡度越小，行走越舒适，但加大了楼梯间的进深，增加了建筑面积；楼梯的坡度越陡，行走越吃力，但楼梯间的面积可减小。因此，在楼梯坡度的选择上，存在使用和经济二者的矛盾。一般来说，公共建筑中楼梯使用的人数多，坡度应平缓些；住宅建筑中的楼梯使用的人数少，坡度可陡些；专供幼儿和老年人使用的楼梯坡度应平缓些。楼梯的坡度有两种表示方法：一是用斜面与水平面的夹角来表示；另一种表示方法是用斜面的垂直投影高度与斜面的水平投影长度之比。

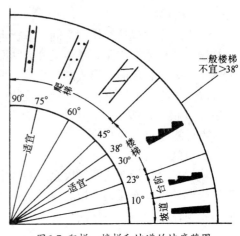

图6-7 爬梯、楼梯和坡道的坡度范围

楼梯、爬梯及坡道的区别在于其坡度的大小和踏步的高宽比等关系上。楼梯常见坡度为20°~45°，其中30°左右较为通用。楼梯的最大坡度不宜大于38°；坡度小于20°时，应采用坡道形式，若其倾斜角坡度大于45°时，则采用爬梯。楼梯、坡道、爬梯的坡度范围如图6-7所示。

3. 楼梯的踏步尺寸

楼梯梯段是由若干踏步组成的，每个踏步由踏面和踢面组成，如图6-8（a）所示。踏步尺寸与人的行走有关。踏面宽度与人们的脚长和人上下楼梯时脚与踏面接触状态有关。踏面宽300mm时，人的脚可以完全落在踏面上，行走舒适；当踏面宽减小时，人行走时脚跟部分悬空，行走不方便，一般踏面宽不宜小于250mm。

踢面高度与踏面宽度之和与人的跨步长度有关，此值过大或过小，行走都不方便，踏步尺寸的计算公式为

$$2h+b=(600~620)mm \text{ 或 } h+b=450mm$$

式中，h为踏步高度；b为踏步宽度。

楼梯踏步尺寸还应符合表6-2的规定。

表6-2	常用楼梯适宜踏步尺寸				单位：mm
建筑物	住　宅	学校、办公楼	剧院、会堂	医院（病人用）	幼儿园
踏步高	156~175	140~160	120~150	150	120~150
踏面宽	260~300	280~340	300~350	300	260~300

当踏面尺寸较小时，可以采取加做突缘或将踢面倾斜的方式加宽踏面。踏口挑出尺寸为20~25mm，如图6-8(b)，(c)所示。这个尺寸不宜过大，否则行走时也不方便。

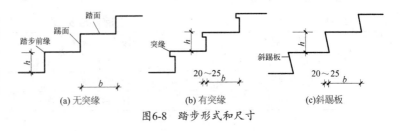

图6-8 踏步形式和尺寸

(a) 无突缘　　(b) 有突缘　　(c)斜踢板

楼梯段的长度L是每一梯段的水平投影长度，其值$L=b \times (N-1)$，其中，b为踏面水平投影步宽，N为踏步数。

4. 楼梯平台宽度

楼梯平台宽度分为中间平台宽度和楼层平台宽度。梯段改变方向时，扶手转向端处的平台最小宽度不应小于梯段宽度，并不得小于1.20m，当有搬运大型物件需要时应适量加宽。除此之外，对于楼层平台的宽度应区别不同的楼梯形式而定：开敞式楼梯楼层平台可以与走廊合并使用；封闭式楼梯间及防火楼梯，楼层平台应与中间平台一致或更宽松些，以便于人流疏散和分配。图6-9所示的情况中，出于安全考虑，平台边线应退离转角或门边大约1个踏面宽的位置，这样做有时会影响平台的宽度。

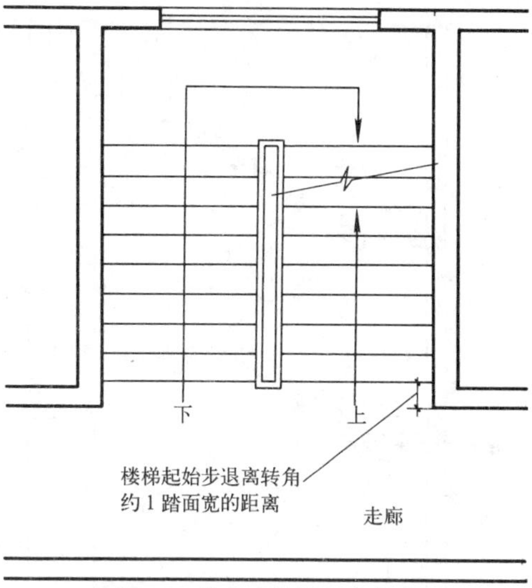

5. 梯井宽度

梯井是指梯段之间形成的空隙，此空隙从顶到底贯通。梯井宽度一般为60~200mm，托儿所、幼儿园、中小学及少年儿童专用活动场所的楼梯，梯井净宽大于0.20m时，必须采取防止少年儿童攀滑的措施。

6. 净空高度

楼梯净空高度包括楼梯段净高和平台处净高。梯段净高应以踏步前缘处到顶棚垂直线的净高度计算，这个净高应考虑行人肩扛物品的实际需要，防止行进中受影响。楼梯平台部位的净高不应小于2000mm，楼梯梯段部位的净高不应小于2200mm，楼梯梯段最低、最高踏步的前缘线与顶部凸出物的内边缘线的水平距离不应小于300mm，如图6-10所示。

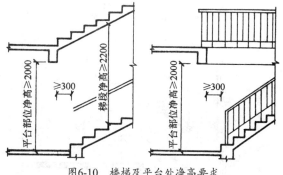

图6-9　转角处楼梯平面布置

图6-10　楼梯及平台处净高要求

当在平行双跑楼梯中间平台下设通道出入口时，为保证平台下净高满足通行要求，一般应采取以下方式解决：

（1）在底层变等跑梯段为长短跑梯段，如图6-11(a)所示，起步第一跑为长跑，以提高中间平台标高，这种方式会使楼梯间进深加大。

（2）局部降低底层中间平台下地坪标高，使其低于底层室内地坪标高±0.000，以满足净空高度要求，如图6-11(b)所示。但降低后的中间平台下地坪标高仍应高于室外地坪标高，以免雨水内溢。这种处理方式可保持等跑梯段，使构件统一。但中间平台下的地坪降低，常依靠底层室内地坪标高±0.000对应的绝对标高的提高来实现，可能增加土方量。

（3）综合以上两种方式，在采用长短跑的同时，又降低底层中间平台下地坪标高，这种处理方式可兼有前两种方式的优点，并减少其缺点，如图6-11(c)所示。

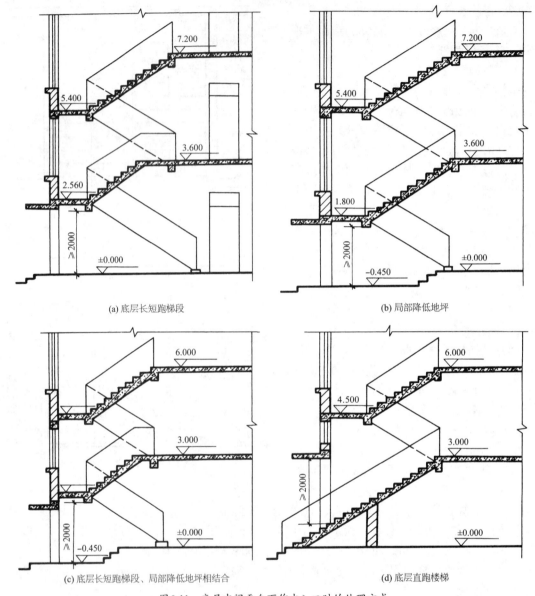

(a) 底层长短跑梯段

(b) 局部降低地坪

(c) 底层长短跑梯段、局部降低地坪相结合

(d) 底层直跑楼梯

图6-11　底层中间平台下作出入口时的处理方式

　　（4）底层用直行单跑或直行双跑楼梯直接从室外上二层，这种方式常用于住宅建筑，设计时需注意入口处雨篷底面标高的位置，保证净空高度在2m以上，如图6-11(d)所示。

6.3　现浇钢筋混凝土楼梯

　　构成楼梯的材料可以是木材、钢筋混凝土、型钢或者几种材料的组合。楼梯在疏散时起着重要作用，因此防火性能较差的木材现在已很少用于楼梯的结构部分。型钢作为楼梯构件，也必须经过特殊的防火处理，才可用于检修钢梯和工业厂房中的吊车梯、消防梯等。钢筋混凝土的耐火性和耐久性均较木材和钢材要好，故在一般建筑的楼梯中应用最为广泛。钢筋混凝土楼梯按施工方式可分为现浇整体式和预制装配式。

现浇钢筋混凝土楼梯是指楼梯段、楼梯平台等整体浇筑在一起的楼梯。它整体性好、刚度大、坚固耐久、可塑性强、对抗震较为有利，并能适应各种楼梯形式，但是在施工过程中，要经过支模、绑扎钢筋、浇筑混凝土、振捣、养护、拆模等作业，受外界环境因素影响较大。在拆模之前，不能利用它进行垂直运输，因而较适合于比较小型的楼梯或对抗震设防要求较高的建筑中。对于螺旋形楼梯、弧形楼梯等形式复杂的楼梯，也宜采用现浇钢筋混凝土楼梯。

现浇钢筋混凝土楼梯按照楼梯段的传力特点，分为板式楼梯（图6-12）和梁式楼梯（图6-13）两种，应根据具体的工程，从功能要求、造型处理及技术经济等比较选用。

6.3.1 板式楼梯

板式楼梯是指梯段板承受该梯段全部荷载的楼梯。楼梯段作为一块整浇板，斜向搁置在平台梁上，平台梁之间的距离即为板的跨度。楼梯段应沿跨度方向布置受力钢筋，如图6-14(a)所示；也有带平台板的板式楼梯，即把两个或一个平台板和一个梯段组合成一块折形板，这样处理增大了平台下净空，但也增加了斜板跨度，如图6-14(b)所示。

近年来悬臂板式楼梯被较多采用，如图6-15所示。其特点是梯段和平台均无支承，完全靠上下梯段与平台组成空间板式结构与上下层楼板结构共同来受力，因而造型新颖、空间感好，多作

图6-12 板式楼梯

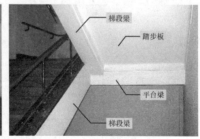

图6-13 梁式楼梯

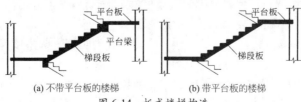

(a) 不带平台板的楼梯　　　　(b) 带平台板的楼梯

图 6-14 板式楼梯构造

(a) 向两侧悬挑的楼梯

(b) 自一端悬挑的楼梯

(c) 用吊杆悬挂的楼梯

图6-15　悬臂板式楼梯

为公共建筑和庭院建筑的外部楼梯。

板式楼梯段的底面平整、便于装修，外形简洁、便于支模。但当荷载较大、楼梯段斜板跨度较大时，斜板的截面高度也将增大，钢筋和混凝土用量增加，经济性下降，所以板式楼梯常用于楼梯荷载及楼梯段的跨度均较小的建筑物中。

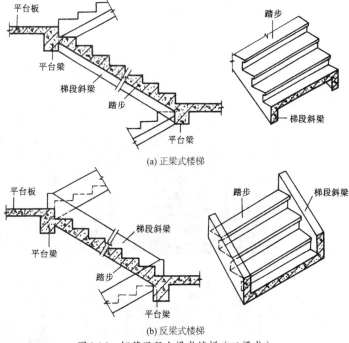

(a) 正梁式楼梯

(b) 反梁式楼梯

图6-16　钢筋混凝土梁式楼梯（双梁式）

6.3.2　梁式楼梯

梁式楼梯的踏步板支承在斜梁上，斜梁又支承在平台梁上。梁式楼梯比板式楼梯的钢材和混凝土用量少、自重轻，当荷载或楼梯跨度较大时，采用梁式楼梯比较经济。

梁式楼梯由踏步、楼梯斜梁、平台梁和平台板组成。在结构上有双梁布置和单梁布置两种。

1. 双梁式梯段

将梯段斜梁布置在踏步的两端，这时踏步板的跨度便是梯段的宽度，也就是楼梯段斜梁间的距离。梁式楼梯与板式楼梯相比，板的跨度小，在板厚相同的情况下，梁式楼梯可以承受较大的荷载。反之，荷载相同的情况下，梁式楼梯的板厚可以比板式楼梯的薄。梁式楼梯按梁所在的位置不同，分为正梁式（明步）和反梁式（暗步）两种。

（1）正梁式。梯梁在踏步板之下，踏步板外露，又称为明步。明步楼梯形式较为明快，但在板下露出的梁的阴角容易积灰，如图6-16(a)所示。

（2）反梁式。梯梁在踏步板之上，形成反梁，踏步包在里面，又称为暗步，如图6-16(b)所示。暗步楼梯段底面平整，洗刷楼梯时污水不致污染楼梯底面，但梯梁占去了一部分梯段宽度，应尽量将边梁做得窄一些，必要时可以与栏杆结合。

双梁式楼梯在有楼梯间的情况下，通常在楼梯段靠墙的一边不设斜梁，用承重墙代替，而踏步板另一端搁在斜梁上。

2. 单梁式梯段

在梁式楼梯中，单梁式楼梯也在一些公共建筑中被采用。这种楼梯的每个梯段由一根梯梁支承踏步，梯梁的布置有两种方式：一种是单梁悬臂式楼梯，它将梯段斜梁布置在踏步的一端，而将踏步另一端向外悬臂挑出，如图6-17(a)所示；另一种是将梯段斜梁布置在踏步的中间，让踏步从梁的两端挑出，称为单梁挑板式楼梯，如图6-17(b)所示。单梁楼梯受力复杂，单梁挑板式楼梯较单梁悬臂式楼梯受力合理。这两种楼梯外形轻巧、美观，常为建筑空间造型所采用。

6.4 楼梯的细部构造

6.4.1 踏步面层及防滑处理

楼梯的踏步面层应便于行走、耐磨、防滑、便于清洁，同时要求美观。由于现浇楼梯拆模后一般表面粗糙，不仅影响美观，更不利于行走，一般需做面层。踏步面层的材料，视装修要求而定，一般与门厅或走道的楼地面面层材料一致，常用的有水泥砂浆、水磨石、大理石、地砖和缸砖等，如图6-18所示。

人流量大或踏步表面光滑的楼梯，为防止行人在行走时滑倒，踏步表面应采取防滑和耐磨措施，通常是在踏口处做防滑条。防滑材料可采用铁屑水泥、金刚砂、塑料条、橡胶条、金属条和马赛克等。最简单的做法是做踏步面层时，留两三道凹槽，但使用中凹槽易被灰尘填满，使防滑效果不够理想，且易破损。防滑条或防滑凹槽长度一般按踏步长度每边减去150mm来计算。还可采用耐磨防滑材料如缸砖、铸铁等做防滑包口，既防滑又起保护作用。标准较高的建筑，可铺地毯、防滑塑料或橡胶贴面，这种处理使踏步有一定弹性，行走舒适。踏步防滑处理如图6-19所示。

6.4.2 栏杆、栏板和扶手构造

1. 楼梯栏杆基本要求

楼梯栏杆（或栏板）和扶手是上下楼梯的安全设施，也是建筑中装饰性较强的构件。在设计中，应满

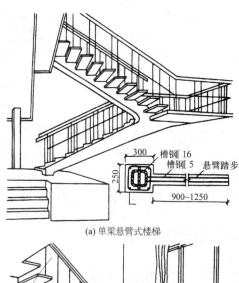

(a) 单梁悬臂式楼梯

(b) 单梁挑板式楼梯

图6-17 钢筋混凝土梁式楼梯（单梁式）

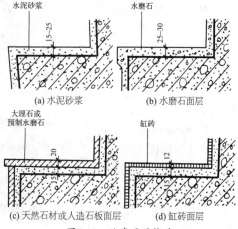

(a) 水泥砂浆　　(b) 水磨石面层

(c) 天然石材或人造石板面层　　(d) 缸砖面层

图6-18 踏步面层构造

足以下基本要求：

（1）人流密集场所梯段高度超过1000mm时，宜设栏杆。

（2）梯段净宽在两股人流以下的一侧设扶手，梯段净宽达三股人流时应两侧设扶手，达四股人流时应加设中间扶手。

（3）各类建筑的楼梯栏杆和扶手高度，应符合单项建筑设计规范的有关规定。一般室内楼梯扶手高度（自踏面宽度中点量起至扶手面的竖向高度）为900mm，供儿童使用的扶手高度为600mm（图6-20）。靠楼梯井一侧水平栏杆超过500mm长时，其高度不应小于1050mm。室外楼梯可作为疏散楼梯时，栏杆扶手高度不应小于1100mm。

（4）有儿童活动的场所，如幼儿园、住宅等建筑，为防止儿童穿过栏杆空挡发生危险事故，栏杆应采用不易攀登的构造，垂直栏杆间的净距不应大于110mm。

（5）栏杆应以坚固、耐久的材料制作，必须具有一定的强度。

2. 楼梯栏杆（栏板）的形式和扶手构造

1）楼梯栏杆的形式

一般有空花栏杆、实心栏板和组合式栏板三种，如图6-21所示。

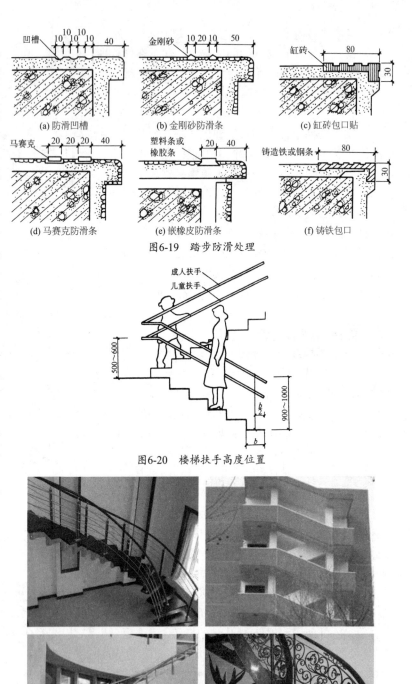

（a）防滑凹槽　　（b）金刚砂防滑条　　（c）缸砖包口贴

（d）马赛克防滑条　　（e）嵌橡皮防滑条　　（f）铸铁包口

图6-19　踏步防滑处理

图6-20　楼梯扶手高度位置

图6-21　楼梯栏杆的一般形式

（1）空花栏杆。多用方钢、圆钢、扁钢等型材焊接或铆接成各种图案，既起防护作用，又有一定的装饰效果。常用栏杆断面尺寸：圆钢φ6mm～φ25mm，方钢15mm×15mm～25mm×25mm，扁钢（30～50）mm×（3～6）mm，钢管φ20mm～φ50mm。

（2）实心栏板。栏板多由钢筋混凝土、加筋砖砌体、有机玻璃和钢化玻璃等制作。砖砌栏板，当栏板厚度为60mm（即标准砖侧砌）时，外侧要用钢筋网加固，再用钢筋混凝土扶手与栏板连成整体，如图6-22（a）所示。现浇钢筋混凝土楼梯栏板经支模、扎筋后，与楼梯段整浇，如图6-22（b）所示。

（3）组合式栏板。是将空花栏杆与实体栏板组合而成的一种栏板形式。空花部分多用金属材料制成，栏板部分可用砖砌栏板、有机玻璃和钢化玻璃等，如图6-23所示。

栏杆与楼梯段应有可靠的连接，连接方法主要有：

（1）预埋铁件焊接。将栏杆的立杆与楼梯段中预埋的钢板或套管焊接在一起，如图6-24（a）所示。

（2）预留孔洞插接。将栏杆的立杆端部做成开脚或倒刺插入楼梯段预留的孔洞，用水泥砂浆或细石混凝土填实，如图6-24（b）所示。

（3）螺栓连接。用螺栓

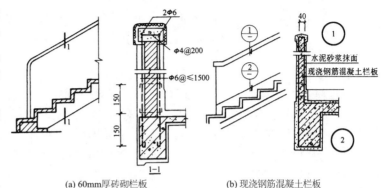

(a) 60mm厚砖砌栏板　　　　(b) 现浇钢筋混凝土栏板

图6-22　楼梯栏板的构造

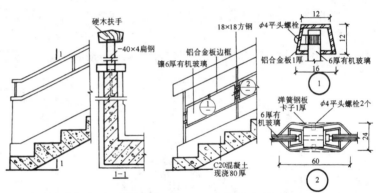

(a) 金属栏杆与钢筋混凝土栏板组合　　(b) 金属栏杆与有机玻璃组合

图6-23　组合式栏杆

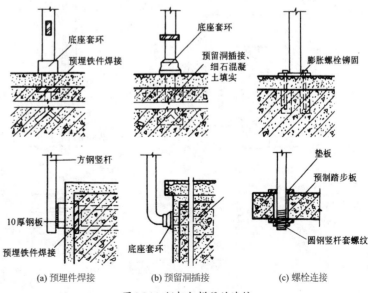

(a) 预埋件焊接　　　(b) 预留洞插接　　　(c) 螺栓连接

图6-24　栏杆与梯段的连接

将栏杆固定在梯段上，固定方法有若干种，如用板底螺母栓紧贯穿踏板的栏杆等，如图6-24（c）所示。

2）扶手构造

扶手位于栏杆的顶部，一般采用硬木、塑料和金属材料制成。其中硬木扶手常用于室内楼梯，金属和塑料扶手常用于室外楼梯。另外，栏板顶部的扶手还可用水泥砂浆或水磨石抹面而成，也可用大理石、预制水磨石板或木材贴面制成。常见扶手类型如图6-25所示。

楼梯扶手与栏杆应有可靠的连接，连接方法视扶手材料而定。硬木扶手与金属栏杆的连接，通常是在金属栏杆的顶部先焊接一根带小孔的通长扁铁，然后用木螺钉通过扁铁上预留小孔，将木扶手和栏杆连接成整体；塑料扶手与金属栏杆的连接方法和硬木扶手类似，或塑料扶手通过预留的卡口直接卡在扁铁上；金属扶手与金属栏杆多用焊接。

楼梯扶手有时必须固定在侧面的砖墙或混凝土柱上，如顶层安全栏杆扶手、休息平台护窗扶手、靠墙扶手等。扶手与砖墙连接的方法为在砖墙上预留120mm×120mm×120mm的预留孔洞，将扶手或扶手铁件伸入洞内，用细石混凝土或水泥砂浆填实固牢；扶手与混凝土墙或柱连接时，一般在墙或柱上预埋铁件，与扶手铁件焊接，也可用膨胀螺栓连接，或预留孔洞插接，如图6-26所示。

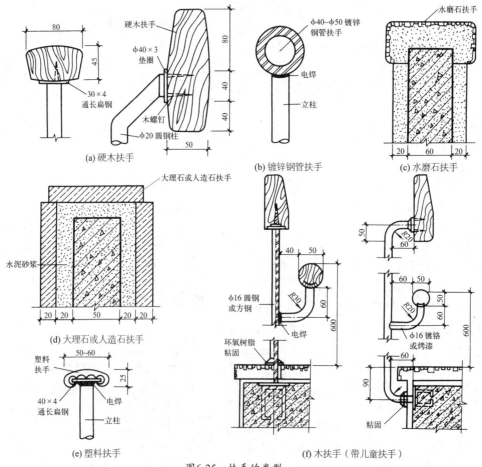

图6-25　扶手的类型

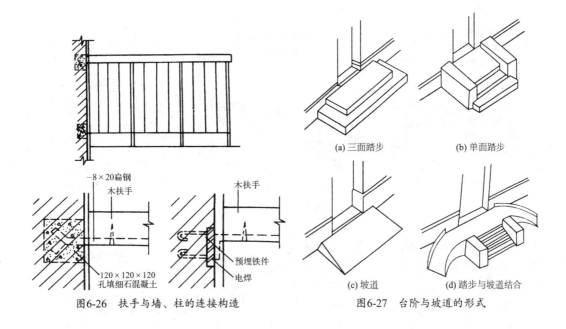

图6-26　扶手与墙、柱的连接构造　　　　图6-27　台阶与坡道的形式

6.5　台阶与坡道

　　大部分台阶和坡道属于室外工程，一般不高，但有可能较长。建筑物入口处室内外不同标高地面的交通联系一般多采用台阶，当有车辆通行、室内外地面高差较小或有无障碍要求时，可采用坡道。台阶和坡道在入口处对建筑物的立面具有一定的装饰作用，设计时既要考虑实用，还要注意美观。

6.5.1　台阶

　　台阶由踏步和平台两部分组成。台阶的坡度应比楼梯小，通常踏步高度为100~150mm，踏步宽度为300~400mm。平台位于出入口与踏步之间，起缓冲作用。平台深度一般不小于900mm，为防止雨水积聚或溢水，平台表面宜比室内地面低20~60mm，并向外找坡1%~3%，以利排水。室外台阶的形式有三面踏步式，单面踏步带垂带石、方形石、花池等形式，大型公共建筑还常将可通行汽车的坡道与踏步结合，形成壮观的大台阶。台阶形式如图6-27所示。

　　根据《民用建筑设计通则》（GB 50352—2005）规定，台阶设置应符合下列规定：①公共建筑室内外台阶踏步宽度不宜小于0.30m，踏步高度不宜大于0.15m，并不宜小于0.10m，踏步应防滑。室内台阶踏步数不应少于2级，当高差不足2级时，应按坡道设置。②人流密集的场所台阶高度超过0.70m并侧面临空时，应有防护设施。

　　室外台阶应坚固耐磨，具有较好的耐久性、抗冻性和抗水性，其构造层次为面层、结构层、垫层。按结构层材料不同，有混凝土台阶、石台阶、钢筋混凝土台阶、砖台阶等，其中混凝土台阶应用最普遍。台阶面层可采用水泥砂浆、水磨石面层或缸砖、马赛克、天然石及人造石等块材面层，垫层可采用灰土、三合土或碎石等。台阶也可采用毛石或条石砌筑，条石台阶不需另做面层。台阶构造如图6-28所示。

　　台阶在构造上要注意变形的影响。房屋主体沉降、热胀冷缩、冰冻等因素，都有可能造成台阶的变形，常见的是平台向主体倾斜，造成平台的倒泛水或某些部位开裂等。解决方法有两种：一是加强房屋主体与台阶之间的联系，以形成整体沉降；二是将台阶和主体完全断开，加强缝隙节点处

(a) 混凝土台阶　　(b) 石台阶　　(c) 换土地基台阶

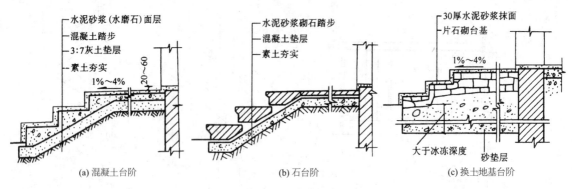

图6-28　台阶的构造

理，如图6-29所示。在严寒地区，若台阶地基为冻胀土如黏土、亚黏土，则容易使台阶出现开裂等破坏，对于实铺的台阶，为保证其稳定，可以采用换土法，自冰冻线以下至所需标高换上保水性差的砂、石类土或混凝土做垫层，以减少冰冻影响，如图6-28(c)所示。

(a) 钢筋混凝土架空台阶

(b) 实铺台阶

图6-29　台阶变形处理

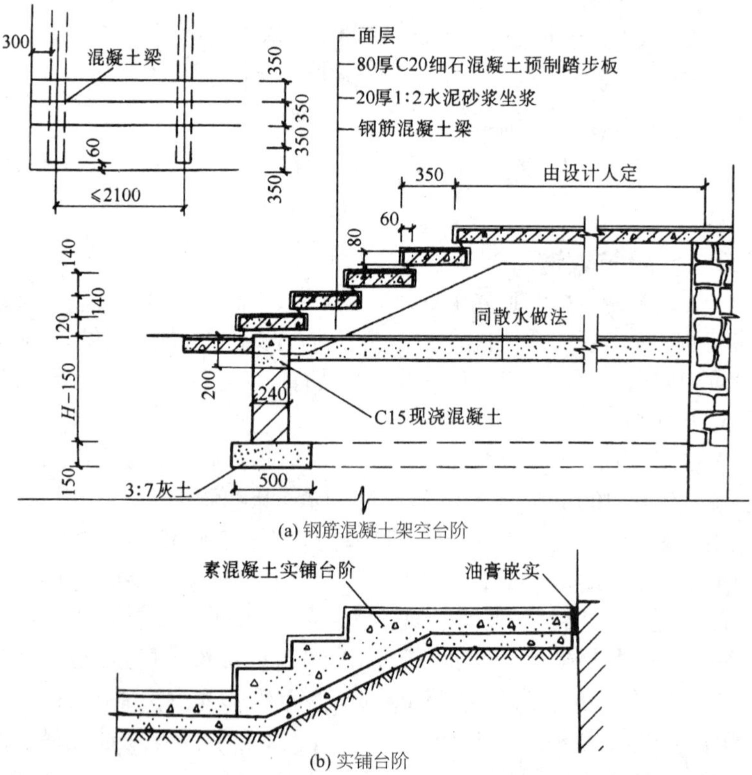

6.5.2　坡道

坡道多为单面形式，坡道的坡度与使用要求、面层材料和做法有关。

根据《民用建筑设计通则》(GB 50352—2005) 规定，坡道设置应符合下列规定：

（1）室内坡道坡度不宜大于1∶8，室外坡道坡度不宜大于1∶10；

（2）室内坡道水平投影长度超过15m时，宜设休息平台，平台宽度应根据使用功能或设备尺寸所需缓冲空间而定；

（3）供轮椅使用的坡道不应大于1∶12，困难地段不应大于1∶8；

（4）自行车推行坡道每段坡长不宜超过6m，坡度不宜大于1∶5；

（5）机动车行坡道应符合国家现行标准《汽车库建筑设计规范》（JGJ 100）的规定；

（6）坡道应采取防滑措施。

坡道与台阶一样，也应采用耐久、耐磨和抗冻性好的材料，一般多采用混凝土坡道，也可采用天然石坡道等。坡道的构造要求和做法与台阶相似，也要注意变形的处理。但由于坡道是倾斜

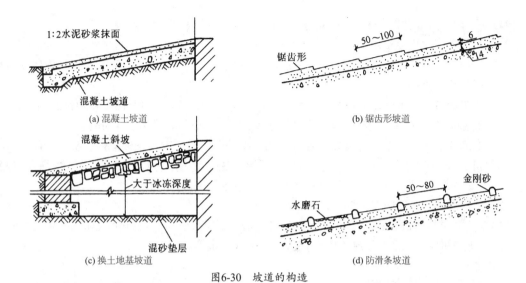

图6-30 坡道的构造

的面，故对防滑要求较高，大于1/8的坡道需做防滑设施，可设防滑条或做成锯齿形；天然石坡道可对表面做粗糙处理。坡道构造如图6-30所示。

6.6 电梯与自动扶梯

6.6.1 电梯

电梯是建筑物楼层间垂直交通运输的快速运载设备，是重要的垂直交通设施，分载人、载货两类，除普通的乘客电梯外，还有专用的病床梯、消防电梯、观光电梯等。不同电梯厂家的设备尺寸、运行速度以及对土建的要求不同，在设计和施工时，应按厂家提供的设备尺寸进行设计、施工。表6-3介绍了不同种类电梯的使用功能，图6-31为不同类型的电梯平面示意图。

表6-3 电梯的种类与功能

种　类	使　用　功　能
乘客电梯	运送乘客的电梯
住宅电梯	供住宅楼使用的电梯
病床电梯	运送病床及医疗救护设备的电梯
客货电梯	主要用作运送乘客，也可运送货物，轿厢内部装饰可根据用户要求选择
载货电梯	主要运送货物，亦可有人伴随
杂物电梯	供运送图书、资料、文件、杂物、食品等，但不允许人员进入

图6-31 电梯类型与井道平面

根据《民用建筑设计通则》（GB 50352—2005）规定，电梯设置应符合下列规定：

（1）电梯不得计作安全出口；

（2）以电梯为主要垂直交通的高层公共建筑和12层及12层以上的高层住宅，每栋楼设置电梯的台数不应少于2台；

（3）建筑物每个服务区单侧排列的电梯不宜超过4台，双侧排列的电梯不宜超过2×4台；

（4）电梯侯梯厅的深度应根据电梯类别按规范规定设计，并不得小于1.5m；

（5）电梯井道和机房不宜与有安静要求的用房贴邻布置，否则应采取隔振、隔声措施；

（6）机房应为专用的房间，其围护结构应保温隔热，室内应有良好通风、防尘，宜有自然采光，不得将机房顶板作水箱底板及在机房内直接穿越水管或蒸汽管；

（7）消防电梯的布置应符合防火规范的有关规定。

电梯设备主要包括轿厢、平衡重及它们各自的垂直轨道与支架、提升机械和一些相关的其他设施，在土建方面与之配合的设施为电梯井道、机房和地坑等。

1. 电梯井道

电梯井道是电梯运行的通道，内除电梯及出入口外尚安装有导轨、平衡重、缓冲器等，如图6-32所示。电梯井道要求必须保证所需的垂直度和规定的内径，一般高层建筑的电梯井道都采用整体现浇式，与其他交通枢纽一起形成内核。多层建筑的电梯井道除了现浇外，也有采取框架结构的，在这种情况下，电梯井道内壁可能会有突出物，这时，应将井道的内径适当放大，以保证设备安装及运行不受妨碍。

1）井道的防火

井道是高层建筑穿通各层的垂直通道，火灾事故中火势及烟气容易通过通道蔓延。因此井道的围护构件应根据有关防火规定进行设计，多采用钢筋混凝土墙。井道内严禁铺设可燃气、液体管道；消防电梯的电梯井道及机房与相邻的电梯井道及机房之间应用耐火极限不低于2.5h的隔墙隔开；高层建筑的电梯井道内，超过两部电梯时应用墙隔开。

2）井道隔声、隔振

为了减轻机器运行时对建筑物产生振动和噪声，应采取适当的隔声和隔振措施。一般情况下，只在机房机座下设置弹性垫层来达到隔声和隔振目的，电梯运行速度超过1.5m/s时，除弹性垫层外，还应在机房和井道间设隔声层，高度为1.5~1.8m，如图6-33所示。

3）井道的通风

井道内设排烟口的同时，还要考虑井道内电梯运行中空气流动问题。一般运行速度在2m/s以上的客梯在井道的顶部和地坑应有不小于300mm×600mm的通风孔，上部可以和排烟口结合，排烟口面积不小于井道面积的3.5%。层数较多的建筑，中间也可酌情增加通风孔。

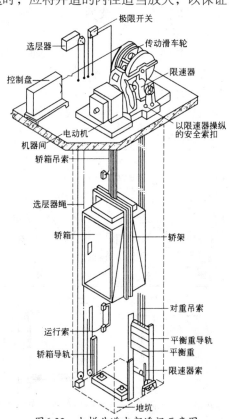

图6-32　电梯井道内部透视示意图

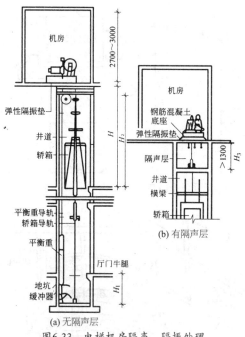

图6-33　电梯机房隔声、隔振处理

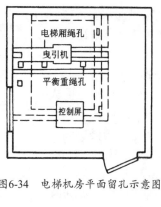

图6-34　电梯机房平面留孔示意图

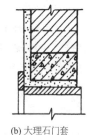

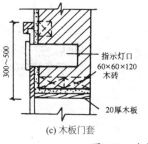

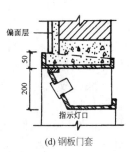

图6-35　电梯门套装修

4）井道的检修

为了安装、检修和缓冲，井道上下均应留有必要的空间，如图6-33所示，其尺寸与运行速度有关。井道顶层高度一般为3.8~5.6m，地坑深度为1.4~3.0m。

井道地坑的地面设有缓冲器，以减轻电梯轿厢停靠时与坑底的冲撞。坑底一般采用混凝土垫层，厚度按缓冲器反力确定，地坑壁及地坑底均需做防水处理。

消防电梯的井道地坑还应有排水设施。为便于检修，须在坑壁设置爬梯和检修灯槽。坑底位于地下室时，宜从侧面开一检修用小门，坑内预埋件按电梯类型要求确定。

2. 电梯机房

电梯机房一般设置在电梯井道的顶部，少数设在顶层、底层或地下，如液压电梯的机房位于井道的底层或地下。机房尺寸须根据机械设备尺寸及管理、维修等需要来确定，可向两个方向扩大，一般至少有两个方向每边扩出600mm以上的宽度，高度为2.5~3.5m。机房应有良好的采光和通风，其围护结构应具有一定的防火、防水和保温、隔热性能。为了便于安装和检修，机房和楼板应按机器设备要求的部位预留孔洞，如图6-34所示。

3. 电梯门套

电梯门套装修的构造做法应与电梯厅的装修统一考虑，可用水泥砂浆抹灰，水磨石或木板装修，高级的还可采用大理石或金属装修，如图6-35所示。

电梯门一般为双扇推拉门，宽800~1500mm，有中央分开推向两边的和双扇推向同一边的两种。推拉门的滑槽通常安置在门套下楼板边梁如牛腿状挑出的部分，如图6-36所示。

6.6.2 自动扶梯

自动扶梯适用于有大量人流上下的公共场所，如车站、商场等。自动扶梯是建筑物楼层间连接效率最高的载客设备。一般自动扶梯均可正、逆两个方向运行，可作提升及下降使用，机器停转时可作普通楼梯使用。平面布置可单台设置或双台并列，当双台并列式，两者之间应留有足够的间距，以保证装修方便及使用安全。

自动扶梯的坡度比较平缓，一般为30°左右，运行速度为0.5~0.7m/s，宽度按输送能力有单人和双人两种。自动扶梯由电动机械牵动梯段、踏步连同栏杆扶手带一起运转，机房悬挂在楼板下面，楼层下做装饰外壳处理，底层做地坑。在其机房上部自动扶梯的入口处，应做活动地板，以利检修。地坑也应做防水处理。图6-37和图6-38为自动扶梯组成及基本尺寸。

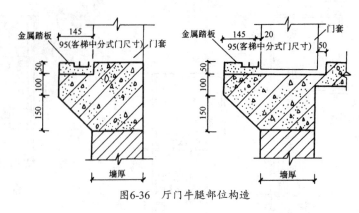

图6-36 厅门牛腿部位构造

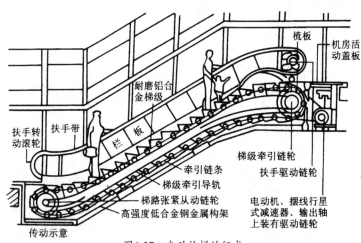

图6-37 自动扶梯的组成

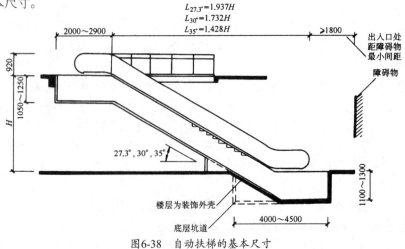

图6-38 自动扶梯的基本尺寸

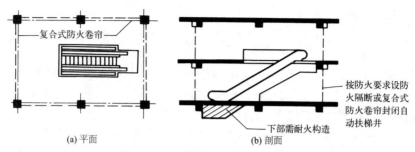

(a) 平面　　　　　　　　　(b) 剖面

图6-39　自动扶梯防火卷帘设置示意

建筑物设置自动扶梯，当上下层面积总和超过防火分区面积时，应按防火要求设置防火隔断或复合式防火卷帘封闭自动扶梯井，如图6-39所示。

思考题

1. 楼梯由几部分组成?每一部分的作用是什么?
2. 按楼梯的形式来分，楼梯有哪几种类型?
3. 封闭楼梯间、防烟楼梯间的特点是什么? 绘图说明。
4. 梯段的宽度确定以什么为依据?
5. 楼梯坡度如何确定? 踏步高与踏步宽和行人的步距的关系如何?
6. 何为楼梯的净高? 为保证人流和货物的顺利通行，要求楼梯净高一般是多少?
7. 当建筑物底层平台下做出入口时，为增加净高，常采取哪些措施?
8. 楼梯栏杆扶手的高度一般为多少?
9. 现浇钢筋混凝土楼梯常见的结构形式有哪些? 各有何特点?
10. 楼梯踏面防滑措施有哪些?
11. 栏杆与梯段、扶手如何连接? 注意识读构造图。
12. 室外台阶的组成、形式、构造要求及做法如何?
13. 坡道如何防滑?
14. 电梯由哪几部分组成? 电梯井道应满足哪些要求?

练习题

参观已建或在建建筑中楼梯各部分的做法，绘制详图。

实训案例题

1. 某四层砌体结构办公楼，层高3 000mm，外墙为370mm，内墙240mm；开敞式楼梯间开间3 300mm，进深6 600mm，底层楼梯平台下做出入口，室内外高差450mm，试设计一个平行双跑楼梯。

（1）设计要求。

① 根据以上条件，设计楼梯段宽度、长度、踏步数及其高、宽尺寸。

② 确定休息平台宽度。

③ 合理选择结构支承方式。

④ 设计栏杆形式及尺寸。

⑤ 写出计算过程。

（2）图纸要求。

① 用一张2号图纸绘制顶层、底层、标准层的平面图及楼梯剖面图，比例为1：50。

② 绘制2~3个节点大样图，比例1：10，反映楼梯各细部构造（包括踏步、栏杆、扶手等）。

③ 所有线条、材料图例均应符合现行的建筑制图标准的要求。

2. 图6-40和图6-41给出了单跑楼梯和双跑楼梯的设计方案，以供学生参考。

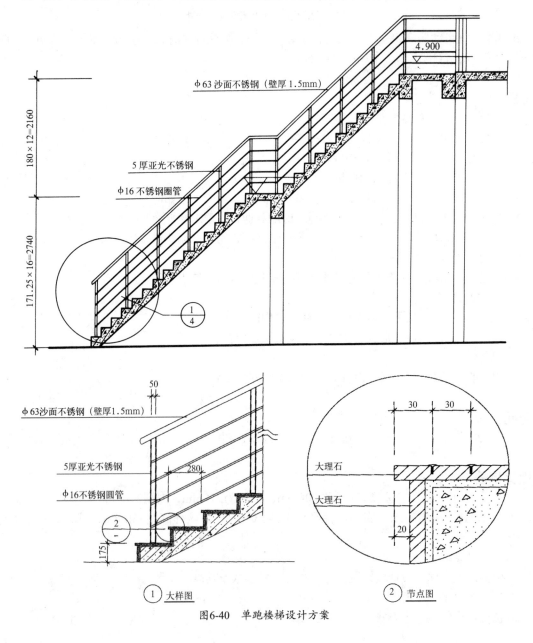

图6-40 单跑楼梯设计方案

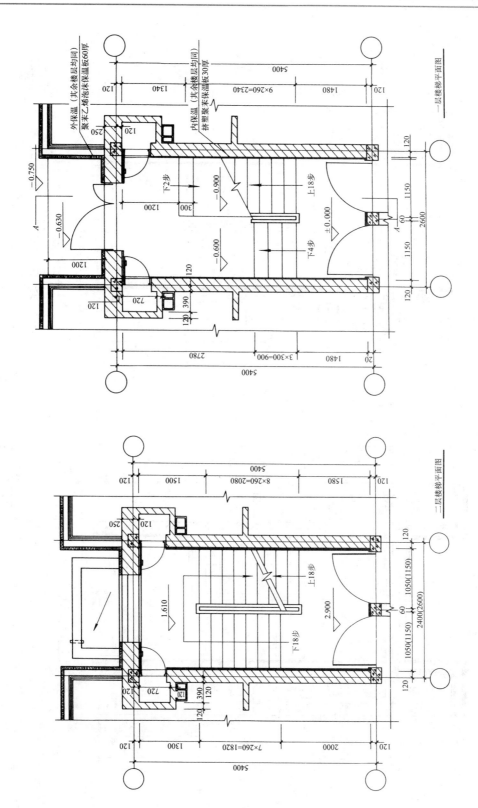

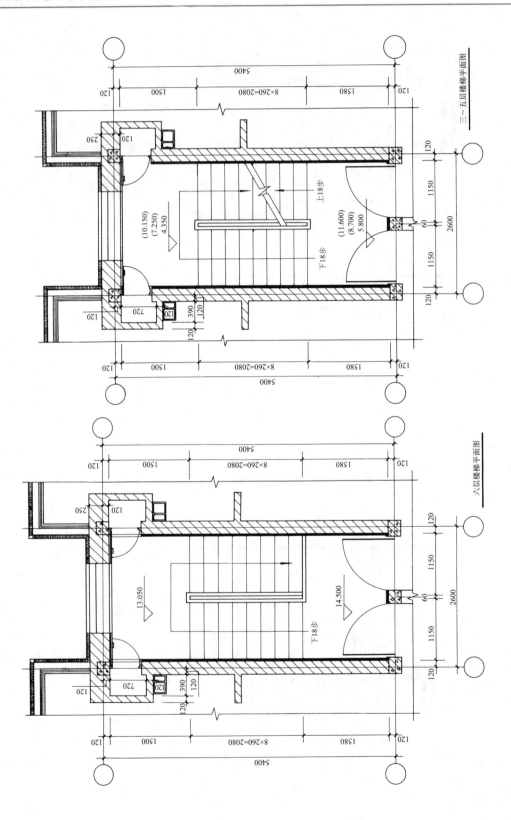

三～五层楼梯平面图

六层楼梯平面图

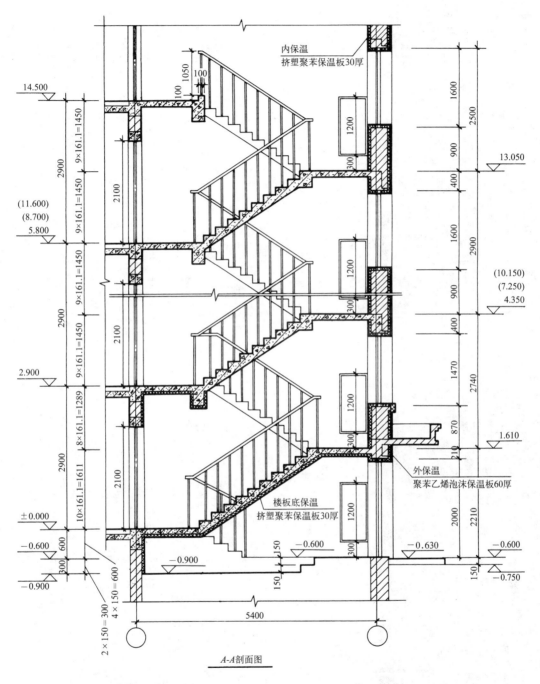

A-A剖面图

注：楼梯扶手水平段长度超过500处，高度为1050；其下部距楼面100高度内为宽100高、100的混凝土翻边。

图6-41　双跑楼梯设计方案

单元 **7**

门窗

7.1 门窗的作用及分类

7.2 门窗的构造

7.3 特殊要求的门窗

7.4 遮阳设施

思考题

练习题

单元概述：本单元主要介绍建筑门窗的作用、类型和构造要求；平开木门窗的构造和安装；铝合金、塑钢门窗等金属门窗的基本特点和连接构造；特殊要求的门窗种类；建筑中遮阳的作用及形式等。重点是平开木门窗的连接构造以及铝合金、塑钢门窗的选型与连接构造。

学习目标：

1. 熟悉门窗的作用、类型和组成。
2. 掌握平开木门、窗的构造和安装内容。
3. 熟悉铝合金、塑钢门窗的选型和连接构造。
4. 了解建筑中遮阳的作用与形式。

学习重点：

1. 平开木门窗的构造。
2. 铝合金、塑钢门窗的连接构造。

教学建议： 门和窗是建筑物的重要组成部分，也是建筑物的主要围护构件之一，在现实生活中门窗随处可见。教学参观实践可以通过参观校园内已建或在建工程中的建筑物的门窗外立面特点，主要是对门窗的尺度、开启形式的外观特点进行感性的了解；教学的过程中可以通过多媒体教学多展示图片的方式增强学习效果。由于我国地域广阔，气候条件差异大，对门窗也有不同的要求，学习过程中应考虑不同详图的适应性，并结合与本单元相关的建筑规范、建筑门窗标准图集等资料，加深对门窗在建筑物中各部位的细部构造做法并进一步了解门窗的使用功能。

采用项目教学法，加强实训环节的教学过程，完成规定数量的实训作业，通过设置实训作业，驱使学生达到学、做一体的能力。同时，教师在教学过程中，要严格要求，注意培养学生的自学能力和严谨细致的工作作风。

关键词： 门（door）；窗（window）；保温（insulation）；隔声（sound insulation）；节能（energy conservation）；遮阳（sunshade）

7.1　门窗的作用及分类

门（door）和窗（window）均是建筑物的重要组成部分。门在建筑中起交通联系，并兼有采光、通风的作用；窗在建筑物中主要是采光兼有通风的作用。它们均属于建筑的围护构件。同时门窗的形状、尺度、排列组合以及材料对建筑的整体造型和立面效果影响很大。在构造上，门窗还应具有一定的保温（insulation）、隔声（sound insulation）、防雨、防火、防风沙等能力，并且要开启灵活，关闭紧密，坚固耐久，便于擦洗，符合《建筑模数协调统一标准》（GBJ 2—86）的要求，以降低成本和适应建筑工业化生产的需要。在实际工程中，门窗的制作生产已具有标准化、规格化和商品化的特点，各地都有标准图供设计者选用。

7.1.1　门的分类

1. 按开启方式分

可分为平开门、弹簧门、推拉门、折叠门、卷帘门和转门等（图7-1）。

（1）平开门。平开门是水平开启的门，它的铰链装于门扇的一侧与门框相连，使门扇围绕铰链轴转动。门扇有内开和外开之分。

（2）弹簧门。弹簧门的开启方式与普通平开门相同，所不同的是弹簧铰链代替了普通铰链，借助弹簧的力量使门扇能向内、向外开启并经常保持关闭。

（3）推拉门。推拉门是门扇通过上下轨道，左右推拉滑行进行开关。

（4）折叠门。折叠门可分为侧挂式和推拉式两种。由多扇门构成，每扇门宽度为500～1000mm，一般以600mm为宜，适用于宽度较大的洞口。

（5）转门。由两个固定的弧形门套和垂直旋转的门扇构成。门扇可分为三扇或四扇，绕竖轴旋转。

（6）卷帘门。多用于商店橱窗或商店出入口外侧的封闭门。

（7）自动门。用各种信号控制，自动开门的门。

2. 按主要制作材料分

可分为木门、钢门、铝合金门、塑钢门、塑料门、玻璃钢门等。

3. 按形式和制造工艺分

可分为镶板门、实拼门（用厚板拼成不带门框的门）、夹板门、连窗门等。

4. 按用途分

可分为内门（门扇均朝向室内的门）、外门（门扇至少有一面朝向室外的门）、防火门、隔声门、保温门、安全门等。

7.1.2 窗的分类

窗按开启方式的不同（图7-2），有以下几种：

（1）平开窗。平开窗是窗扇用铰链与窗框侧边相连，可向外或向内水平开启，有单扇、双扇、多扇之分。

（2）悬窗。悬窗根据铰链和转轴的位置不同，可分为上悬窗、中悬窗和下悬窗。

（3）立转窗。立转窗是在窗扇上下两边设垂直转轴，转轴可设在中部或偏左一侧，开启时窗扇绕转轴垂直旋转。

（4）推拉窗。推拉窗分垂直推拉和水平推拉两种。窗扇沿水平或竖向导轨或滑槽推拉，开启时不占空间，图7-3为单层玻璃推拉窗。

(a) 平开门　　(b) 弹簧门　　(c) 推拉门

(d) 折叠门　　　　　　(e) 转门

图7-1　门的开启方式

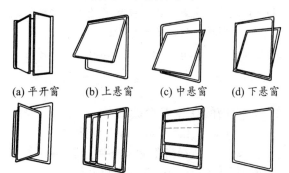

(a) 平开窗　(b) 上悬窗　(c) 中悬窗　(d) 下悬窗

(e) 立转窗　(f) 水平推拉窗　(g) 垂直推拉窗　(h) 固定窗

图7-2　窗的开启方式

图7-3　单层玻璃推拉窗

（5）固定窗。固定窗无窗扇，将玻璃直接安装在窗框上，不能开启，只供采光和眺望，多用于门的亮子窗或与开启窗配合使用。

7.2 门窗的构造

伴随着建筑门窗的发展，建筑中铝合金门窗、塑钢门窗等各方面具有良好的性能，木门窗会因气候变化而产生干湿变形、开裂而影响开启和关闭，所以木门窗主要是用于室内或不直接暴露于室外大气中使用的，但同时木门窗具有天然纹理，为造型独特提供可能。而钢门窗因其密闭性不佳而渐被淘汰，本书主要介绍木门窗、铝合金门窗、塑钢门窗，将不再介绍钢门窗。

7.2.1 平开木门构造

1．门框

1）门框的断面形式和尺寸

门框的断面形式与门的类型、层数有关，同时应利于门的安装，并具有一定的密闭性（图7-4）门框的厚度分为4种：70mm，90mm，105mm，125mm。

为便于门扇密闭，门框上要做裁口或铲口。根据门扇数与开启方式的不同，裁口的形式可分为单裁口与双裁口两种。

2）门框的安装

门框的安装分立口和塞口两种：立口又称站口，即先立门框后砌墙，如图7-5（a）所示； 塞口又称塞樘子，是在砌墙时留出门洞口，待建筑主体工程结束后再安装门框，如图7-5（b）所示。

门框与墙体之间的缝隙一般用面层砂浆直接填塞或用贴脸板封盖，寒冷地区缝内应填毛毡、矿棉、沥青麻丝或聚乙烯泡沫塑料等（图7-6）。

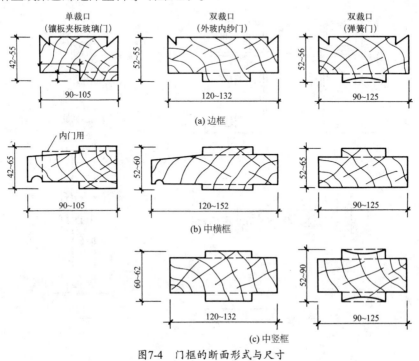

图7-4 门框的断面形式与尺寸

2. 门扇

常用的木门门扇有镶板门（包括玻璃门、纱门）和夹板门。

1）镶板门

镶板门是应用最广的一种门，门扇由骨架和门芯板组成。骨架一般由上冒头、中冒头、下冒头及边梃组成，在骨架内镶门心板，门心板常用10~15mm厚的木板、胶合板、硬质纤维板及塑料板制作，有时门芯板可部分或全部采用玻璃、百叶或金属网（图7-7）。

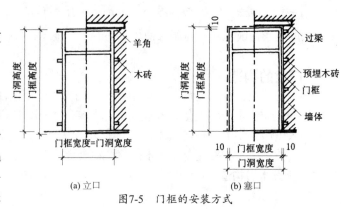

(a) 立口   (b) 塞口

图7-5 门框的安装方式

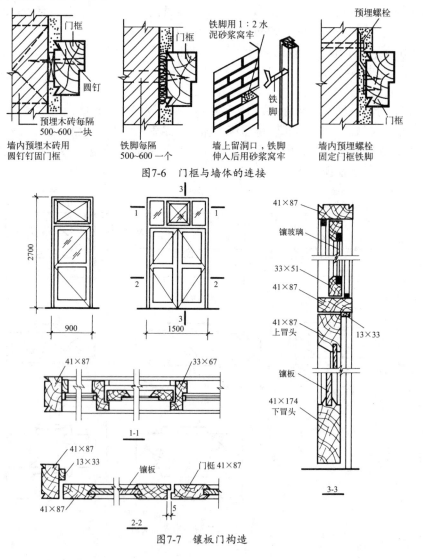

图7-6 门框与墙体的连接

图7-7 镶板门构造

2）夹板门

夹板门也称贴板门或胶合板门，是用断面较小的方木做成骨架，两面粘贴面板而成（图7-8）。

根据功能需要，可以局部加装玻璃或百叶。安装门锁处需加装宽木条。优点是用料少、自重轻，外形简洁美观，常用于建筑内门。

门扇面板可用胶合板、塑料面板或硬质纤维板，面板和骨架形成一个整体，共同抵抗变形。夹板门多为全夹板门，也有局部安装玻璃或百叶的夹板门。

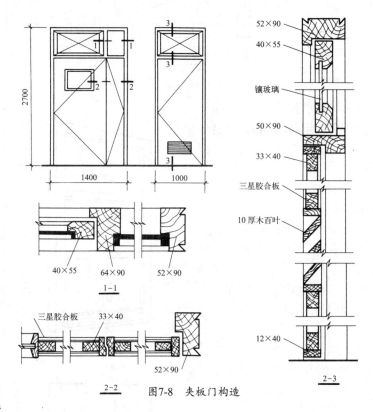

图7-8　夹板门构造

7.2.2　木窗构造

1. 窗框

1）窗框的断面形式和尺寸

窗框的断面形式与窗的类型有关，同时应利于窗的安装，并应具有一定的密闭性。窗框的断面尺寸应根据窗扇层数和榫接的需要确定（图7-9）。

同门框一样，窗框在构造上也应做裁口和背槽。裁口有单裁口和双裁口之分。

2）窗框的安装

窗框的安装方法与门框基本相同。窗框与墙体之间的缝隙应用砂浆或油膏填实，以满足防风、挡雨、保温、隔声等要求。

2. 窗扇

平开窗常见的窗扇有玻璃窗扇、纱窗扇和百叶窗，其中玻璃窗扇最普遍。一般平开窗的窗扇

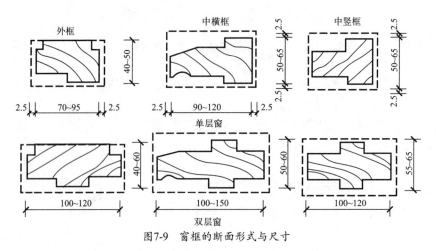

图7-9　窗框的断面形式与尺寸

高度为600~1200mm，宽度不宜大于600mm。推拉窗的窗扇高度不宜大于1500mm，窗扇由上、下冒头和边梃组成，为减少玻璃尺寸，窗扇上常设窗芯分格。

窗扇的构造处理如图7-10所示。

7.2.3　铝合金门的构造

铝合金门是用不同断面型号的铝合金型材、配套零件及密封件加工制作而成的，常用的铝合金门有推拉门、平开门、弹簧门、卷帘门等。近年来铝合金门越来越多地应用在建筑中，铝合金门具有以下特点：

（1）质量轻，强度高。

（2）具有良好的使用性能，铝合金门密封性能好，气密性、水密性、隔声性、隔热性、耐腐蚀性均比木门、普通钢门有显著提高。

（3）美观大方，坚固耐用。

以铝合金地弹簧门为例。地弹簧门是使用地弹簧作开关装置的平开门，门可以向内或向外开启。铝合金地弹簧门可分为无框地弹簧门和有框地弹簧门，有框地弹簧门的构造如图7-11所示。

7.2.4　铝合金窗的构造

铝合金窗的特点、铝合金窗的框料系列和铝合金窗的安装与铝合金门基本相同。常见的铝合金窗有推拉窗、平开窗、固定窗、悬挂窗和百叶窗等。

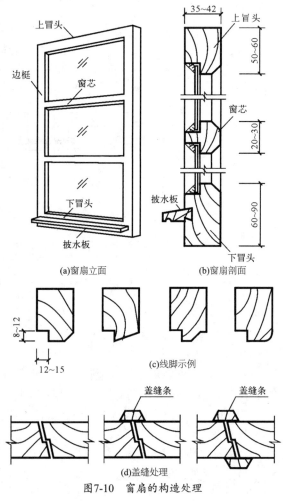

图7-10　窗扇的构造处理

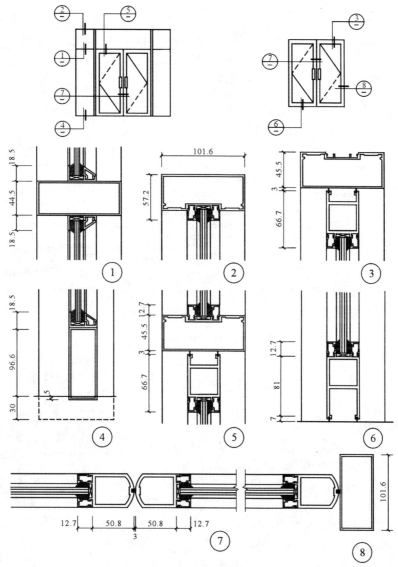

图7-11 有框地弹簧门

1. 推拉窗

铝合金推拉窗有沿水平方向左右推拉和沿垂直方向上下推拉的窗，常采用水平推拉窗。

推拉窗常用的铝合金型材有55系列、60系列、70系列、90系列等，其中70系列是目前广泛采用的窗用型材，采用90°开榫对合，螺钉连接（图7-12）。

窗扇采用两组带轴承的工程塑料滑轮，可减轻噪声，使窗扇受力均匀，开关灵活。

2. 平开窗

平开窗铰链装于窗侧面。平开窗玻璃镶嵌可采用干式装配、湿式装配或混合装配。干式装配是采用密封条嵌入玻璃与槽壁的空隙将玻璃固定。湿式装配是在玻璃与槽壁的空腔内注入密封胶填缝，密封胶固化后将玻璃固定，并将缝隙密封起来。混合装配是一侧空腔嵌密封条，另一侧空

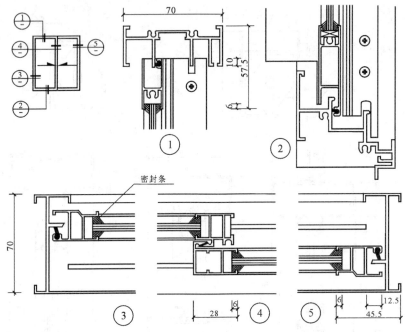

图7-12　70系列推拉窗

腔注入密封胶填缝密封固定。混合装配又分为从外侧安装玻璃和从内侧安装玻璃两种。图7-13为平开双层玻璃铝合金窗构造。

7.2.5　塑钢门窗构造

　　塑钢门窗是以改性硬质聚氯乙烯（简称UPVC）为主要原料，加上一定比例的稳定剂、着色剂、填充剂、紫外线吸收剂等辅助剂，经挤出机挤出成型为各种断面的中空异型材。经切割后，在其内腔衬以型钢加强筋，用热熔焊接机焊接成型为门窗框扇，配装上

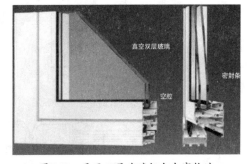

图7-13　平开双层玻璃铝合金窗构造

橡胶密封条、压条、五金件等附件而制成，它较之塑料门窗刚度更好，自重更轻。

　　塑钢门窗具有以下特点：强度好，耐冲击；保温隔热，节约能源；隔音好；气密性、水密性好；耐腐蚀性强；防火；耐老化，使用寿命长；外观精美，容易清洗。

　　与铝合金门窗相似，塑钢门窗可采用平开、推拉、旋转等形式开启。

　　塑钢窗框与墙体的连接构造方式如图7-14所示，单层玻璃塑钢推拉窗构造如图7-15所示。

7.3　特殊要求的门窗

　　1. 防火门、窗

　　防火门用于加工易燃品的车间或仓库。根据车间对防火门耐火等级的要求，门扇可以采用钢板、木板外贴石棉板再包以镀锌铁皮或木板外直接包镀锌铁皮等构造措施。考虑到木材受高温会炭化而放出大量气体，应在门扇上设泄气孔。防火门常采用自重下滑关闭门，它是将门上导轨做成

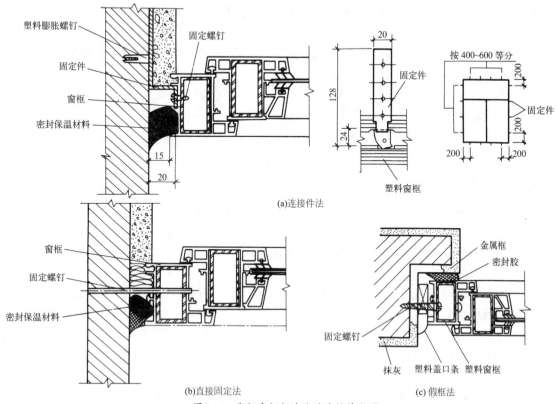

(a)连接件法

(b)直接固定法

(c)假框法

图7-14 塑钢窗框与墙体的连接节点图

5%~8%的坡度,火灾发生时,易熔合金片熔断后,重锤落地,门扇依靠自重下滑关闭。当洞口尺寸较大时,可做成两个门扇相对下滑。

防火窗必须采用钢窗或塑钢窗,镶嵌铅丝玻璃以免破裂后掉下,防止火焰窜入室内或窗外。

2. 保温、隔声门窗

保温门要求门扇具有一定热阻值和门缝密闭处理,故常在门扇两层面板间填以轻质、疏松的材料(如玻璃棉、矿棉等)。隔声门的隔声效果与门扇的材料及门缝的密闭有关,隔声门常采用多层复合结构,即在两层面板之间填吸声材料,如玻璃棉、玻璃纤维板等。

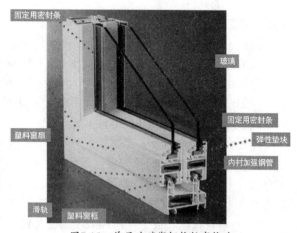

图7-15 单层玻璃塑钢推拉窗构造

一般保温门和隔声门的面板常采用整体板材(如五层胶合板、硬质木纤维板等),不易发生变形。门缝密闭处理对门的隔声、保温以及防尘有很大影响,通常采用的措施是在门缝内粘贴填缝材料,如橡胶管、海绵橡胶条、泡沫塑料条等。还应注意裁口形式,斜面裁口比较容易关闭紧密,可避免由于门扇胀缩而引起的缝隙不密合。

保温窗常采用双层窗及双层玻璃的单层窗两种。双层窗可内外开或内开、外开。双层玻璃单层窗又分为以下两种：

（1）双层中空玻璃窗，双层玻璃之间的距离为5～12mm，窗扇的上下冒头应设透气孔。

（2）双层密闭玻璃窗，两层玻璃之间为封闭式空气间层，其厚度一般为4～12mm，充以干燥空气或惰性气体，玻璃四周密封。这样可增大热阻，减少空气渗透，避免空气间层内产生凝结水。

若采用双层窗隔声，应采用不同厚度的玻璃，以减少吻合效应的影响。厚玻璃应位于声源一侧，玻璃间的距离一般为80～100mm。

3. 节能门窗

建筑外门窗是建筑保温的薄弱环节，我国寒冷地区住宅通过门窗的传热和冷风渗透引起的热损失，占房屋能耗的45%～48%，因此门窗节能（energy conservation）是建筑节能的重点。造成门窗热损失有两个途径：一是门窗面由于热传导、辐射以及对流造成；二是冷风通过门窗各种渗透造成。根据2006年12月我国住房和城乡建设部发布的《建筑门窗节能标识试点工作管理办法》，建筑门窗节能性能标识是指传热系数、遮阳系数、空气渗透率、可见光透射比等指标的信息性标识，针对以上指标，具体可从下面几个方面采取措施：

（1）保证隔热门窗框架材质和构造及玻璃的配置。寒冷地区外窗可以通过增加窗扇层数和玻璃层数来提高保温性能，还可以采用特种玻璃，如中空玻璃、吸热玻璃、反射玻璃等达到节能要求。

（2）采用密封和密闭措施。框和墙间的缝隙密封可用弹性软型材料、聚乙烯泡沫、密封膏以及边框设灰口等。框与扇间的密闭可用橡胶条、橡塑条、泡沫密闭条以及高低缝。扇与扇之间的密闭可用密闭条、高低缝及缝外压条等。窗扇与玻璃之间的密封可用密封膏、各种弹性压条等。

（3）采用正确的开启方式。以前常用的推拉门窗，框扇在轨道上滑动，密封性比较差，不利于节约能量。所以，推拉门窗的结合方式和密封构造要不断改进。

7.4 遮阳设施

遮阳（sunshade）为了防止直射阳光照入室内以减少太阳辐射热或产生眩光，避免夏季室内过热以节省能耗，保护室内物品不受阳光照射而采取的一种措施。

建筑物一般采用绿化遮阳、调整建筑物的构配件以及在窗洞口周围设置专门的遮阳设施来遮阳。遮阳设施有活动遮阳（图7-16）和固定遮阳板两种类型。固定遮阳板的基本形式有水平式、垂直式、综合式和挡板式（图7-17）。

（1）水平式遮阳板主要遮挡太阳高度角较大时从窗口上方照射下来的阳光。在窗口上方设置一定宽度的水平方向的遮阳板，可为实心板、格栅板或百叶板，较高大的窗口可在不同高度设置双层或多层水平遮阳板，能遮挡高度角较大时从窗口上方照射下来的阳光。南向及其附近朝向的窗口或北回归线以南低纬度地区北向及其附近的窗口。

（2）垂直式遮阳板主要遮挡太阳高度角较小时从窗口侧面射来的阳光。在窗口两侧设置的垂直方向的遮阳板，可垂直于墙面，也可与墙面形成一定的垂直夹角。可以遮挡高度角较小和从窗口两侧斜射过来的阳光。主要适用于南偏东、南偏西及其附近朝向的窗洞口。

（3）综合式遮阳板是水平式和垂直式遮阳板的综合，能遮挡从窗口两侧及前上方射来的阳光。其遮阳效果比较均匀，主要适用于南、东南、西南及其附近朝向的窗洞口。

（4）挡板式遮阳板主要遮挡太阳高度角较小时从窗口正面射来的阳光。主要适用于东、西向及

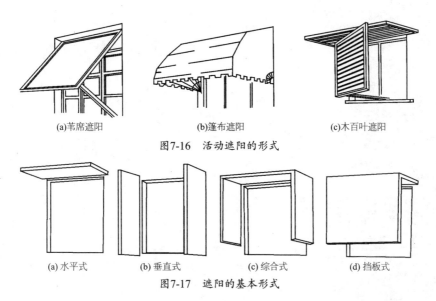

(a)苇席遮阳   (b)篷布遮阳   (c)木百叶遮阳

图7-16 活动遮阳的形式

(a) 水平式   (b) 垂直式   (c) 综合式   (d) 挡板式

图7-17 遮阳的基本形式

其附近朝向的窗洞口。在窗口前方离开窗口一定距离与窗口平行方向的垂直挡板。为有利于通风,避免遮挡视线和风,可作成格栅式或百叶式。

在实际工程中,遮阳可由基本形式演变出造型丰富的其他形式。如为避免单层水平式遮阳板的出挑尺寸过大,可将水平式遮阳板重复设置成双层或多层(图7-18(a));当窗间墙较窄时,将综合式遮阳板连续设置(图7-18(b),(c));挡板式遮阳板结合建筑立面处理,或连续或间断(图7-18(d))。

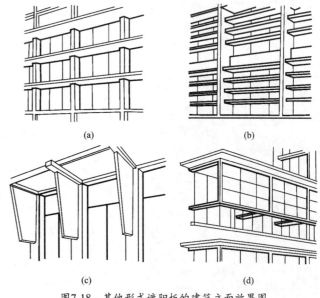

(a)   (b)

(c)   (d)

图7-18 其他形式遮阳板的建筑立面效果图

思考题

1. 门和窗的作用分别是什么?
2. 门和窗各有哪几种开启方式?它们各有何特点?
3. 平开木门窗的构造如何?
4. 铝合金门窗、塑钢门窗的构造如何?
5. 建筑物中的遮阳措施有哪些?

练习题

参观已建或在建建筑中门窗的连接构造做法,绘制详图。

单元 8
变形缝

8.1　变形缝的类型
8.2　变形缝的构造
思考题
练习题

单元概述： 本单元主要介绍变形缝的基本概念、变形缝的类型与作用、设置原则以及各类变形缝的设置宽度，介绍了各种变形缝的特点、相互区别和缝两侧的结构布置方案。要求了解变形缝的种类和设置原则，掌握各类变形缝在墙体、屋顶、楼地面基础各位置的构造处理做法。

学习目标：

1. 熟悉建筑变形缝的概念。
2. 掌握变形缝的类型、作用、设置原则及相互间的区别。
3. 掌握变形缝在墙体、楼地面、屋面等各位置的构造处理方法。

学习重点：

1. 变形缝的类型、作用、设置原则。
2. 变形缝在墙体、楼地面、屋面等各位置的构造处理方法。

教学建议： 本单元内容相对简单，不同变形缝的设置具有一定的类似性，教学参观实践可以通过参观校园内已建或在建工程中的建筑物的变形缝，增加感性认识，主要是对变形缝的设置位置、宽度及变形缝的外观构造特点进行感性的了解；教学的过程中可以通过多媒体教学展示图片的方式增强学习效果，并结合与本单元相关的建筑规范、建筑标准图集等资料，加深对各类变形缝在建筑物中各部位的细部构造做法的理解。

　　实训是实践性较强的过程，学生在学习的基础上，应充分利用相关参考资料并结合日常的生产实践提高理论知识和学习技能，认真完成规定数量的实训作业，通过设置实训作业，使学生具备学、做一体的能力。同时，教师在教学过程中，要严格要求，注意培养学生的自学能力和严谨细致的工作作风。

关键词： 变形缝（deformation joint）；伸缩缝（expansion joint）；沉降缝（settlement joint）；防震缝（seismic joint）；设防烈度（design intensity）

　　建筑物由于受温度变化、地基不均匀沉降以及地震的影响，结构内将产生附加的变形和应力，如果不采取措施或措施不当，会使建筑物产生裂缝，甚至倒塌，影响使用与安全。为避免这种状态的发生，可以采取"阻"或"让"两种不同措施。前者是通过加强建筑物的整体性，使其具有足够的强度与刚度，以阻止这种破坏；后者是在变形敏感部位将结构断开，预留缝隙，使建筑物各部分能自由变形，不受约束，即以退让的方式避免破坏。后种措施比较经济，常被采用，但在构造上必须对缝隙加以处理，满足使用和美观要求。建筑物中这种预留缝隙称为变形缝（deformation joint）。

8.1　变形缝的类型

　　变形缝是为防止建筑物在外界因素（温度变化、地基不均匀沉降及地震）作用下产生变形，导致开裂甚至破坏而人为设置的适当宽度的缝隙，包括伸缩缝（expansion joint）、沉降缝（settlement joint）和抗震缝（seismic joint）三种类型。

　　1. 伸缩缝

　　为防止建筑构件因温度变化而产生热胀冷缩，使房屋出现裂缝，甚至破坏，沿建筑物长度方向每隔一定距离设置的垂直缝隙称为伸缩缝，也叫温度缝。

　　建筑物因受温度变化的影响而产生热胀冷缩，在结构内部产生温度应力，当建筑物长度超过一定限度、建筑平面变化较多或结构类型变化较大时，建筑物会因热胀冷缩导致变形较大，从而产生开裂。为预防这种情况发生，常常沿建筑物长度方向每隔一定距离或在结构类型变化处预留缝隙，把建筑物的墙体、楼板层、屋顶等地面以上部分全部断开，基础部分因受温度变化影响较小，故不需断开。

伸缩缝的位置和间距与建筑物的材料、结构形式、使用情况、施工条件及当地温度变化情况有关。结构设计规范对砌体建筑和钢筋混凝土结构建筑的伸缩缝最大间距所作的规定见表8-1和表8-2。

表8-1　　　　　　　　　　砌体房屋温度伸缩缝的最大间距　　　　　　　　　　单位：m

屋盖或楼盖类别		间距
整体式或装配整体式钢筋混凝土结构	有保温层或隔热层的屋盖、楼盖	50
	无保温层或隔热层的屋盖	40
装配式无檩体系钢筋混凝土结构	有保温层或隔热层的屋盖、楼盖	60
	无保温层或隔热层的屋盖	50
装配式有檩体系钢筋混凝土结构	有保温层或隔热层的屋盖、楼盖	75
	无保温层或隔热层的屋盖	60
瓦材屋盖、木屋盖、轻钢屋盖		100

表8-2　　　　　　　　　　钢筋混凝土结构伸缩缝最大间距　　　　　　　　　　单位：m

结构类型		室内或土中	露天
排架结构	装配式	100	70
框架结构	装配式	75	50
	现浇式	55	35
剪力墙结构	装配式	65	40
	现浇式	45	30
挡土墙、地下室墙等类结构	装配式	40	30
	现浇式	30	20

2. 沉降缝

为防止建筑物各部分由于地基不均匀沉降引起房屋破坏所设置的垂直缝隙称为沉降缝。在工程设计时，应尽可能通过合理的选址、地基处理、建筑体型的优化、结构选型和计算方法的调整及施工程序上的配合（如高层建筑与裙房之间采用后浇带的办法）来避免或克服不均匀沉降，从而达到不设或尽量少设沉降缝的目的。

凡属下列情况时均应考虑设置沉降缝：

（1）同一建筑物相邻部分的高度相差较大或荷载大小相差悬殊及结构形式变化之处，易导致地基沉降不均匀时（图8-1）；

（2）当建筑物各部分相邻基础的形式、宽度及埋置深度相差较大，造成基础底部压力有很大差异，易形成不均匀沉降时；

（3）当建筑物建造在不同地基上，且难于保证均匀沉降时；

（4）建筑物体形比较复杂，连接部位又比较薄弱时；

（5）新建建筑物与原有建筑物紧相毗连时。

沉降缝的宽度与地基情况及建筑高度有关，地基越软的建筑物，沉陷的可能性越高，沉降后所产生的倾斜距离越大。沉降缝的宽度见表8-3。

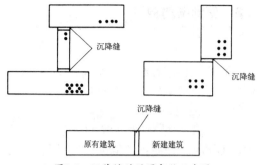

图8-1　沉降缝的设置部位示意图

表8-3　　　　　　　　　　　　　沉降缝的宽度

地基性质	建筑物高度或层数	缝宽/mm
一般地基	$H<5m$	30
	$H=5\sim10m$	50
	$H=10\sim15m$	70
软弱地基	2~3层	50~80
	4~5层	80~120
	5层以上	>120
湿陷性黄土地基	—	≥30~70

3. 抗震缝

建造在抗震设防烈度为6～9度地区的房屋，为了防止建筑物各部分在地震时相互撞击引起破坏，按抗震要求设置的垂直缝隙即抗震缝。

抗震缝的设置原则依抗震设防烈度（design intensity）、房屋结构类型和高度不同而异。对多层砌体房屋来说，应重点考虑采用整体刚度较好的横墙承重或纵横墙混合承重的结构体系，在设防烈度为8度和9度地区，有下列情况之一时宜设抗震缝：

（1）房屋立面高差在6m以上；

（2）房屋有错层，且楼板高差较大；

（3）房屋各组成部分结构刚度、质量截然不同。

抗震缝的宽度与房屋高度和抗震设防烈度有关，抗震缝宽度见表8-4。设防烈度为8度地区的高层建筑按建筑总高度的1/250考虑。

表8-4　　　　　　　　　　　　　抗震缝的宽度

建筑物高度/m	设计烈度	抗震缝宽度/mm	
≤15	按设计烈度的不同 按设计烈度	多层砖房	50~70
		多层钢筋混凝土房屋	70
>15	6	高度每增高5m	在70基础上增加20
	7	高度每增高4m	
	8	高度每增高3m	
	9	高度每增高2m	

8.2 变形缝的构造

8.2.1 墙体变形缝

1. 伸缩缝

根据墙体的材料、厚度及施工条件，伸缩缝可做成平缝、错口缝、企口缝等形式（图8-2）。

某建筑物墙体伸缩缝的外观如图8-3所示。外墙伸缩缝内应填塞具有防水、保温和防腐性能的弹性材料，如沥青麻丝、泡沫塑料条、橡胶条、油膏等，如图8-4(a)所示。内侧缝口通常用具有一定装饰效果的木质盖缝条、金属片或塑料片遮盖，仅一边固定在墙上，如图8-4(b)所示。

2. 沉降缝

沉降缝一般兼起伸缩缝的作用，其构造与伸缩缝构造基本相同，只是调节片或盖缝板在构造上应保证两侧墙体在水平方向和垂直方向均能自由变形。

一般外侧缝口宜根据缝的宽度不同，采用两种形式的金属调节片盖缝（图8-5），内墙沉降缝及外墙内侧缝口的盖缝同伸缩缝。

3. 抗震缝

抗震缝构造与伸缩缝、沉降缝构造基本相同。考虑抗震缝宽度较大，构造上更应注意盖缝的牢固、防风、防雨等，寒冷地区的外缝口还须用具有弹性的软质聚氯乙烯泡沫塑料、聚苯乙烯泡沫塑料等保温材料填实（图8-6）。

图8-2 墙体伸缩缝的形式

图8-3 某建筑物墙体伸缩缝

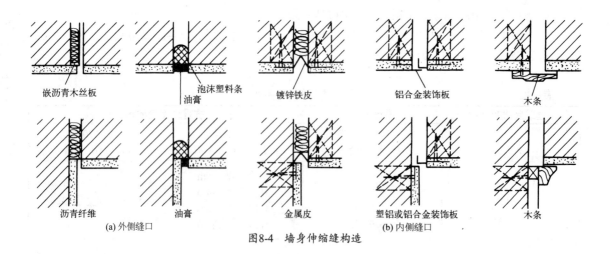

图8-4 墙身伸缩缝构造

8.2.2 楼地层变形缝

楼地层变形缝的位置和宽度应与墙体变形缝一致。

变形缝一般贯通楼地面各层，缝内采用具有弹性的油膏、金属调节片、沥青麻丝等材料做嵌缝处理，面层和顶棚应加设不妨碍构件之间变形需要的盖缝板，盖缝板的形式和色彩应和室内装修协调（图8-7）。

楼地面构造处理方式见图8-8，某建筑物楼地面变形缝的外观如图8-9所示。

8.2.3 屋面变形缝

1. 柔性防水屋面变形缝

不上人屋面变形缝，一般是在缝两侧各砌半砖厚矮墙，并做好屋面防水和泛水构造处理，矮墙顶部用镀锌薄钢板或混凝土盖板（图8-10）。上人屋面为便于行走，缝两侧一般不砌小矮墙，此时应切实做好屋面防水，避免雨水渗漏（图8-11）。抗震型屋面变形缝构造处理方式见图8-12。

在变形缝内部应当用具有自防水功能的柔性材料来塞缝，例如挤塑型聚苯板、沥青麻丝、橡胶条等，以防止热桥的产生。目前在工程中大量应用成品型盖缝构件，如图8-13所示。

2. 刚性防水屋面变形缝

刚性防水屋面变形缝的构造与柔性防水屋面的做法基本相同，只是防水材料不同。

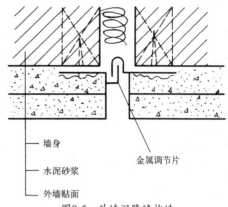

墙身
水泥砂浆
外墙贴面
金属调节片

图8-5 外墙沉降缝构造

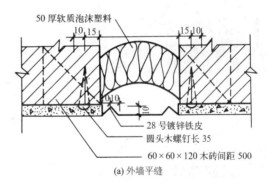

50 厚软质泡沫塑料
28 号镀锌铁皮
圆头木螺钉长 35
60×60×120 木砖间距 500

(a) 外墙平缝

50 厚软质泡沫塑料
28 号镀锌铁皮
圆头木螺钉长 35
60×60×120 木砖间距 500

(b) 外墙转角

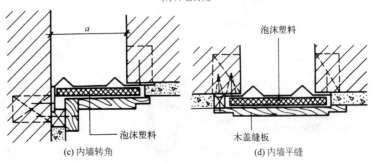

泡沫塑料

(c) 内墙转角

泡沫塑料
木盖缝板

(d) 内墙平缝

图8-6 墙体抗震缝构造

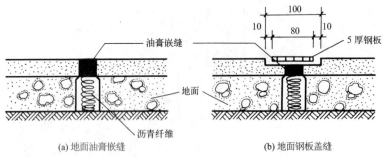

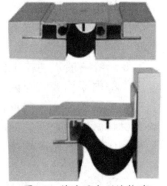

(a) 地面油膏嵌缝   (b) 地面钢板盖缝

图8-7 楼地面变形缝构造

图8-8 楼地面变形缝构造

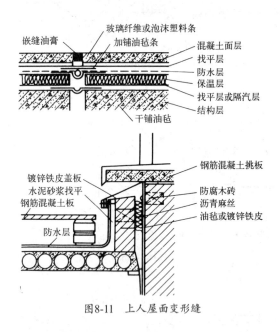

图8-9 某建筑物楼地面变形缝

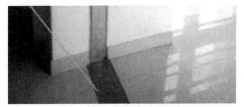

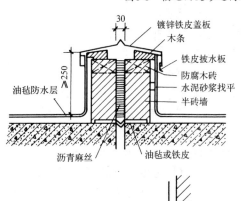

图8-10 不上人屋面变形缝

图8-11 上人屋面变形缝

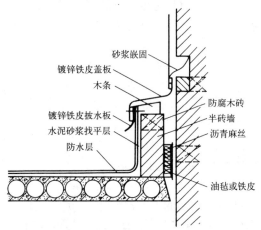

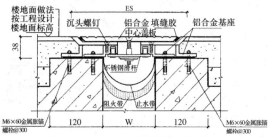

图8-12 屋面变形缝构造（抗震型）

图8-13 屋面成品变形缝盖缝板构造

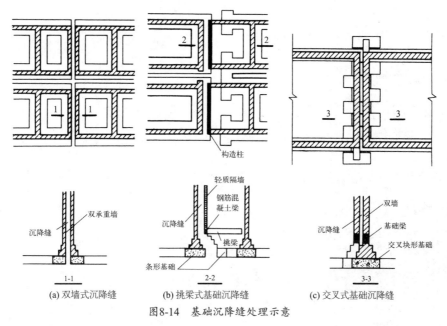

图8-14 基础沉降缝处理示意

8.2.4 基础变形缝

基础沉降缝的构造处理方案有双墙式、挑梁式和交叉式三种，如图8-14所示。

双墙式处理方案施工简单、造价低，但易出现两墙之间间距较大或基础偏心受压的情况，因此常用于基础荷载较小的房屋。

挑梁式处理方案是将沉降缝一侧的墙和基础按一般构造做法处理，而另一侧则采用挑梁支承基础梁、基础梁上支承轻质墙的做法。

交叉式处理方案是将沉降缝两侧的基础均做成墙下独立基础，交叉设置，在各自的基础上设置基础梁以支承墙体。这种做法受力明确、效果较好，但施工难度大，造价也较高。

思考题

1. 什么叫建筑变形缝？
2. 什么叫伸缩缝、沉降缝和防震缝？
3. 建筑物中哪些情况应设置伸缩缝、沉降缝和防震缝？如何确定变形缝的宽度？

练习题

参观已建或在建建筑物中变形缝的做法，绘制构造详图。

单元 9
工业建筑概述

9.1 工业建筑的特点与分类

9.2 单层工业厂房的结构组成和类型

9.3 厂房内部的起重运输设备

9.4 单层厂房的定位轴线

思考题

练习题

单元概述：本单元首先介绍工业建筑的特点及分类，然后介绍单层工业厂房的结构组成和类型，对单层厂房内的起重运输设备只做了简单的介绍。由于单层厂房的定位轴线与跨度、柱距、吊车吨位都有关，所以单层厂房的定位轴线相对民用建筑复杂很多，是本单元的难点。

学习目标：

1. 了解工业厂房建筑的特点与分类。
2. 掌握单层工业厂房结构组成和类型。
3. 熟练掌握单层厂房定位轴线。
4. 了解厂房内部的起重运输设备。

学习重点：

1. 单层工业厂房结构组成和类型。
2. 单层厂房定位轴线。

教学建议：建议采用实践探究法，带领学生参观几种不同类型的单层厂房，让学生自己分类，教师最后做点评，然后选择一典型单层厂房做实物，让学生认识各部分的组成和名称，观察并说出吊车的类型。结合实际让学生了解什么是柱距，什么是跨度，边柱、端柱、中柱、变形缝处柱是如何定位，并让学生归纳单层厂房如何定位。

关键词：工业建筑（industrial architecture）；吊车（crane）；厂房（workshop）；柱网（column network）；跨度（span）；柱距（column spacing）

9.1 工业建筑的特点与分类

工业建筑(industrial architecture)是各类工厂为工业生产需要而建造的各种不同用途的建筑物和构筑物的总称。通常把用于工业生产的建筑物称为工业厂房（workshop）。

9.1.1 工业建筑的特点

工业建筑和民用建筑具有建筑的共性，但由于工业建筑是直接为工业生产服务的，所以生产工艺将直接影响到建筑平面布局、建筑结构、建筑构造、施工工艺等，这与民用建筑又有很大差别。工业建筑具有以下一些特点：

（1）厂房要满足生产工艺流程的要求。每一种工业产品的生产都有它一定的生产程序，这种程序称为生产工艺流程。生产工艺流程的要求是厂房平面布置和形式的主要依据之一。

（2）工业建筑常要求有较大的内部空间。许多工业产品的体积、质量都很大，厂房内一般都有笨重的机器设备、起重运输设备（吊车）等。

（3）厂房要有良好的通风和采光。有的厂房在生产过程中会散发出大量的余热、烟尘、有害气体、有侵蚀性的液体以及生产噪音等。

（4）满足特殊方面的要求。有的厂房为保证正常生产，要求保持一定的温、湿度或防尘、防振、防爆、防菌、防放射线等，必要时采取相应的特殊技术措施。

（5）厂房内通常会有各种工程技术管网，如上下水、热力、压缩空气、煤气、氧气和电力供应管道等。

（6）厂房内常有各种运输车辆通行。生产过程中有大量的原料、加工零件、半成品、成品、废料等需要用电瓶车、汽车或火车进行运输。

9.1.2 工业建筑的分类

由于生产工艺的多样化和复杂化，工业建筑的类型很多，通常归纳为以下几种类型。

1. 按厂房的用途分

（1）主要生产厂房。用于完成主要产品从原料到成品的整个加工、装配过程的各类厂房，如机械制造厂的铸造车间、热处理车间、机械加工车间和机械装配车间等。

（2）辅助生产厂房。为主要生产车间服务的各类厂房。如机械制造厂的机械修理车间、电机修理车间、工具车间等。

（3）动力用厂房。为全厂提供能源的各类厂房，如发电站、变电所、锅炉房、煤气站、乙炔站、氧气站和压缩空气站等。

（4）贮藏用建筑。贮藏各种原材料、半成品、成品的仓库，如机械厂的金属材料库、油料库、辅助材料库、半成品库及成品库等。

（5）运输用建筑。用于停放、检修各种交通运输工具用的房屋，如机车库、汽车库、电瓶车库、起重车库、消防车库和站场用房等。

（6）其他。污水处理建筑等。

2. 按层数分

（1）单层厂房。是工业建筑的主体，多用于机械制造工业、冶金工业和其他重工业等（图9-1）。

（2）多层厂房。一般为2~5层，多用于精密仪表、电子、食品、服装加工工业等（图9-2）。

（3）混合层数厂房。同一厂房内既有单层又有多层的厂房称为混合层数厂房，多用于化学工业、热电站等，如热电厂的主厂房，汽轮发电机设在单层跨内，其他为多层（图9-3）。

3. 按生产状况分

（1）热加工车间。在高温状态下生产，往往生产中会散发出大量余热、烟雾、灰尘和有害气体，如铸造、煤钢、轧钢、锅炉房等。

（2）冷加工车间。在正常温、湿度条件下进行生产的车间，如机械加工、机械装配、工具、机修等车间。

（3）恒温恒湿车间。在恒定的温、湿度条件下进行生产的车间，如纺织车间、精密仪器车间、酿造车间等。

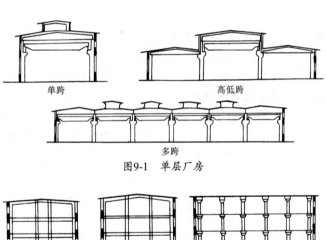

单跨　　　　　　　　　　高低跨

多跨

图9-1　单层厂房

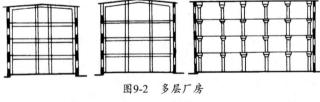

图9-2　多层厂房

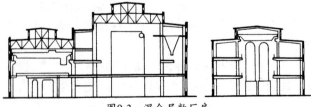

图9-3　混合层数厂房

（4）洁净车间。指在无尘无菌、无污染的高度洁净状况下进行生产的车间，如医药工业中的粉针剂车间、集成电路车间等。

（5）其他特种状况的车间。指有特殊条件要求的车间，如有大量腐蚀性物质、有放射性物质、高度隔声、防电磁波干扰车间等。

9.2　单层工业厂房的结构组成和类型

9.2.1　单层厂房结构组成

在厂房建筑中，支承各种荷载作用的构件所组成的骨架，通常称为结构。目前，我国单层工业厂房一般采用的是装配式钢筋混凝土横向排架结构（图9-4）。

（1）基础。承受柱和基础梁传来的全部荷载，并将荷载传给地基。

（2）排架柱。是厂房结构的主要承重构件，承受屋架、吊车梁、支撑、连系梁和外墙传来的荷载，并把它传给基础。

（3）屋架（屋面梁）。是屋盖结构的主要承重构件，承受屋盖上的全部荷载，并将荷载传给柱子。

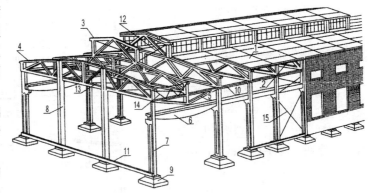

1—屋面板；2—天沟板；3—天窗架；4—屋架；5—托架；6—吊车梁；7—排架柱；
8—抗风柱；9—基础；10—连系梁；11—基础梁；12—天窗架垂直支撑；
13—屋架下弦横向水平支撑；14—屋架端部垂直支撑；15—柱间支撑
图9-4　单层厂房的组成

（4）吊车梁。承受吊车和起重的重量及运行中所有的荷载（包括吊车起动或刹车产生的横向、纵向刹车力）并将其传给框架柱。

（5）基础梁。承受上部墙体重量，并把它传给基础。

（6）连系梁。是厂房纵向柱列的水平连系构件，用以增加厂房的纵向刚度，承受风荷载和上部墙体的荷载，并将荷载传给纵向柱列。

（7）支撑系统构件。加强厂房的空间整体刚度和稳定性，它主要传递水平荷载和吊车产生的水平刹车力。

（8）屋面板。直接承受板上的各类荷载（包括屋面板自重，屋面覆盖材料，雪、积灰及施工检修等荷载），并将荷载传给屋架。

（9）天窗架。承受天窗上的所有荷载并把它传给屋架。

（10）抗风柱。同山墙一起承受风荷载，并把荷载中的一部分传到厂房纵向柱列上去，另一部分直接传给基础。

（11）外墙。厂房的大部分荷载由排架结构承担，因此，外墙是自承重构件，主要起着防风、防雨、保温、隔热、遮阳、防火等作用。

（12）窗与门。供采光、通风、日照和交通运输用。

（13）地面。满足生产使用及运输要求等。

9.2.2 单层厂房结构类型

按主要承重结构的形式分，主要有排架结构和刚架结构。

1. 排架结构

排架结构是由柱子、基础、屋架（屋面梁）构成的一种骨架体系。它的基本特点是把屋架看成为一个刚度很大的横梁，屋架（屋面梁）与柱子的连接为铰接，柱子与基础的连接为刚接（图9-5）。

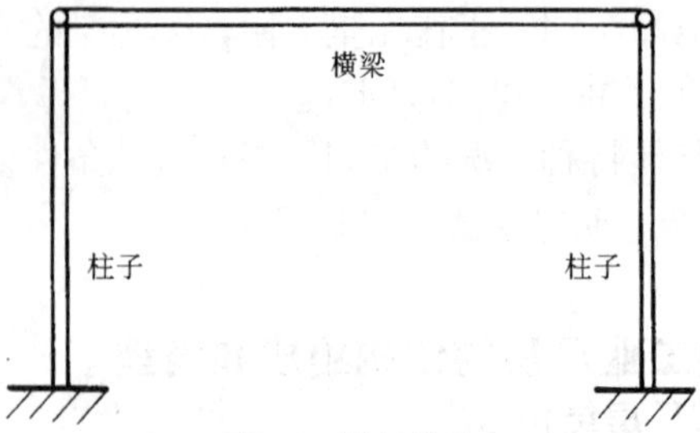

2. 刚架结构

刚架结构是将屋架（屋面梁）与柱子合并成为一个构件。柱子与屋架（屋面梁）连接处为一整体刚性节点，柱子与基础的连接为铰接节点（图9-6）。

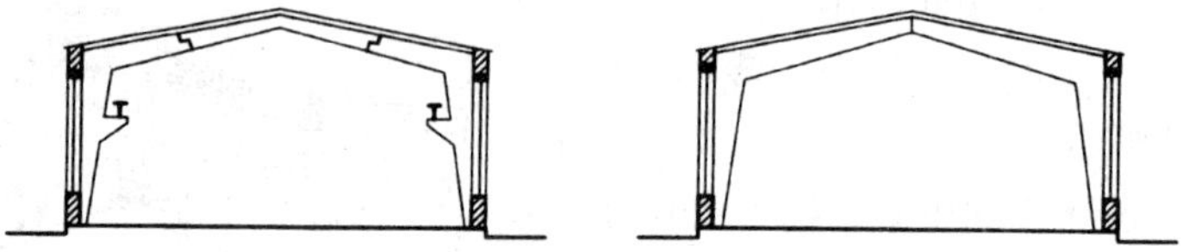

9.3 厂房内部的起重运输设备

单层工业厂房内需要安装各种类型的起重运输设备，以便搬运各种零部件进行组装，常用的吊车(crane)有以下三种。

1. 悬挂式单轨吊车

由电动葫芦和工字钢轨道两部分组成。工字钢轨可以悬挂在屋架（屋面梁）下弦。电动葫芦悬挂在工字钢轨上，有手动和电动。起重量为1~5t（图9-7）。

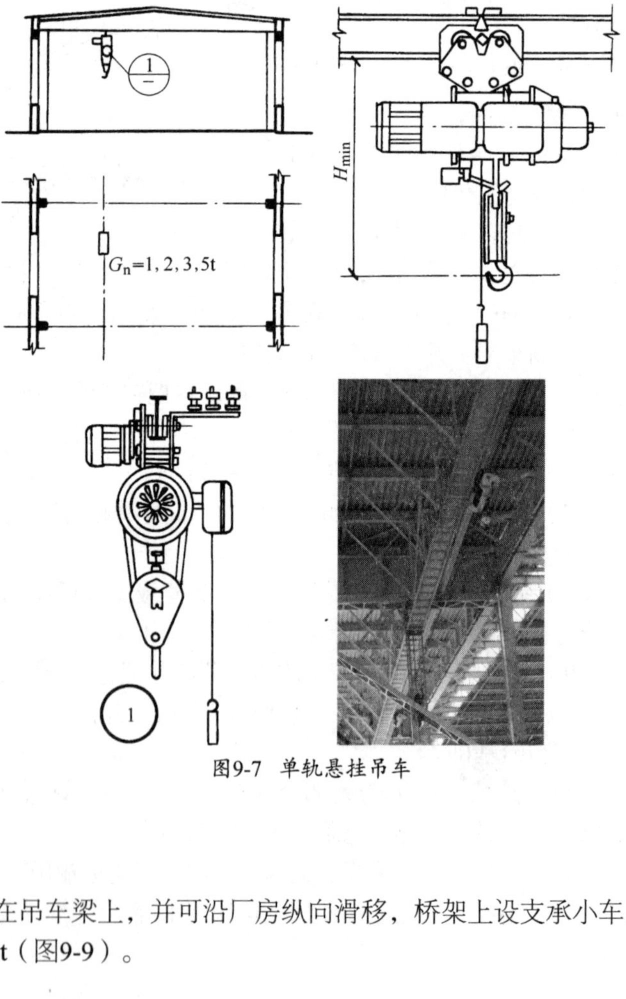

2. 单梁电动起重吊车

由电动葫芦和梁架组成。梁架可以悬挂在屋架下皮或支承在吊车梁上，工字钢轨固定在架上，电动葫芦仍安装在工字钢轨上。梁架沿厂房纵向移动，电动葫芦沿厂房横向移动，起重量为0.5~5t（图9-8）。

3. 桥式吊车

由桥架和起重小车组成。桥架支承在吊车梁上，并可沿厂房纵向滑移，桥架上设支承小车，小车能沿桥架横向滑移，起重量为5~350t（图9-9）。

图9-5 排架结构

图 9-6 刚架结构

图9-7 单轨悬挂吊车

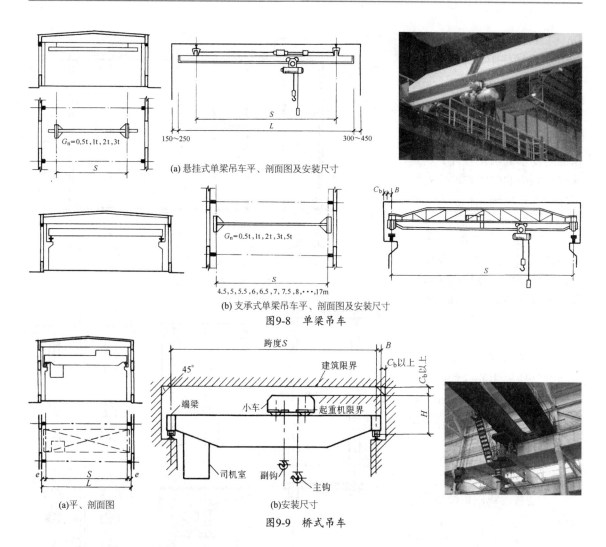

(a) 悬挂式单梁吊车平、剖面图及安装尺寸

(b) 支承式单梁吊车平、剖面图及安装尺寸

图9-8 单梁吊车

(a)平、剖面图

(b)安装尺寸

图9-9 桥式吊车

9.4 单层厂房的定位轴线

定位轴线是确定厂房主要构件的位置及其标志尺寸的基线，也是设备定位、安装及厂房施工放线的依据，本节简要介绍横向排架结构单层厂房定位轴线的有关内容。

9.4.1 柱网尺寸

厂房的定位轴线分为横向定位轴线和纵向定位轴线两种。通常把与横向排架平面平行的轴线称为横向定位轴线，与横向排架平面垂直的轴线称为纵向定位轴线，纵、横向定位轴线在平面上形成有规律的网格称为柱网（column network），如图9-10所示。

1. 跨度

两纵向定位轴线间的距离称为跨度（span）。单层厂房的跨度在18m及18m以下时，取30M数列，如9m，12m，15m，18m；在18m以上时，取60M，如24m，30m，36m等。

2. 柱距

两横向定位轴线的距离称为柱距（column spacing）。单层厂房的柱距应采用60M数列，如

6m，12m，一般情况下均采用6m。抗风柱柱距宜采用15M数列，如4.5m，6m，7.5m。

9.4.2 定位轴线的确定

1. 横向定位轴线

（1）除了靠山墙的端部柱和横向变形缝两侧柱外，厂房纵向柱列中的中间柱的中心线应与横向定位轴线相重合，如图9-11所示。

（2）山墙为非承重墙时，墙内缘与横向定位轴线相重合，且端部柱应自横向定位轴线向内移动600mm，如图9-12所示。

（3）在横向伸缩缝或防震缝处，应采用双柱及两条定位轴线，且柱的中心线均应自定位轴线向两侧各移600mm，如图9-13所示。两定位轴线的距离叫插入距，用 a_i 表示，一般等于变形缝宽度 a_e。

2. 纵向定位轴线

1）边柱与纵向定位轴线的关系

（1）封闭结合。当结构所需的上柱截面高度 h、吊车桥架端头长度 B 及吊车安全运行时所需桥架端头与上柱内缘的间隙 C_b 三者之和小于吊车轨道中心线至厂房纵向定位轴线间的距离 e（一般为750mm），即

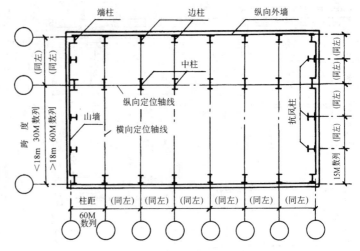

图9-10 单层厂房定位轴线

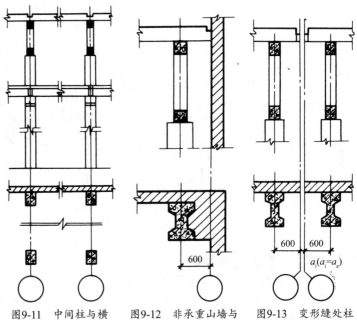

图9-11 中间柱与横向定位轴线的联系

图9-12 非承重山墙与横向定位轴线的联系

图9-13 变形缝处柱与定位轴线的联

$h+B+C_b \leqslant e$ 时，边柱外缘、墙内缘宜与纵向定位轴线相重合，此时屋架部与墙内缘也重合，形成"封闭结合"的构造，如图9-14所示。

（2）非封闭结合。当 $h+B+C_b>e$，此时若继续采用"封闭结合"的定位办法，便不能满足吊车安全运行所需间隙要求。因此需将边柱的外缘从纵向定位轴线向外移出一定尺寸，称为"联系尺寸"。由于纵向定位轴线与柱子边缘间有"联系尺寸"，上部屋面板与外墙之间便出现空隙，这种情况称为"非封闭结合"，如图9-15所示。

2）中柱与纵向定位轴线的关系

（1）等高厂房中柱设单柱时的定位。双跨及多跨厂房中如没有纵向变形缝时，宜设置单柱和一条纵向定位轴线，且上柱的中心线与纵向定位轴线相重合，如图9-16(a)所示。当相邻跨内的桥式吊车起重量较大时，设两条定位轴线，两轴线间距离（插入距）用a_i表示，此时上柱中心线与插入距中心线相重合，如图9-16(b)所示。

（2）等高厂房中柱设双柱时的定位。若厂房需设置纵向抗震缝时，应采用双柱及两条定位轴线，此时的插入距a_i与相邻两跨吊车起重量大小有关。若相邻两跨吊车起重量不大，其插入距a_i等于抗震缝宽度a_e，如图9-17(a)所示，若相邻两跨中，一跨吊车起重量大，必须在这跨设联系尺寸a_c，此时插入距$a_i= a_e+a_c$，如图9-17(b)所示；若相邻两跨吊车起重量都大，两跨都需设联系尺寸a_c。此时插入距 $a_i= a_c+a_e+a_c$，如图9-17(c)所示。

（3）不等高跨中柱设单柱时的定位。不等高跨不设纵向伸缩缝时，一般采用单柱，若高跨内吊车起重量不大时，根据封墙底面的高低，可以有两种情况：如封墙底面高于低跨屋面，宜采用一条纵向定位轴线，且纵向定位轴线与高跨上柱外缘、封墙内缘及低跨屋架标志尺寸端部相重合，如图9-18(a)所示。若封墙底面低于跨屋面时，应采用两条纵向定位轴线，且插入距a_i等于封墙厚度t，即$a_i=t$，如图9-18(b)所示。

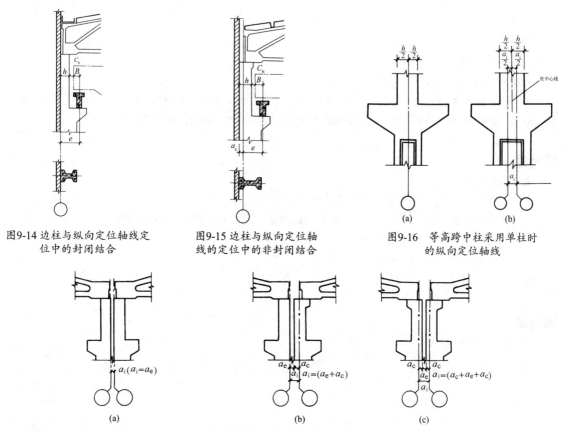

图9-14 边柱与纵向定位轴线定位中的封闭结合

图9-15 边柱与纵向定位轴线的定位中的非封闭结合

图9-16 等高跨中柱采用单柱时的纵向定位轴线

图9-17 等高跨中采用双柱时的纵向定位轴线

当高跨吊车起重大时，高跨中需设联系尺寸 a_c，此时定位轴线也有两种情况。若封墙底面高于低跨屋面时，$a_i=a_c$，如图9-18(c)所示；若封墙底面低于低跨屋面时，$a_i=a_c+t$，如图9-18(d)所示。

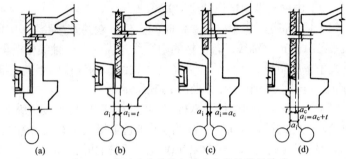

图9-18 高低跨处单柱与纵向定位轴线的关系

（4）不等高跨中柱设双柱时的定位。当不等高跨高差或荷载相差悬殊需设沉降缝时，此时只能采用双柱及两条定位轴线，其插入距 a_i 分别与吊车起重量大小、封墙高低有关。

若高跨吊车起重量不大，封墙底面高于低跨屋面时，插入距 a_i 等于沉降缝宽度 a_e，即 $a_i=a_e$，如图9-19(a)所示；封墙底面低于低跨屋面时，插入距 a_i 等于沉降缝宽度 a_e 加上封墙厚度 t，即 $a_i=a_e+t$，如图9-19(b)所示。

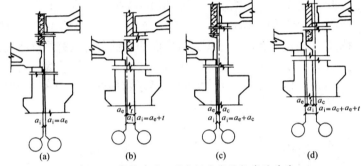

图9-19 高低跨处双柱与纵向定位轴线的关系

若高跨吊车起重量较大，高跨内需设联系尺寸 a_c，此时当封墙底面高于低跨屋面时，$a_i=a_e+a_c$，如图9-19(c)所示；封墙底面低于低跨屋面时 $a_i=a_c+a_e+t$，如图9-19(d)所示。

思考题

1. 什么是工业建筑？
2. 工业厂房建筑的特点是什么？如何分类？
3. 常见的装配式钢筋混凝土横向排架结构单层厂房主要由哪些部分组成？
4. 单层厂房的结构类型有哪些？
5. 什么是柱网、跨度、柱距？
6. 单层厂房定位轴线如何定位？

练习题

试着给你所看到的单层厂房平面定位。

单元 **10**

单层工业厂房的构造

10.1 单层工业厂房的主要结构构件
10.2 外墙、侧窗和大门
10.3 屋面和天窗
10.4 地面及其他设施
思考题
练习题

单元概述： 由于民用建筑和工业建筑有许多相同之处，因此对共性的地方本单元不再赘述，本单元主要介绍单层工业厂房的主要结构构件，如基础、基础梁、柱、屋架等，然后简要介绍单层工业厂房的外墙、侧窗、大门、屋面、天窗、地面及其他设施。天窗的构造是本单元的难点。

学习目标：

1. 掌握单层厂房基础与基础梁的类型与构造。
2. 掌握排架柱、抗风柱、屋架（屋面梁）、屋面板、吊车梁、连系梁与圈梁的构造。
3. 了解单层厂房的支撑系统。
4. 了解厂房外墙、侧窗的类型。
5. 掌握厂房大门的类型及构造。
6. 掌握厂房天窗的组成及构造。
7. 了解厂房地面、吊车梯、作业平台梯。

学习重点：

1. 主要结构构件如基础、柱、屋架、吊车梁等。
2. 大门的类型及构造。
3. 天窗的组成及构造。

教学建议： 建议采用现场教学法和比较法结合教学，由于工业建筑学生接触较少，会感觉很抽象，所以教师最好把课堂搬到施工现场，针对工程实例进行讲解，然后再与民用建筑对比，比较两者的共同点和不同点，再结合相关的建筑规范、建筑标准图集等资料教学，以达到最佳的教学效果。

关键词： 基础梁（foundation beam）；排架柱（bent frame column）；抗风柱（wind column）；吊车梁（crane beam）；连系梁（coupling beam）；圈梁（ring beam）；天窗（skylight）

10.1 单层工业厂房的主要结构构件

10.1.1 基础与基础梁

基础支承厂房上部结构的全部荷载，然后传递到地基中去，因此基础起着承上传下的作用，是厂房结构中的重要构件之一。

10.1.1.1 基础的类型

单层工业厂房的基础一般做成独立式基础，其形式有锥台形基础、板肋基础、薄壳基础等（图10-1）。当上部结构荷载较大，而地基承载力较小时，如采用杯形基础，由于底面积过大，致使相邻基础很近时，则可采用条形基础；或地基土的层理构造复杂，为防止基础的不均匀沉降，也可以采用条形基础。当地基的持力层离地表很深，上部结构的荷载又很大，且对地基的变形限制较严时，可考虑采用桩基础。

10.1.1.2 独立式基础构造

由于柱有现浇和预制两种施工方法，因此基础应采用相应的构造形式。

1. 现浇柱下基础

基础与柱均为现场浇筑

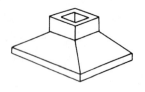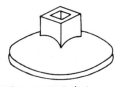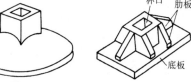

图10-1 独立基础

但不同时施工,因此应在基础顶面预留钢筋,位置数量与柱中的纵向受力钢筋相同,其伸出长度应根据柱的受力情况、钢筋规格及接头方式(焊接还是绑扎接头)来确定(图10-2)。

2. 预制柱下基础

当柱为预制时,基础的顶部做成杯口形式,柱安装在杯口内,这种基础称为杯形基础,是目前应用最广泛的一种形式(图10-3)。

为了便于柱的安装,杯口尺寸应大于柱的截面尺寸,周边留有空隙:杯口顶应比柱每边大75mm;杯口底应比柱每边大50mm;杯口深度应按结构的要求确定。在柱底面与杯口面之间还应预留50mm的找平层,在柱就位前用高标号细石混凝土找平。杯口内表面应尽

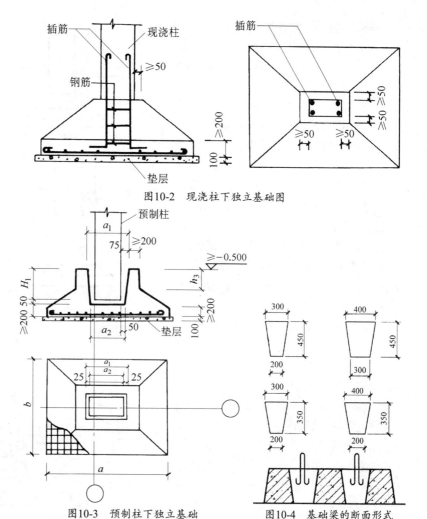

图10-2 现浇柱下独立基础图

图10-3 预制柱下独立基础

图10-4 基础梁的断面形式

量凿毛,杯口与柱子四周缝隙用C20细石混凝土填实。基础杯口底板厚度一般应不小于200mm。基础杯壁厚度一般应不小于200mm。基础杯口的顶面标高应至少低于室内地坪500mm。

基础所用材料混凝土的强度等级一般不低于C15,钢筋采用I级钢筋或Ⅱ级变形钢筋。为了便于施工放线和保护钢筋,在基础底部通常铺设C10的混凝土垫层,厚度为100mm。独立式基础的施工,目前仍普遍采用现场浇筑的方法。

10.1.1.3 基础梁

单层厂房当采用钢筋混凝土排架结构时,外墙和内墙仅起围护或隔离作用,如果外墙或内墙自设基础,则由于它所承重的荷载比柱基础小得多,容易与柱产生不均匀沉降,而导致墙面开裂。因此,一般厂房常将外墙或内墙砌筑在基础梁(foundation beam)上,基础梁两端架设在相邻独立基础上,这样可使内外墙和柱一起沉降,墙面不易开裂。

基础梁的标志尺寸一般为6m,截面形式多采用上宽下窄的梯形截面,有预应力与非预应力钢筋混凝土两种,如图10-4所示。

基础梁搁置的构造要求：

（1）基础梁顶面标高应至少低于室内地坪50mm，比室外地坪至少高100mm。

（2）基础梁一般直接搁置在基础顶面上，当基础较深时，可采取加垫块、设置高杯口基础或在柱下部分加设牛腿等措施（图10-5）。

（3）基础产生沉降时，梁底的坚实土壤也对基础梁产生反拱作用；寒冷地区土壤冻胀将对基础梁产生反拱作用，因此在基础梁底部应留有50～100mm的空隙，寒冷地区基础梁底铺设厚度大于或等于300mm的松散材料，如矿渣、干砂等（图10-6）。

10.1.2 排架柱与抗风柱

在单层工业厂房中，柱按其作用有排架柱和抗风柱两种。

10.1.2.1 排架柱

排架柱(bent frame column)是厂房结构中的主要承重构件之一。它主要承受屋盖和吊车梁等竖向荷载、风荷载及吊车产生的纵向和横向水平荷载，有时还承受墙体、管道设备等荷载。

1. 柱的类型

柱按所用的材料不同可分为钢筋混凝土柱、钢柱等，目前钢筋混凝土柱应用最为广泛。

单层工业厂房钢筋混凝土柱，基本上可分为单肢柱和双肢柱两大类。单肢柱截面形式有矩形、工字形及空心管柱。双肢柱的截面是由两肢矩形柱或两肢空心管柱用腹杆（平腹杆或斜腹杆）连接而成（图10-7）。

2. 柱的构造

1）工字形柱

工字形柱截面构造尺寸及外形要求见图10-8。

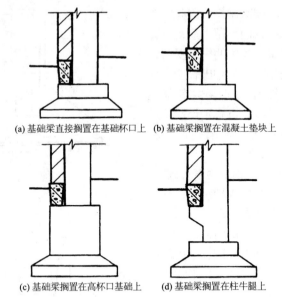

(a) 基础梁直接搁置在基础杯口上　(b) 基础梁搁置在混凝土垫块上

(c) 基础梁搁置在高杯口基础上　(d) 基础梁搁置在柱牛腿上

图10-5　基础梁的搁置

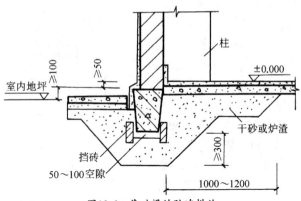

图10-6　基础梁的防冻措施

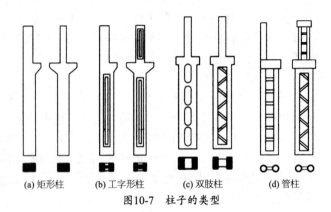

(a) 矩形柱　(b) 工字形柱　(c) 双肢柱　(d) 管柱

图10-7　柱子的类型

2）双肢柱

双肢柱的截面构造尺寸及外形要求见图10-9。

3）牛腿

实腹式牛腿的构造要求

（1）牛腿外缘高度h_k应大于或等于$h/3$，且不少于200mm。

（2）支承吊车梁的牛腿，其外缘与吊车梁的距离不宜小于70mm（其中包括20mm的施工误差）。

（3）与牛腿挑出距离$d>100mm$时，牛腿底面的倾斜角$\beta \leqslant 45°$；当$d \leqslant 100mm$时，$\beta=0°$（图10-10）。

3. 柱的预埋件

柱的预埋件参见图10-11。

10.1.2.2　抗风柱

单层工业厂房的山墙面积很大，为保证山墙的稳定性，应在山墙内侧设置抗风柱（wind column），使山墙的风荷载一部分由抗风柱传至基础，另一部分由抗风柱的上端传至屋盖系统再传至纵向柱列。

抗风柱截面形式常为矩形，尺寸常为400 mm×600 mm或400mm×800mm。抗风柱与屋架的连接多为铰接，在构造处理上必须满足以下要求：一是水平方向应有可靠的连接，以保证有效地传递风荷载；二是在竖向应使屋架与抗风柱之间有一定的相对竖向位移的可能性，以防止抗风柱与厂房沉降不均匀时屋盖的竖向荷载传给抗风柱，对屋盖结构产生不

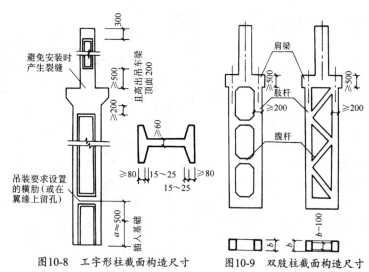

图10-8　工字形柱截面构造尺寸　　图10-9　双肢柱截面构造尺寸

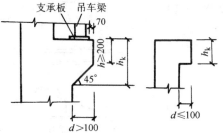

图10-10　实腹式牛腿的构造

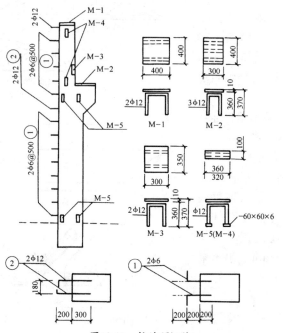

图10-11　柱的预埋件

利影响。因此，屋架与抗风柱之间一般采用弹簧钢板连接（图10-12）。

10.1.3　屋盖

1. 屋盖承重构件

屋架（屋面梁）是屋盖结构的主要承重构件，它直接承受屋面荷载，有些厂房的屋架（屋面梁）还承受悬挂吊车、管道或其他工艺设备的荷载，其类型如图10-13所示。屋架与柱的连接方法有焊接和螺栓连接。

2. 屋盖覆盖构件

屋面板的类型如图10-14所示。每块板与屋架（屋面梁）上弦相应处预埋铁件相互焊接，其焊点不少于三点，板与板缝隙均用不低于C15细石混凝土填实。

10.1.4　吊车梁、连系梁和圈梁

1. 吊车梁

当单层工业厂房设有桥式吊车（或梁式吊车）时，需要在柱子的牛腿处设置吊车梁（crane beam）。吊车梁是单层工业厂房的重要承重构件之一。

吊车梁一般为钢筋混凝土梁，截面形

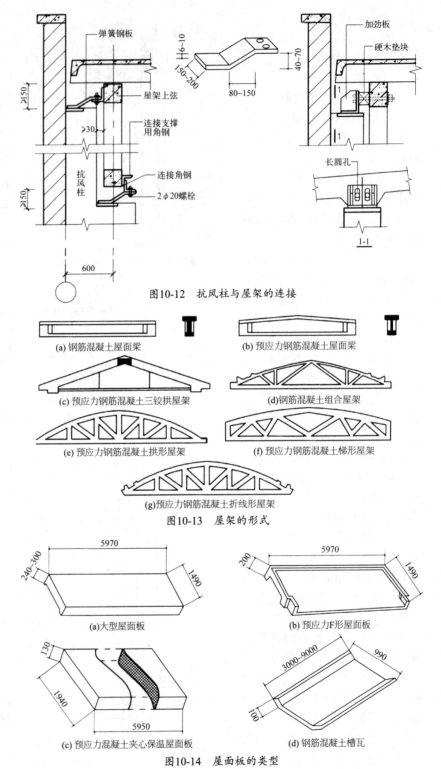

图10-12　抗风柱与屋架的连接

图10-13　屋架的形式

图10-14　屋面板的类型

式有等截面（图10-15）和变截面（图10-16）两种。

2. 连系梁

连系梁（coupling beam）是柱与柱之间在纵向的水平连系构件。当墙体高度超过15m时，须在适当的位置设置连系梁。其作用是加强结构的纵向刚度和承受其上面墙体的荷载，并将荷载传给柱子。

连系梁与柱子的连接，可以采用焊接或螺栓连接，其截面形式有矩形和L形（图10-17）。

3. 圈梁

圈梁(ring beam)是连续、封闭、在同一标高上设置的梁，作用是将砌体同厂房排架的柱、抗风柱连在一起，加强厂房的整体刚度及墙的稳定性。圈梁应在墙内，位置通常设在柱顶、吊车梁、窗过梁等处。其断面高度应不小于180mm，配筋数量主筋为4φ12，箍筋为φ6@200mm，圈梁应与柱子伸出的预埋筋进行连接（图10-18）。

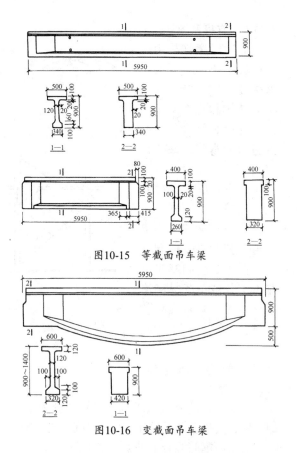

图10-15 等截面吊车梁

图10-16 变截面吊车梁

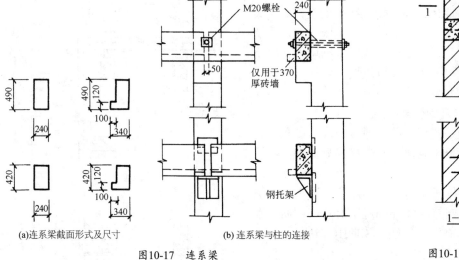

(a)连系梁截面形式及尺寸　(b)连系梁与柱的连接

图10-17 连系梁

图10-18 圈梁与柱的连接

10.1.5 支撑系统

单层厂房结构中，支撑虽然不是主要的承重构件，但它能够保证厂房结构和构件的承载力、稳定和刚度，并有传递部分水平荷载的作用。

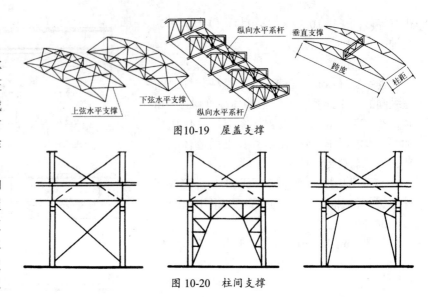

图10-19 屋盖支撑

支撑有屋盖支撑和柱间支撑两大部分。屋盖支撑包括横向水平支撑（上弦和下弦横向水平支撑）、纵向水平支撑（上弦或下弦纵向水平支撑）、垂直支撑和纵向水平系杆等（图10-19）。柱间支撑按吊车梁位置分为上部和下部两种（图10-20）。

图 10-20 柱间支撑

10.2 外墙、侧窗和大门

10.2.1 外墙

单层厂房的外墙按承重方式不同分为承重墙、承自重墙和框架墙。承重墙一般用于中、小型厂房，其构造与民用建筑构造相似。当厂房跨度和高度较大，或厂房内起重运输设备吨位较大时，通常由钢筋混凝土排架柱来承受屋盖和起重运输荷载，外墙只承受自重，起围护作用，这种墙称为承自重墙；某些高大厂房的上部墙体及厂房高低跨交接处的墙体，往往砌筑在墙梁上，墙梁架空支承在排架柱上，这种墙称为框架墙。承自重墙与框架墙是厂房外墙的主要形式。根据墙体材料不同，厂房外墙又可分为砖及砌块墙、板材墙、轻质板材墙和开敞式外墙。

10.2.1.1 砖及砌块墙

砖及砌块墙是指用烧结普通砖、烧结多孔砖、蒸压灰砂砖、混凝土砌块和轻骨料混凝土砌块砌筑的墙。

为使墙体与柱子间有可靠的连接，通常的做法是在柱子高度方向每隔500mm甩出2根ϕ6钢筋，砌筑时把钢筋砌在墙的水平缝里，如图10-21所示。

10.2.1.2 板材墙体

板材墙是我国工业建筑墙体的发展方向之一，具有减轻墙体自重、改善墙体抗震性能、充分利用

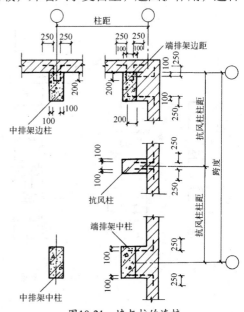

图10-21 墙与柱的连接

工业废料、加快施工速度、促进建筑的工业化水平等优点，但目前的板材墙还存在着热工性能差、连接不理想等缺点。

1. 板材墙的类型

板材墙按材料不同可分为单一材料的墙板和组合墙板两类。

1）单一材料的墙板

（1）钢筋混凝土槽形板、空心板。如图10-22所示，槽形板也称肋形板，其钢材和水泥的用量较省，但保温隔热性能差，且易积灰。空心板的钢材、水泥用料较多，但双面平整，不易积灰，并有一定保温隔热能力。

（2）配筋轻混凝土墙板。其优点是重量轻、保温隔热性能好，但易龟裂或锈蚀钢筋，故一般需加水泥砂浆等防水面层，如图10-23所示。

2）组合墙板

组合墙板一般做成轻质高强的夹心墙板，如图10-24所示。其特点是材料各尽所长，通常芯层采用高效热工材料制作，面层外壳采用承重、防腐蚀性能好的材料制作，但加工麻烦，连接复杂，板缝处热工性能差。

2. 板材墙体的布置与构造

1）板材墙的布置

墙板布置可分为横向布置、竖向布置和混合布置三种类型，如图10-25所示。

（1）横向布置的优点是板长度和柱距一致，可利用厂

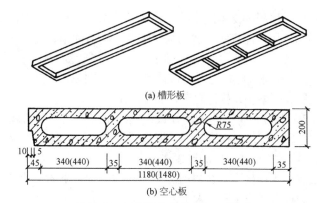

(a) 槽形板

(b) 空心板

图10-22 钢筋混凝土槽形板、空心板

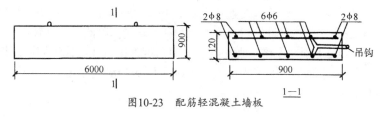

图10-23 配筋轻混凝土墙板

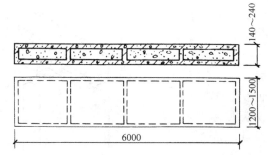

图10-24 组合墙板

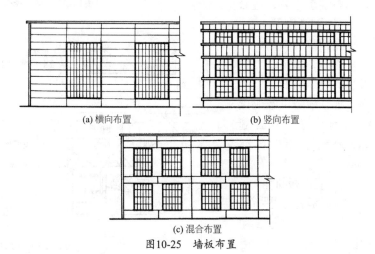

(a) 横向布置

(b) 竖向布置

(c) 混合布置

图10-25 墙板布置

房的柱作为墙板的支承或悬挂点，竖缝可由柱遮挡，不易渗透风雨，墙板本身可兼起门窗过梁与连系梁的作用，能增强厂房的纵向刚度，构造简单，连接可靠，板型较少，便于布置窗框板或带形窗等。其缺点是遇到穿墙孔洞时，墙板布置较复杂。

（2）竖向布置的优点是布置灵活，不受柱距限制，便于做成矩形窗。其缺点是板长受侧窗高度限制，板型多，构造复杂，易渗漏雨水等。

（3）混合布置中的大部分板为横向布置，在窗间墙和特殊部位竖向布置，因此它兼有横向与竖向布置的优点，布置灵活，但板型较多，构造复杂。

2）墙板的构造与柱的连接

横向布置墙板方式是目前应用最多的一种，下面主要介绍横向布置墙板的一般构造。横向布置墙板的板与柱的连接可采用柔性连接和刚性连接。

（1）柔性连接。这种连接方法是在大型墙板上预留安装孔，同时在柱的两侧相应位置预埋构件，在板吊装前焊接连接角钢，并安上栓钩，吊装后用螺栓钩将上下两块板连接起来，如图10-26所示。这种连接对厂房的振动和不均匀沉降的适应性较强。

（2）刚性连接。刚性连接是用角钢直接将柱与板的预埋件焊接连接，如图10-27所示。这种方法构造简单、连接刚度大，增加了厂房的纵向刚度。但由于板柱之间缺乏相对独立的移动条件，在振动和不均匀沉降的作用下，墙体会产生裂缝，因此不适用于烈度为7度以上的地震区，或可能产生不均匀沉降的厂房。

3）墙板板缝的处理

为了使墙板能起到防风雨、保温、隔热作用，除了板材本身要满足这些要求之外，还必须做好板缝的处理。

板缝分为水平缝和垂直缝，水平缝可做成平口缝、高低错口缝等，垂直板缝可做成直缝、单腔缝、双腔缝等，其构造如图10-28所示。

3. 轻质板材墙

轻质板材墙是指用轻质的石棉水泥板、瓦楞铁皮、塑料墙板、铝

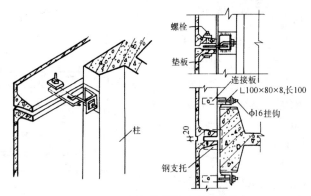

图10-26　螺栓挂钩柔性连接构造

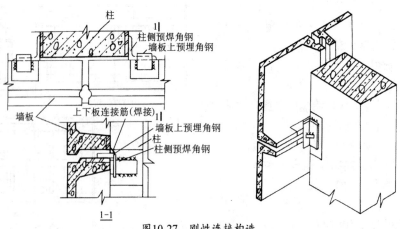

图10-27　刚性连接构造

合金板等材料做成的墙。这种墙一般起围护作用，墙身自重也由厂房骨架来承担，适用于一些不要求保温、隔热的热加工车间、防爆车间和仓库建筑的外墙。

4. 开敞式外墙

南方地区的热加工车间，为了获得良好的自然通风和迅速散热，常常做成开敞式或半开敞式外墙。其构造主要是挡雨遮阳板，目前常用的有石棉水泥瓦挡雨板和钢筋混凝土挡雨板。

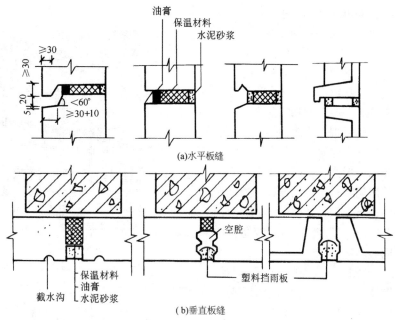

(a)水平板缝

(b)垂直板缝

图10-28 板缝构造处理

10.2.2 侧窗

单层厂房的侧窗不仅要满足采光和通风的要求，还应满足工艺上的泄压、保温、防尘等要求。由于侧窗面积较大，处理不当容易产生变形损坏和开关不便，因此侧窗的构造还应满足坚固耐久，开关方便、节省材料及降低造价的要求。通常厂房采用单层窗，但在寒冷地区或有特殊要求的车间应采用双层窗。

侧窗按开启方式分为平开窗、中悬窗、立转窗、固定窗和上悬窗等。

平开窗：构造简单，开关方便，通风效果好，并便于做成双层窗，多用于外墙下部，作为通风的进气口。

中悬窗：窗扇沿水平轴转动，开启角度可达80º，有利于泄压，并便于机械开关或绳索手动开关，常用于外墙上部。但中悬窗构造复杂，开关扇周边的缝隙易漏雨和不利于保温。

固定窗：构造简单，节省材料，多设在外墙中部，主要用于采光，对有防尘要求的车间其侧窗边也多做成固定窗。

立转窗：窗扇沿垂直轴转动，并可根据不同的风向调节开启角度，通风效果好，多用于热加工车间的外墙下部，作为进风口。

上悬窗：一般向外开，防雨性能好，但启闭不如中悬窗轻便，并且开启角度小，通风效果差，常用于厂房上部作高侧窗。

各种窗的特点及构造基本与民用建筑相同。

根据厂房的通风需要，厂房外墙的侧窗一般是将中悬窗、固定窗、平开窗等组合在一起，如图10-29所示。

10.2.3 大门

厂房大门主要用于生产运输和人流通行，因此大门的尺寸应根据运输工具的类型、运输货物的外形尺寸及通行方便等因素确定。一般门的尺寸应比装满货物时的车辆宽600~1000mm，高

400~600mm。常用厂房大门的规格如图10-30所示。

厂房大门按使用材料分，可分为木大门、钢木大门、钢板门、塑钢门等；按用途可分，可分为一般大门和特殊大门。特殊大门是根据厂房的特殊要求设计的，有保温门、防火门、冷藏库门、射线防护门、烘干室门、隔声门等；按开启方式分为平开门、折叠门、推拉门、上翻门、升降门、卷帘门、光电控制自动门等。

（1）平开钢木大门。平开钢木大门由门扇和门框组成。门扇采用焊接型钢骨架，上贴15mm厚的大门心板，寒冷地区要求保温的大门，可采用双层木板，中间填保温材料。大门门框一般采用钢筋混凝土制作，在安装铰链处预埋铁件，一般每个门扇设两个铰链，铰链焊接在预埋件上，如图10-31所示。

（2）推拉门。由门扇、上导轨、滑轨、导柄和门框组成，门扇可采用钢板门和空腹薄壁钢板等，门框一般均由钢筋混凝土制作，如图10-32所示。

（3）卷帘门。由卷帘板、导轨、卷筒和开关装置等组成。其门扇为1.5mm厚带钢轧成的帘板，帘板之间用铆钉连接。门框一般均由钢筋混凝土制作，如图10-33所示。

（4）上翻门。由门扇、平衡锤、滑轮、导轮、导向滑轮及门框等组成，门扇采用钢板、空腹薄壁钢板及钢木材料制作，门框由钢筋混凝土制作，如图10-34所示。

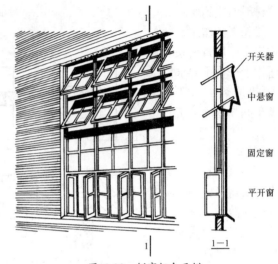

图10-29　侧窗组合示例

洞口宽/mm 运输工具	2100	2100	3000	3300	3600	3900	4200 4500	洞口高/mm
3t矿车								2100
电瓶车								2400
轻型卡车								2700
中型卡车								3000
重型卡车								3900
汽车起重机								4200
火车								5100 5400

图10-30　厂房大门尺寸

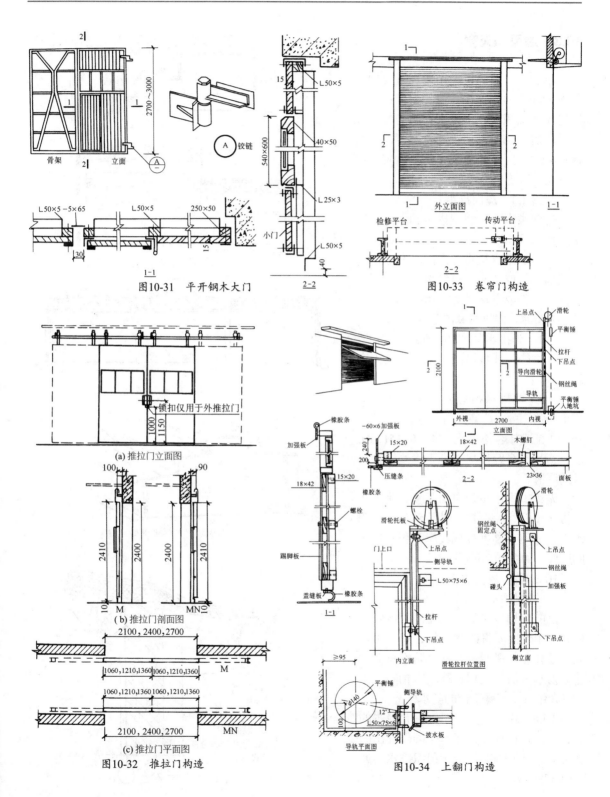

图10-31　平开钢木大门

图10-33　卷帘门构造

图10-32　推拉门构造

图10-34　上翻门构造

10.3 屋面和天窗

10.3.1 屋面

单层厂房屋面与民用建筑屋面构造基本相同，但也存在一定的差异：一是厂房屋面面积大，重量大；二是屋面直接受厂房内部的振动、高温、腐蚀性气体、积灰等因素的影响，排水、防水构造复杂，造价也比较高。

10.3.1.1 屋面排水

屋面排水有有组织排水和无组织排水两种。

有组织排水是将屋面雨水有组织地汇集到天沟或檐沟，再经雨水斗、落水管排到室外或下水道。有组织排水通常分为外排水、内排水和内落外排水。

（1）外排水如图10-35(a)所示，适用于厂房较高或地区降雨量较大的南方地区。

（2）内排水如图10-35(b)所示，适用于多跨厂房或严寒多雪北方。

（3）内落外排水如图10-35(c)所示，适用于多跨厂房或地下管线铺设复杂的厂房。

无组织排水也称自由落水，是雨水直接由屋面经檐口自由排落到散水或明沟内，适用于高度较低或屋面积灰较多的厂房，如图10-36所示。

10.3.1.2 屋面防水

1. 卷材防水

目前应用较多的为三元乙丙橡胶卷材和APP改性沥青防水卷材，屋面可做成保温和非保温两种。卷材防水屋面构造原则和做法与民用建筑基本相同，下面仅介绍几个特殊部位的防水构造。

（1）挑檐构造。一般采用带挑檐的屋面板，并将板支承在屋架端部伸出的挑梁上。挑檐一般用于无组织排水，如图10-37所示。

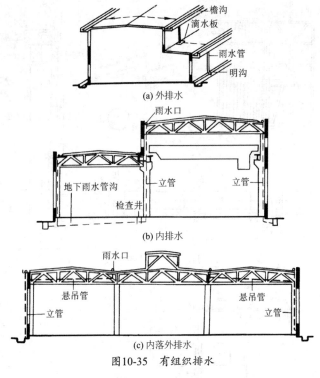

(a) 外排水

(b) 内排水

(c) 内落外排水

图10-35 有组织排水

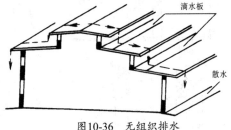

图10-36 无组织排水

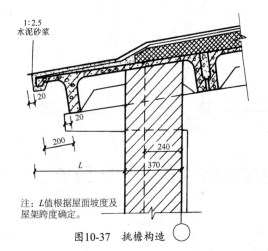

注：L值根据屋面坡度及屋架跨度确定。

图10-37 挑檐构造

（2）槽形天沟板外排水构造。将槽形天沟板支承在钢筋混凝土屋架端部挑出的水平挑梁上，适用于有组织外排水，如图10-38所示。

（3）边天沟构造。包括直接采用槽形天沟板或支掉保温层在屋面板上直接作天沟，雨水管穿透大型屋面板，从室内落下排走，适用于有组织内排水，如图10-39所示。

（4）中间天沟构造。在等高多跨厂房的两坡屋面之间，可以采用两块槽形板作天沟，或去掉屋面板上的保温层而形成的自然中间天沟，适用于中间天沟排水，如图10-40所示。

（5）山墙女儿墙构造。与民用建筑女儿墙做法基本相同，山墙顶部做现浇的钢筋混凝土压顶，以利于防水和加强山墙的整体性，如图10-41所示。

（6）等高跨横向变形缝构造。一般在横向变形缝处设置矮墙泛水，以免水溢入缝内，缝的上部应设置能适应变形的镀锌铁皮盖或预制钢筋混凝土压顶板，如10-42所示。

（7）等高跨纵向变形缝构造。一般是利用两个槽形天沟的沟壁间隙，再配以镀锌铁皮盖缝板或预制钢筋混凝土压顶板，如图10-43所示。

（8）高低跨变形缝构造。变形缝上用预制钢筋混凝土板或镀锌铁皮盖缝，缝内填沥青麻丝，如图10-44所示。

2. 构件自防水

构件自防水屋面是利用屋面板本身的密实性和抗渗性来防水，常用的有钢筋混凝土屋面板、钢筋混凝土F形板以及波形瓦。

（1）钢筋混凝土屋面板。根据板缝采用的措施不同，分嵌缝式（图10-45）和脊带式（图10-46）。嵌缝式构件自防水屋面，是利用大型屋面作防水构件并在板缝内嵌灌油膏，板缝有纵缝、横缝和脊缝，嵌缝前必须将板缝清扫干净，排除水分，嵌缝油膏要饱满。脊带式是在嵌缝后再贴卷材防水层，其防水效果更佳。

（2）钢筋混凝土F形板。屋面是以断面呈F形的预应力钢筋混凝土屋面板为主，配合盖瓦和脊瓦等附件组成的构件自防水屋面。F板的三面设有挡水条，纵缝是由上面一块板的挑檐搭盖横缝，脊缝是由盖瓦、脊瓦盖缝，如图10-47所示。

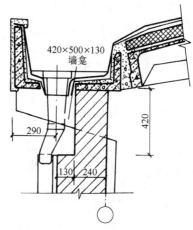

图10-38　槽形天沟板外排水构造

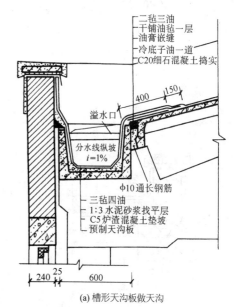

(a) 槽形天沟板做天沟

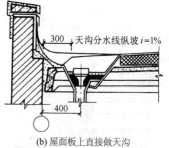

(b) 屋面板上直接做天沟

图10-39　边天沟构造

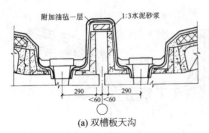

(a) 双槽板天沟

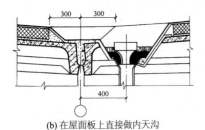

(b) 在屋面板上直接做内天沟

图10-40　中间天沟

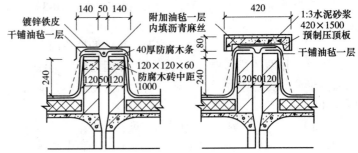

图10-42　等高跨横向变形缝的构造

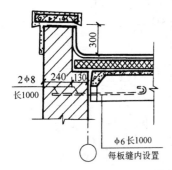

图10-41　山墙女儿墙

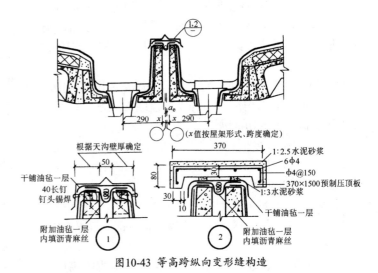

(x值按屋架形式、跨度确定)

图10-43　等高跨纵向变形缝构造

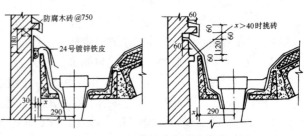

图10-44　高低跨变形缝构造

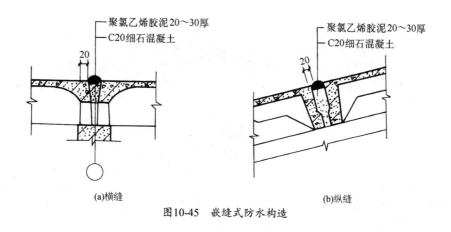

(a)横缝　　　　　　　　　　　(b)纵缝

图10-45　嵌缝式防水构造

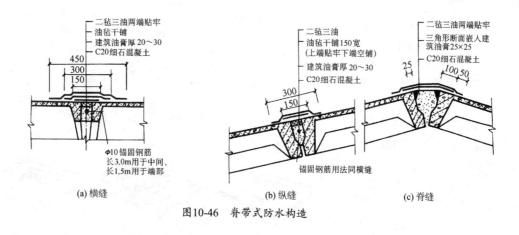

(a) 横缝　　　　(b) 纵缝　　　　(c) 脊缝

图10-46　脊带式防水构造

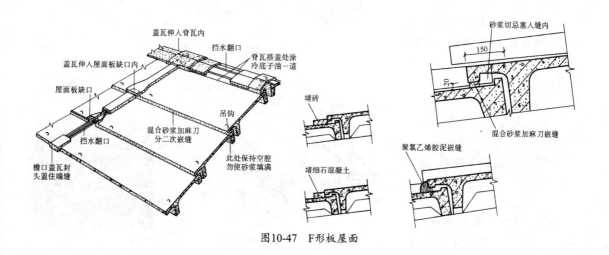

图10-47　F形板屋面

（3）波形瓦。波形瓦屋面有石棉水泥瓦、镀锌铁皮瓦、压型钢板瓦等，其中波形石棉水泥瓦最为常用，其规格有大波瓦、中波瓦和小波瓦三种。石棉水泥瓦直接铺设在檩条上，一般一块瓦跨三根檩条，铺设时横向搭接为半波，且应顺主导风向铺设，上下搭接长度不小于200mm，檐口处的出挑长度不宜大于300mm，如图10-48所示。

10.3.2 天窗

在大跨度和多跨度的单层工业厂房中，为了满足天然采光和自然通风的要求，常在厂房的屋顶设置各种类型的天窗(skylight)。

天窗按其在屋面的位置不同分为上凸式天窗，如矩形天窗、M形天窗、梯形天窗等；下沉式天窗，如横向下沉式、纵向下沉式、井式天窗等；平天窗，如采光板、采光罩、采光带等，如图10-49所示。

10.3.2.1 上凸式天窗

上凸式天窗是我国单层工业厂房采用最多的一种，尤其是矩形天窗，南北方均适用。下面以矩形天窗为例，介绍上凸式天窗的构造。

矩形天窗主要由天窗架、天窗屋面板、天窗端壁、天窗侧板、天窗扇等组成，如图10-50所示。

1. 天窗架

天窗架是天窗的承重构件，支承在屋架或屋面梁上，

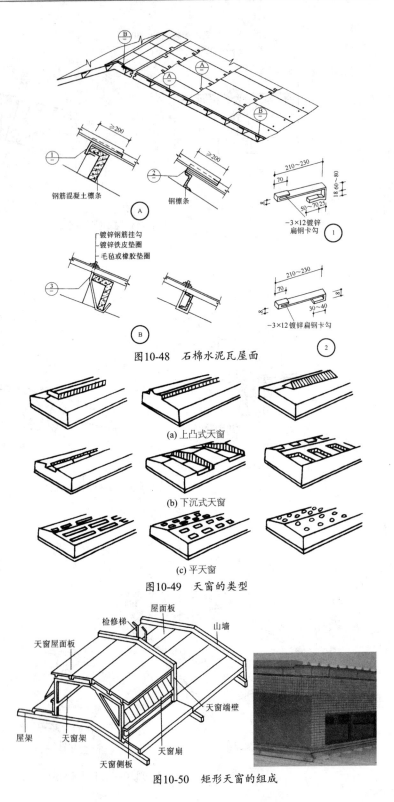

图10-48　石棉水泥瓦屋面

图10-49　天窗的类型

(a) 上凸式天窗

(b) 下沉式天窗

(c) 平天窗

图10-50　矩形天窗的组成

常用的有钢筋混凝土和型钢天窗架,跨度6m,9m,12m,如图10-51所示。

2. 天窗屋面

天窗屋面通常与厂房屋面的构造相同,由于天窗宽度和高度一般均较小,故多采用无组织排水,并在天窗檐口下部的屋面上铺设滴水板,如图10-52(a)所示,雨量多或天窗高度和宽度较大时,宜采用有组织排水,如图10-52(b),(c),(d)所示。

3. 天窗端壁

天窗两端的山墙称为天窗端壁,常用预制钢筋混凝土端壁板,它不仅使天窗尽端封闭起来,同时也支承天窗上部的屋面板,如图10-53所示。

4. 天窗侧板

天窗侧板是天窗下部的围护构件,它的主要作用是防止屋面的雨水溅入车间以及积雪挡住天窗扇影响开启,屋面至侧板顶面的高度一般应大于或等于30mm,常有大风雨或多雪地区应增高至400~600mm,侧板常采用钢筋混凝土槽形板如图10-54所示。

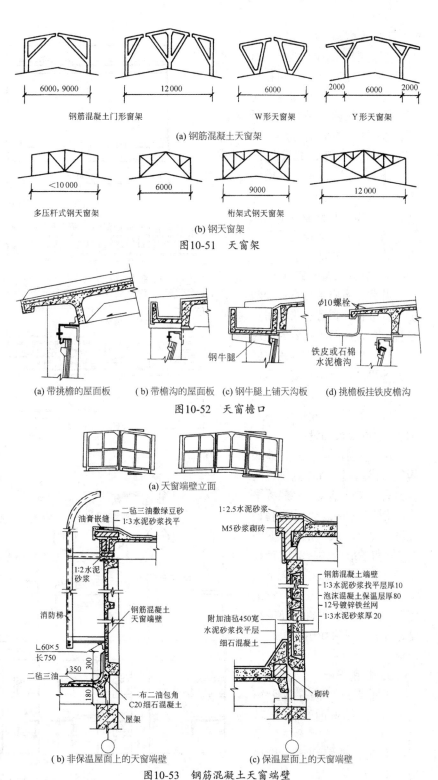

图10-51　天窗架

图10-52　天窗檐口

图10-53　钢筋混凝土天窗端壁

5. 天窗扇

多为钢材制成，按开启方式分上悬式和中悬式，可按一个柱距独立开启分段设置，也可按几个柱距同时开启通长设置，如图10-55所示。

10.3.2.2　下沉式天窗

下沉式天窗可分为横向下沉式天窗、纵向下沉式天窗和井式天窗，其构造基本上类似，所以以井式天窗为例介绍下沉式天窗的构造。

1. 井式天窗布置

井式布置有单侧布置、两侧对称或错开布置、跨中布置三种。单侧或两侧布置的通风效果好，排水、清灰容易，但采光效果差；跨中布置通风较差，排水、清灰麻烦，但采光效果好，如图10-56所示。

2. 井底板铺设

应先在屋架下弦上铺底板，有横向铺设和纵向铺设两种方式。横向铺设是井底板平行于屋架摆放，铺板前搁置檩条，如图10-57所示，檩条有T形和槽形两种。纵向铺设是把井底板直接放在屋架下弦上，如图10-58所示。可省去檩条，增加天窗垂直的净空高度，井底板常采用出肋板或卡口板。

3. 挡雨设施

不采暖厂房的井式天窗通常不设窗扇而作成开敞式，但应加设挡雨设施，常用的方法有设空格板、挑檐板、镶边板等。

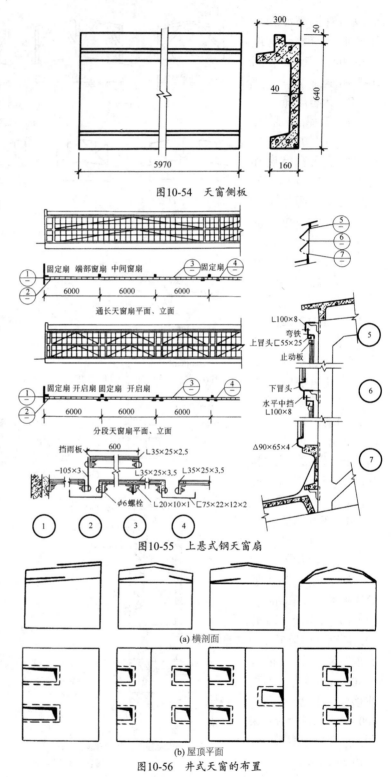

图10-54　天窗侧板

图10-55　上悬式钢天窗扇

(a) 横剖面

(b) 屋顶平面

图10-56　井式天窗的布置

（1）空格板是将大型屋面板的大部分板面去掉，仅保留纵肋和部分横向小肋及两端用作挑檐挡雨的实板，如图10-59所示。

（2）挑檐板井口的横向采用加长屋面板，纵向多铺一块屋面板形成挑檐，如图10-60所示。

（3）镶边板可架设在井口的檩条上或直接搁置在屋面板纵肋的钢牛腿上，如图10-61所示。

4. 窗扇

窗扇可设在垂直口，也可设在水平口上。垂直口一般设在厂房的垂直方向，可以安装上悬或中悬窗扇，如图10-62所示。水平口设窗扇有两种形式：一种是设中悬窗扇，窗扇架在井口的空格板或檩条上，如图10-63(a)所示；另一种是设水平推拉窗扇，即在水平口上设导轨，窗扇两侧设滑轮，使窗扇沿导轨开闭，如图10-63(b)所示。

5. 排水及泛水

井式天窗由于有上下两层屋面，

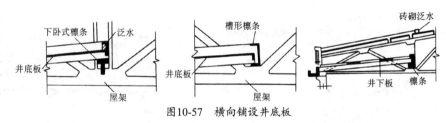

图10-57　横向铺设井底板

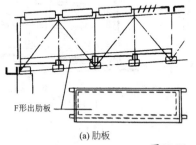

(a) 肋板

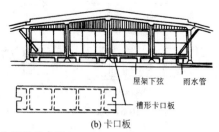

(b) 卡口板

图10-58　纵向铺设井底板

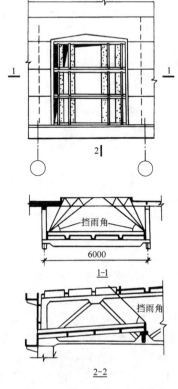

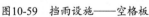

图10-59　挡雨设施——空格板

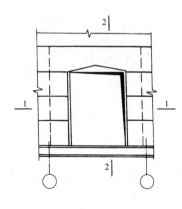

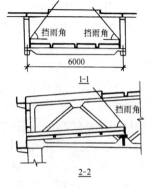

图10-60　挡雨设施——挑檐板

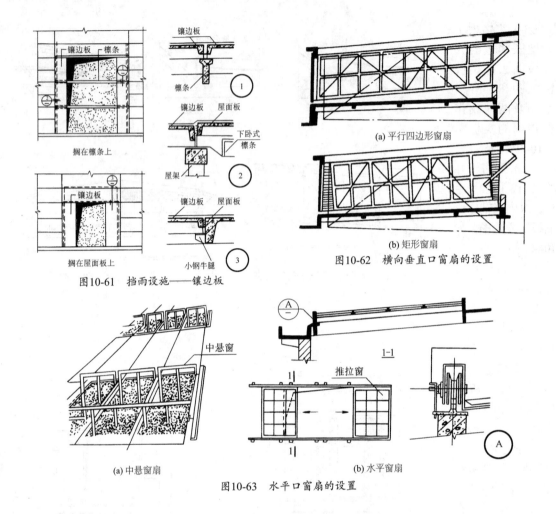

图10-61　挡雨设施——镶边板

图10-62　横向垂直口窗扇的设置

图10-63　水平口窗扇的设置

既要做好排水，又要解决好井口板、井底板的泛水。

（1）排水。井式天窗的排水比较复杂，其具体做法可采用无组织排水、上层屋面通长天沟排水、下层屋面通长天沟排水和双层天沟排水等，如图10-64所示。

（2）泛水。井口周围应做150~200mm的泛水，为防止雨水流入车间，在井底板的边缘也应设泛水，高度应不小于300mm，如图10-65所示。

10.3.2.3　平天窗

平天窗是利用屋顶水平面安设透光材料进行采光的天窗。它的优点是屋面荷载小，构造简单，施工简便，但易眩光、直射、积灰。平天窗宜采用安全玻璃（如钢化玻璃、夹丝玻璃等），但此类材料价格较高，当采用平板玻璃、磨砂玻璃、压花玻璃等非安全玻璃时，为防止玻璃破碎落下伤人，须加设安全网。平天窗可分为采光板、采光罩和采光带三种类型。

采光板是在屋面板上留孔，装平板式透光材料，如图10-66所示。

采光罩是屋面板上留孔，装弧形采光材料，有固定和开启两种，开启式采光罩的构造如图10-67所示。

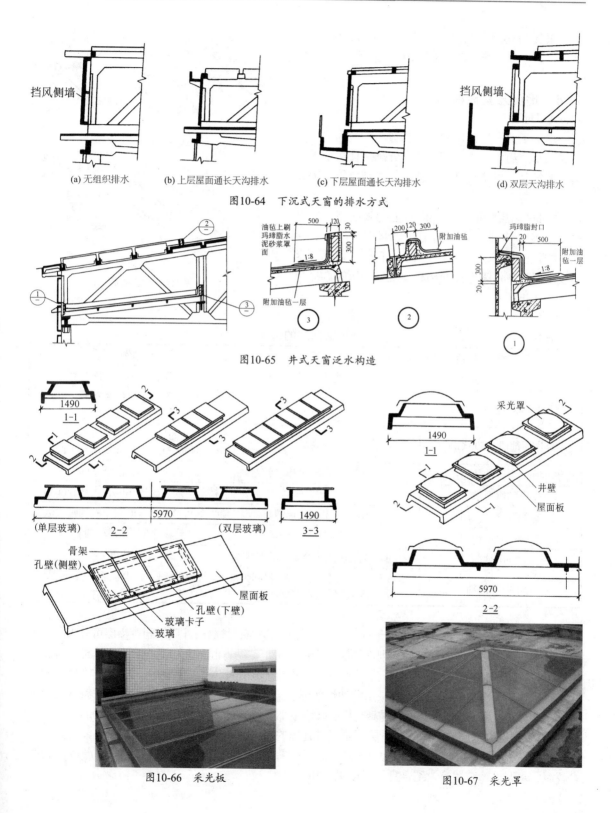

(a) 无组织排水　　(b) 上层屋面通长天沟排水　　(c) 下层屋面通长天沟排水　　(d) 双层天沟排水

图10-64　下沉式天窗的排水方式

图10-65　井式天窗泛水构造

图10-66　采光板

图10-67　采光罩

采光带在屋面的纵向或横向开设6m以上的采光口，装平板透光材料，如图10-68所示。

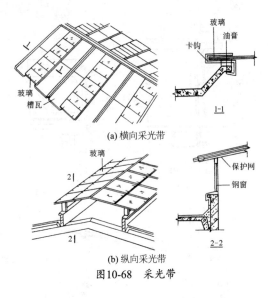

(a) 横向采光带

(b) 纵向采光带

图10-68 采光带

10.4 地面及其他构造

10.4.1 地面

单层工业厂房地面的基本构造层一般为面层、垫层和基层组成。当它们不能充分满足使用要求和构造要求时，可增设其他构造层，如结合层、隔离层、找平层等。

（1）面层。面层是地面最上的表面层，它直接承受各种物理、化学作用，如摩擦、冲击、冷冻、酸碱侵蚀等，因此应根据生产特征、使用要求和技术经济条件来选择面层和厚度。面层的选择可参见表10-1。

表10-1 地面面层的选择

生产特征及对垫层使用要求	适宜的面层	举例
机动车行驶、受坚硬物体磨损	混凝土、铁屑水泥、粗石	车行通道、仓库
坚硬物体对地面产生冲击	矿渣、碎石、素土、混凝土、块石、缸砖	机械加工车间、金属结构车间、铸造、锻压、冲压、废钢处理等
受高温作用地段（500℃以上）	矿渣、凸缘铸铁板、素土	铸造车间的熔化浇铸工段 轧钢车间加热和轧机工段、玻璃熔制工段
有水和其他中性液体作用地段	混凝土、水磨石、陶板	选矿车间、造纸车间
有防爆要求	菱苦土、木砖沥青砂浆	精苯车间、氢气车间、火药仓库等
有酸性介质作用	耐酸陶板、聚氯乙烯塑料	硫酸车间的净化、硝酸车间的吸收浓缩
有碱性介质作用	耐碱沥青混凝土、陶板	纯碱车间、液氨车间
不导电地面	石油沥青混凝土、聚氯乙烯塑料	电解车间
要求高度清洁	水磨石、陶板马赛克、拼花木地板、聚氯乙烯塑料、地漆布	光学精密器械、仪器仪表、电讯器材装配

（2）垫层。垫层是承受并传递地面荷载至基层的构造层，按材料性质不同，垫层可分为刚性垫层、半刚性垫层和柔性垫层三种。刚性垫层是指用混凝土、沥青混凝土和钢筋混凝土等材料做成的垫层，它整体性好、不透水、强度大、变形小。半刚性垫层是指灰土、三合土、四合土等材料做成的垫层，它整体性稍差，受力后有一定的塑性变形。柔性垫层是用砂、碎石、矿渣等材料做成的垫层，它造价低、施工方便。常见的混凝土垫层厚度不小于60mm，矿渣垫层厚度不小于80mm。

（3）基层。基层是地面的最下层，是经过处理的基土层。通常是素土夯实。

（4）结合层。结合层是连接块状材料的中间层，起结合作用。常用的材料为水泥砂浆、沥青胶泥、水泥玻璃胶泥等。结合常用厚度见表10-2。

表10-2 结合层厚度

面层	结合层材料	厚度/mm
预制混凝土板	砂、炉渣	20~30
陶瓷锦砖（马赛克）	1：1水泥砂浆	5
	或1：4干硬性水泥砂浆	20~30
普通黏土砖、煤矸石砖、耐火砖	砂、炉渣	20~30
水泥花砖	1：2水泥砂浆	15~20
	或1：4干硬性水泥砂浆	20~30
块石	砂、炉渣	20~50
花岗岩条石		15~20
大理石、花岗石、预制水磨石板	1：2水泥砂浆	20~30
地面陶瓷砖（板）		10~15
铸铁板	1：2水泥砂浆	45
	砂、炉渣	≥60
塑料、橡胶、聚氯塑料等板材	黏结剂	—
木地板	黏结剂、木板小钉	—
导静电塑料板	配套导静电黏结剂	—

（5）找平层（找坡层）。常用材料为≥15mm厚1：3水泥砂浆或≥30mm厚C7.5、C10混凝土。

（6）隔离层。常用的隔离层有石油沥青油毡、热沥青等，隔离层的层数见表10-3。

表10-3 隔离层的层数

隔离层材料	层数（或道数）	隔离层材料	层数（或道数）
石油沥青油毡	1~2层	防水冷胶剂	一布三胶
沥青玻璃布油毡	1层	防水涂膜（聚氨酯类涂料）	2~3道
再生胶油毡	1层	热沥青	2道
软聚氯乙烯卷材	1层	防油渗胶泥玻璃纤维布	一布二胶

10.4.2 其他构造

1. 坡道

厂房的室内外高差一般为150mm，为了便于各种车辆通行，在门口外侧须设置坡道。坡道的坡度通常取10%~15%，宽度应比大门宽600~1 000mm为宜。

2. 钢梯

单层工业厂房中常采用各种钢梯，如作业台钢梯、吊车钢梯、消防及屋面检修钢梯等。

（1）作业台钢梯。作业台钢梯是工人上下生产操作平台或跨越生产设备联动线的交通道。其坡度为45°、59°、73°和90°，其构造如图10-69所示。

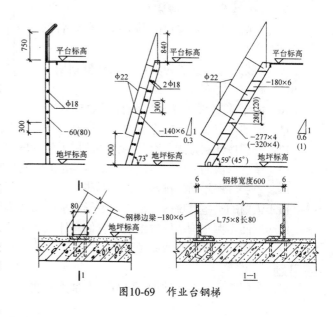

图10-69 作业台钢梯

（2）吊车钢梯。吊车钢梯是为吊车司机上下吊车使用的专用梯，吊车梯一般为斜梯，梯段有单跑和双跑两种，坡度有51º，55º和63º，如图10-70所示。

（3）消防及屋面检修钢梯。单层厂房屋顶高度大于10m时，应设专用梯自室外地面通至屋面，或从厂房屋面通至天窗屋面，作为消防及检修之用。消防、检修常采用直梯，宽度为600mm，它由梯段、踏步、支撑组成，如图10-71所示。

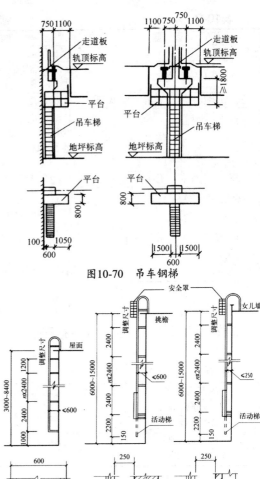

图10-70 吊车钢梯

思考题

1. 一般柱上要预埋哪些铁件？实腹式牛腿有什么构造要求？

2. 独立式杯形基础在构造上有什么要求？试画图表示。

3. 基础梁搁置在基础上的方式有几种？其构造上有什么要求？

4. 抗风柱与屋架连接应满足什么要求？

5. 屋盖结构是由哪两部分组成？一般有哪两大体系？

6. 吊车梁的类型有哪些？各部分的连接构造如何？

7. 什么是连系梁、圈梁？

8. 单层厂房的支撑包括哪两大部分？各部分又有哪些？

9. 一般厂房的外墙为承自重墙和框架墙，墙和柱的相对位置有几种方案？

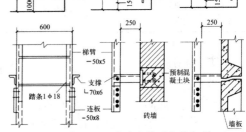

图10-71 消防及屋面检修钢梯

10. 板材墙的分类有哪些？各有什么优缺点？

11. 横向布置墙板与柱连接的类型有哪几种？各有什么优缺点？

12. 侧窗按开启方式分有几种？各适用于何种情况？

13. 单层厂房的大门洞口尺寸是如何确定的？常用的洞口尺寸是多少？

14. 单层厂房屋面的排水方式有哪些？

15. 天窗的类型有哪些？常用的矩形天窗由哪些构件组成？它们的作用如何？

16. 地面由哪些构造层次组成？它们有什么作用？

17. 厂房的金属梯有哪些类型？

练习题

观察单层厂房的内部结构，区分什么是排架柱、抗风柱，说明它们的作用。

单元 11
轻型钢结构厂房构造

11.1　轻型钢结构厂房的组成
11.2　门式刚架
11.3　檩条
11.4　压型钢板外墙及屋面
思考题
练习题

单元概述： 本单元主要介绍轻型钢结构厂房的概念、特点及组成，门式刚架的特点、组成及节点构造，轻型围护构件的材料和构造。要求了解轻型钢结构厂房和门式刚架的特点、组成，掌握轻型围构件的节点构造。

学习目标：

1. 熟悉刚架的形式，了解相关节点的构造。
2. 熟悉轻钢檩条的连接构造。
3. 掌握轻型墙面、屋面的节点构造。

学习重点：

1. 轻型钢结构厂房的组成和形式。
2. 门式刚架的组成和节点构造。
3. 檩条的类型和布置方式。
4. 保温压型钢板墙面和屋面节点的构造。

教学建议： 本单元内容相对较难，可以通过参观已建或在建工程中的轻钢厂房，增加学生的感性认识，主要是对门式刚架的组成、轻型围护构件的外观构造特点进行感性的了解；教学的过程中可以通过多媒体教学多展示图片的方式增强学习效果，并结合与本单元相关的建筑规范、建筑标准图集等资料，加深对轻钢结构厂房中各个节点构造的理解。

关键词： 轻型钢结构厂房（light steel structure workshop）；门式刚架（portal frame），压型钢板（profiled steed sheeting）

　　随着我国建筑业的不断发展，钢结构以其建设速度快、适应条件广泛等特点，建造数量越来越多，其特有的构造形式也越来越受到关注。钢结构厂房按其承重结构的类型可分为普通钢结构厂房和轻型钢结构厂房（light steel structure workshop）两种，普通钢结构厂房在构造组成上与钢筋混凝土厂房大同小异。而轻型钢结构是在普通钢结构的基础上发展起来的一种新型结构形式，它包括所有轻型屋面下采用的钢结构。其特点是有较好的经济指标，轻型钢结构不仅自重轻、钢材用量省、施工速度快，而且它本身具有较强的抗震能力，并能提高整个房屋的综合抗震性能。

11.1 轻型钢结构厂房的组成

　　轻型钢结构由基础梁、承重结构、柱、檩条、屋面和墙体组成（图11-1）。单层轻型房屋一般采用门式刚架（portal frame）（图11-2）、屋架和网架为承重结构，其上设檩条、屋面板（或板檩合一的轻质大型屋面板），下设柱（对刚架则梁柱合

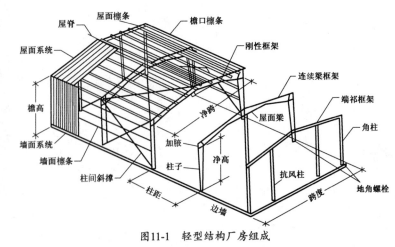

图11-1　轻型结构厂房组成

一）、基础，柱外侧有轻质墙架，柱内侧可设吊车梁。

11.2 门式刚架
11.2.1 门式刚架的形式和特点
1．门式刚架的常用形式

门式刚架常用的形式有单跨、双跨或多跨的单、双坡门式刚架（根据需要可带挑檐或毗屋）（图11-3）。根据通风、采光的需要，这种刚架厂房可设置通风口、采光带和天窗架等。

2．门式刚架的特点

（1）采用轻型屋面，不仅可减小梁柱截面尺寸，也相应减小基础尺寸。

（2）在多跨建筑中可做成一个屋脊的大双坡屋面，为长坡面排水创造了条件。

（3）刚架的侧向刚度有檩条的支撑保证，省去纵向刚性构件，并减小翼缘宽度。

（4）刚架可采用变截面，截面与弯矩成正比；变截面时根据需要可改变腹板的高度和厚度及翼缘的宽度，做到材尽其用。

（5）支撑可做得较轻便。将其直接或用水平节点板连接在腹板上，可采用张紧的圆钢。

（6）结构构件可全部在工厂制作，工业化程度高。构件单元可根据运输条件划分，单元之间在现场用螺栓相连，安装方便快速，土建施工量小。

11.2.2 门式刚架节点构造
1．横梁和柱连接及横梁拼接

门式刚架横梁与柱的连接，可采用端板竖放（图11-4(a)）、端板斜放（图11-4(b)）和端板平放（图11-4(c)）。横梁拼接时宜使端板与构件外缘垂直（图11-6(d)）。

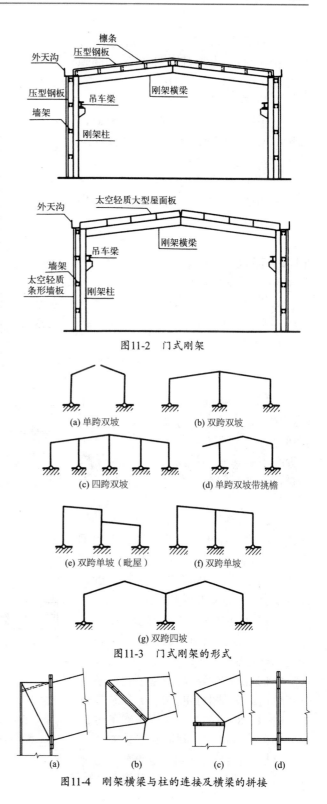

图11-2 门式刚架

图11-3 门式刚架的形式

图11-4 刚架横梁与柱的连接及横梁的拼接

209

主刚架构件的连接应采用高强度螺栓，吊车梁与制动梁的连接宜采用高强度螺栓摩擦型连接（图11-5）。

2. 刚架柱脚

宜采用平板式铰接柱脚（图11-6（a），（b））。必要时，也可采用刚性柱脚（图11-6（c），（d））。

3. 牛腿

牛腿通过焊接或螺栓与柱连接，构造如图11-7所示。

11.3 檩条

11.3.1 檩条的形式

宜优先采用实腹式构件，也可采用空腹式或格构式构件。

1. 实腹式檩条

实腹式檩条的截面形式如图11-8所示。

（1）槽钢檩条。分普通槽钢檩条和轻型槽钢檩条两种。普通槽钢檩条（图11-8（a））因型材的厚度较厚，强度不能充分发挥，用钢量较大。轻型槽钢檩条虽比普通槽钢檩条有所改进，但仍不够理想。

（2）高频焊接轻型H型钢檩条。是引进国外先进技术生产的一种轻型型钢（图11-8（b）），具有腹板薄、抗弯刚度好、两主轴方向的惯性矩比较接近，以及翼缘板平直易连接等优点。

（3）卷边槽形冷弯薄壁型钢檩条。截面互换性大，应用普遍，用钢量省，制造和安装方便（图11-8（c））。

（4）卷边Z形冷弯薄壁型钢檩条。分直卷边Z形（图11-8（d））和斜卷边Z形（图11-8（e））。它用作檩条时，挠度小，用钢量省，制造和安装方便。斜卷边Z形钢存放时还可叠层堆放，占地少。当屋面坡度较大时，这种檩条的应

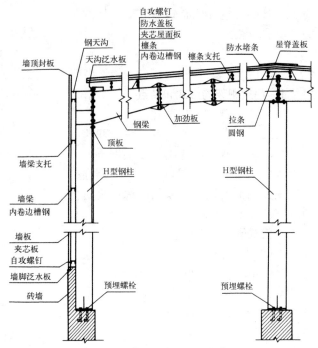

图11-5 刚架节点拼接构造

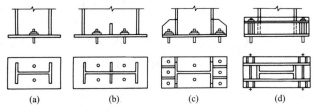

图11-6 门式刚架柱脚形式

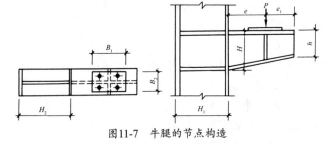

图11-7 牛腿的节点构造

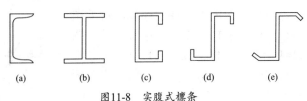

图11-8 实腹式檩条

用较为普遍。

2. 格构式檩条

一般可采用平面桁架式、空间桁架式及下撑式檩条。

11.3.2　檩条的连接构造

1. 檩条在屋架(刚架)上的布置和搁置

（1）檩条宜位于屋架上弦节点处。当采用内天沟时，边檩应尽量靠近天沟。

（2）实腹式檩条的截面均宜垂直于屋面坡面。对槽钢和Z形钢檩条，宜将上翼缘肢尖（或卷边）朝向屋脊方向，以减小屋面荷载偏心而引起的扭矩。

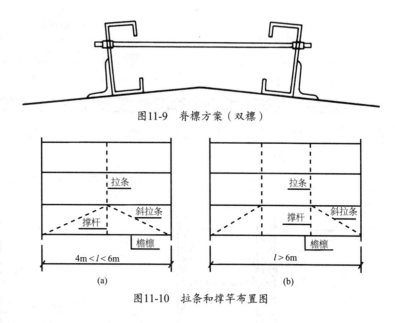

图11-9　脊檩方案（双檩）

图11-10　拉条和撑竿布置图

（3）桁架式檩条的上弦杆宜垂直于屋架上弦杆，而腹杆和下弦杆宜垂直于地面。

（4）脊檩方案。实腹式檩条应采用双檩方案（图11-9），屋脊檩条可用槽钢、角钢或圆钢相连。桁架式檩条在屋脊处采用单檩方案时，虽用钢量较省，但檩条型号增多，构造复杂，故一般以采用双檩为宜。

2. 檩条与屋面的连接

檩条与屋面应可靠连接，宜采用带橡胶垫圈的自攻螺钉。

3. 檩条的拉条和撑杆

拉条和撑竿的布置参见图11-10，互相采用螺栓连接。

11.4　压型钢板外墙及屋面

11.4.1　压型钢板外墙（profiled steed sheeting）

1. 外墙材料

压型钢板按材料的热工性能可分为非保温的单层压型钢板和保温复合型压型钢板。非保温的单层压型钢板目前使用较多的为彩色涂层镀锌钢板，一般为0.4～1.6mm厚波形板。彩色涂层镀锌钢板具有较高的耐温性和耐腐蚀性，一般使用寿命可达20年左右。保温复合式压型钢板通常做法有两种：一种是施工时在内外两层钢板中填充以板状的保温材料，如聚苯乙烯泡沫板等；另一种是利用成品板中填充发泡型保温材料，利用保温自身凝固使两层压型钢板结合在一起形成复合式保温外墙板。

2. 外墙构造

压型钢板墙面的构造主要解决的问题是固定点要牢靠、连结点要密封、门窗洞口要做防排水处理。图11-11为单块墙板的构造，图11-12为墙面板的连接构造，图11-13为墙面板的转角构造，图11-14为墙身的窗洞口构造。

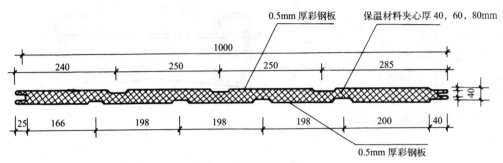

图11-11　TRQB墙板

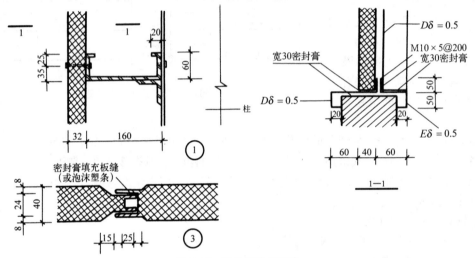

图11-12　墙面板连接构造

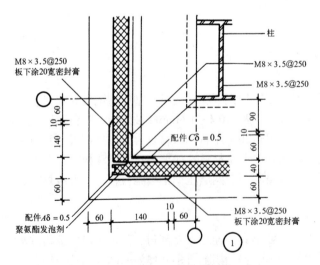

图11-13　墙面板的转角构造

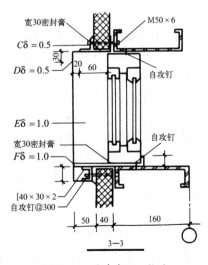

图11-14　墙身窗洞口构造

11.4.2 压型钢板屋面

厂房屋顶应满足防水、保温、隔热等基本要求。同时，根据厂房需要设置天窗解决厂房采光问题。

钢结构厂房屋面采用压型钢板有檩体系，即在钢架斜梁上设置C型或Z型冷轧薄壁钢檩条，再铺设压型钢板屋面。彩色型钢屋面施工速度快，重量轻，表面有彩色涂层，防锈、耐腐、美观，并可根据需要设置保温、隔热、防结露涂层等，适应性较强。

压型钢板屋面构造做法与墙体做法有相似之处。图11-15为压型钢板屋面及挑檐檐口节点，图11-16为内天沟节点，图11-17为屋脊节点构造，图11-18为女儿墙泛水节点构造，图11-19为平屋面变形缝节点构造，图11-20为高低跨变形缝节点构造。

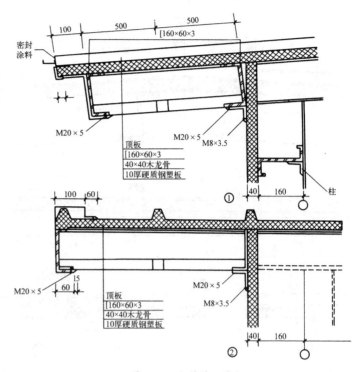

图11-15 挑檐檐口节点

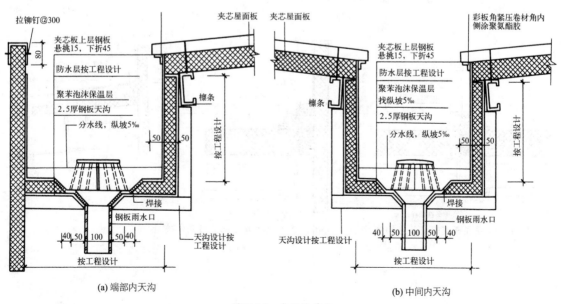

(a) 端部内天沟   (b) 中间内天沟

图11-16 内天沟节点

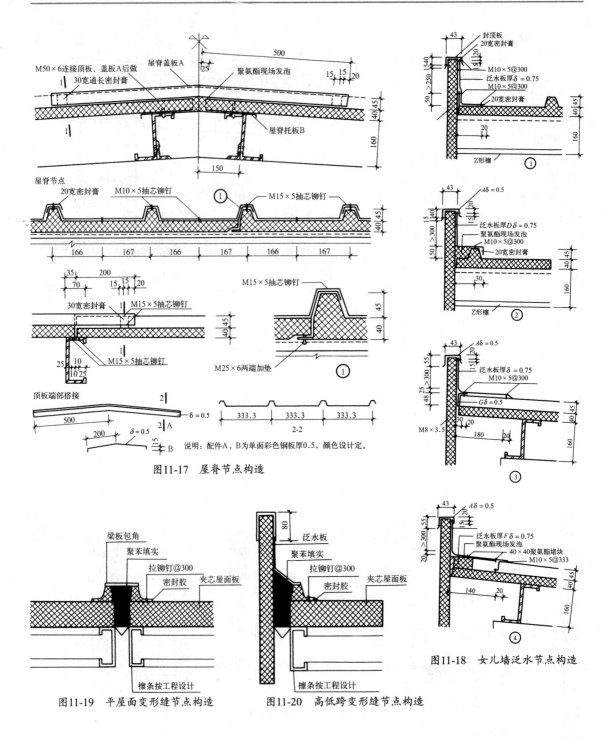

图11-17 屋脊节点构造

图11-18 女儿墙泛水节点构造

图11-19 平屋面变形缝节点构造　　图11-20 高低跨变形缝节点构造

厂房屋面保温隔热应视具体情况而确定。一般厂房高度较大，屋面对工作区的冷热辐射影响随高度的增加而减小。因此，柱顶标高在7m以上的一般性厂房屋面可不考虑保温隔热，而恒温车间，其保温隔热要求则较高。

思考题

1. 轻型钢结构厂房有哪些特点？
2. 门式刚架有哪些特点？
3. 檩条的形式有哪些？
4. 压型钢板外墙连接处的构造如何？
5. 压型钢板屋面有哪些特点？

练习题

绘制外墙和屋面材料均为压型钢板的单层轻型钢结构厂房女儿墙泛水处的节点构造。

参 考 文 献

[1] 同济大学等合编.房屋建筑学[M]. 北京：中国建筑工业出版社，2006.

[2] 中国建筑标准设计研究院. 06J123 墙体节能建筑构造[S].北京:中国计划出版，2006.

[3] 中国建筑标准设计研究院. 05J909 工程做法[S].北京：中国计划出版社，2006.

[4] 李必瑜，魏宏扬. 建筑构造(上册)[M].北京：中国建筑工业出版社，2005.

[5] 舒秋华.房屋建筑学[M]. 武汉:武汉理工大学出版社，2002.

[6] 陈卫华.建筑装饰构造[M].北京:中国建工出版社出版，2000.

[7] 《建筑设计资料集》编委会.建筑设计资料集[M].北京：中国建筑工业出版社，1994.

[8] 孙玉红.房屋建筑构造[M].北京：机械工业出版社，2008.

[9] 胡建琴，崔岩.房屋建筑学[M].北京：清华大学出版社，2007.

[10] 金虹.建筑构造[M].北京：清华大学出版社，2005.

[11] 聂洪达等.房屋建筑学[M].北京：北京大学出版社，2007.

[12] 赵研.房屋建筑学[M].北京：高等教育出版社，2002.

[13] 贾丽明,徐秀香.建筑概论[M].北京：机械工业出版社，2004.

[14] 中华人民共和国公安部.GB 50003—2006 建筑设计防火规范[S].北京：中国计划出版社，2006.

[15] 中华人民共和国公安部.GB 50045—1995 高层民用建筑设计防火规范[S].北京：中国计划出版社，2001.

[16] 中华人民共和国建设部. GB 50003—2010 砌体结构设计规范[S].北京：中国建筑工业出版社，2010.

[17] 中华人民共和国建设部.JGJ 137—2001 多孔砖砌体结构技术规范[S].北京：中国建设工业出版社，2001.

[18] 中华人民共和国建设部.GB 50011—2010 建筑抗震设计规范[S].北京：中国建筑工业出版社，2010.

[19] 中国建筑标准设计研究院.05J102-1 混凝土小型空心砌块墙体建筑构造[S]. 北京：中国计划出版社，2006.

[20] 中国建筑标准设计研究院.12J201 平屋面建筑构造[S].北京：中国计划出版社，2012.

[21] 中华人民共和国建设部. GB 50345—2012 屋面工程技术规范[S].北京：中国建筑工业出版社，2012.

[22] 中华人民共和国建设部. GB 50693—2011 坡屋面工程技术规范[S]. 北京：中国建筑工业出版社，2011.

[23] 中国建筑标准设计研究院.09J202 坡屋面建筑构造（一）[S]. 北京：中国计划出版社，2012.